东华名家书系

高等院校纺织服装类“十四五”部委级规划教材

服装板型大系

连衣裙·衬衫

张文斌　主编

東華大學出版社
·上海·

图书在版编目（CIP）数据

服装板型大系. 连衣裙、衬衫/张文斌主编. —上海：东华大学出版社，2022.9

ISBN 978-7-5669-2098-0

Ⅰ. ①服… Ⅱ. ①张… Ⅲ. ①连衣裙-服装设计 ②衬衣-服装设计 Ⅳ. ①TS941.2

中国版本图书馆CIP数据核字（2022）第142255号

责任编辑 吴川灵 赵春园
装帧设计 雅 风

FUZHUANG BANXING DAXI
LIANYIQUN · CHENSHAN

服装板型大系

连衣裙 · 衬衫

张文斌 主编

出　　版：东华大学出版社(上海市延安西路1882号，200051)
本 社 网 址：http://dhupress.dhu.edu.cn
天猫旗舰店：http://dhdx.tmall.com
营 销 中 心：021-62193056 62373056 62379558
电 子 邮 箱：805744969@qq.com
印　　刷：上海颛辉印刷厂有限公司
开　　本：889 mm × 1194 mm 1 / 16
印　　张：13.25
字　　数：470千字
版　　次：2022年9月第1版
印　　次：2022年9月第1次
书　　号：ISBN 978-7-5669-2098-0
定　　价：68.00元

序

服装板型的设计需要设计者既要有逻辑思维的能力，又要有形象思维的眼光。一件精彩的时装光有时尚的款式外型设计是不行的，还必须有精准的板型设计才能真正出彩。优秀的板师必须经过良好的专业训练，将板型的原理、规律、变化等理论学通，还要经过一定时间的实践、磨练、积淀，而且两者缺一不可。

东华大学服装学院作为国内最知名的服装专业高等学府，多年来在这方面做了坚持不懈的努力。但囿于客观因素，经历良好培训且有志于板样工作的同仁，不一定能获得一定时间的实践机会，因而在成才成功之路上历经坎坷。因此，如何让这些同仁能更快缩短成才路途，更多汲取成功经验，这就是《服装板型大系》系列丛书的任务。它可以让板师们身边有一本可检索的专业辞典、可阅读的专业参考书。东华大学出版社出于社会责任感，历经种种困难终使此套系列丛书成功出版，我很荣幸身在其中做出应尽的努力。

此套系列丛书由我担任主编，负责全书的技术与艺术指导工作，夏明博士担任板型审核工作，杨奇、杨帆担任款式图和部份结构图绘制，蒋超伟担任效果图绘制，杨奇担任大部份结构图绘制，在此一并对给予此书帮助的同仁表示感谢。

2022年6月于上海

目　录

第一部分

服装结构制图理论要点

为方便读者学习本书经典款式的直接结构制图方法，首先进行本部分理论要点的学习。

注：除特别注明外，本书文字及图中尺寸的计量单位均为厘米。

一、连衣裙、衬衫品类的流行趋势

（一）连衣裙

裙子的发展，可谓源远流长。裙子作为日常着装场合的服装，从御寒到装饰，经过了历代变化，包括功能性用途的变化，以及修饰人体和装饰不同造型的变化。随着各种场合的不同，穿着需求也不同，裙子都是作为女性出席各种场合必备的服装品类之一。

连衣裙自古以来都是最常用的裙装之一。连衣裙也是时装中，从材质、色彩、图案、面料、式样到装饰，被设计师运用了最多的元素组合的单品。连衣裙在春夏季注重款式及板型设计细节的变化，而在秋冬季则更注重装饰性和面料材质的搭配，这会大大提升衣服的品质和时髦感。一件优质的连衣裙，板型和款式的设计，图案和面料的搭配都是相辅相成的，这非常关键。对于板型设计而言，腰线以上及以下的衣身比例，不同的比例关系，能够凸显女性身材比例的美感。廓形的设计是一件衣服美感的基础，也是重中之重，奠定了设计的风格。不同体型的女性，挑选一件符合自己身材的连衣裙，能够扬长避短。而修饰和美化自身体型的连衣裙也是非常重要的。连衣裙作为时尚潮流的单品，能够发挥其所长，展现女性曲线之美和提升整体气质。

设计师根据连衣裙的风格及场合穿着需求，从板型的廓形、体量感，以及细节变化呈现不同部位的装饰设计，会体现不同的款式风格。正因如此，连衣裙的板型设计是提升整件服装气质的关键。体量感，亦称量感，是形容服装的整体（规格尺寸）或某个部位（衣身、袖、裙、裤）呈现体积蓬松、视觉扩张的感觉，一般是由抽褶、折叠、拉展等技术手法形成的。

近几年，连衣裙在每季的秀场和市场中都扮演了重要的角色。随着每年的时代背景和流行风向标的变化，连衣裙款式的板型变化大致分为两大类：一是有廓形感、体量感的板型，二是修身造型的板型。就风格而言，市场上受大众欢迎的风格可大致分为三大类：一是极简主义风格，二是浪漫主义复古风格，三是休闲度假风格。从细部设计来看，领子、腰部、袖形和下摆的设计，都会随着趋势的变化去增加亮点设计。

连衣裙的整体设计趋势，也从前几年的宽松板型慢慢又过度到柔美女性化的细节设计，功能性的局部设计的注入，更能体现时下年轻人务实的生活节奏。

近几年，裙子的长度变化，从迷你裙、短裙，流行到长裙、超长裙及膝裙，再到近两年中长款的极度盛行。在板型上，连衣裙的偏小修身款式呈增长趋势，随之将缓和超大量感板型使人产生的审美疲劳。收腰修身裙、伞裙和衬衫裙将大量回归我们的视线，并可尝试修身束身衣式裙、斜裁裙和紧身裙，迎合职场女性需要的通勤风格。另外，直筒裙和 A 字裙又将兴起。细节上，褶裥与开衩设计搭配呈现休闲感，对挺括的直身裙来说更是如此。关注腰部松紧设计，该细节带来的柔软量感，响应了简约休闲便服的主题。

1. 极简连衣裙

极简主义意味着经典耐久。大胆醒目廓形的兴起，女性化细节迎合了新女性气质的需求，而功能性易穿风格也成为消费者购买的必要条件之一。从晚礼服繁复的装饰逐步趋向更为容易搭配的、舒适为重的、可持续性材料成为新风向标，符合时下人们对于生活精致简约的态度以及对可持续发展的支持。不管是直筒板型的简洁利落的线条，还是强调曲线的贴身喇叭廓形、修身直筒连衣裙，长下摆是关键细节。而贴身喇叭裙更能衬托身形。极简风的长裙，剪裁精良和展现优美是重要元素。中长款和长款的连衣裙赋予造型简约优雅风格，配高领、Polo领子、V形翻领、低领口的造型干净精致，领口和腰部的设计细节，比如挖空细节，可营造未来的简约前卫感。线条分明的方形领口搭配纤细肩带，可打造极简风格。探索全新的小黑裙，从紧身款到简约直筒款日夜皆宜。以宽肩带为经典设计的直筒背带裙，配合现代感方领，修饰了颈部的线条，增添了摩登的气息。舒适感也是极简风格设计的首要因素，从寻求舒适感的角度出发，近两年来各式各样休闲优雅的直筒板型皆能满足消费者的需求。直筒连衣裙的简约魅力使它成为展示创意的完美画布，彰显简约干练的个性。直筒连衣裙散发着永不落伍的经典简约优雅的格调。而实用好穿的宽松板型连衣裙延续了长款设计的趋势。修身的剪裁长至脚踝，搭配层搭的瘦腿长裤作为该款型的日常皆宜的款式搭配。想要呈现更多设计的乐趣，可尝试比如百褶、蝴蝶袖等微妙的细节处理，或者选择考究的开衩和挖空，带来若隐若现的效果。褶皱的直筒或者修身连衣裙也为长款连衣裙增添了精致的量感细节，极简的外观轮廓，配大褶皱衣领或者全身褶皱，都为传统的款式注入现代的气息。精致的细节设计配以干净利落的廓形，是简约时尚的关键所在。

2. 修身连衣裙

强调女性曲线的设计再度成为市场主流，向更迷人的修身板型靠拢。修身长裙在众多量感造型中显得格外清新别致，也迎合了极简未来主义的风格主题。简洁的线条顺着身材曲线垂至脚踝处，轻微的垂坠感迎合修身的板型，显得干净利落。

夸张肩部和收窄腰部的细节迎合了淑女装扮流行趋势。挺括肩部细节处理在连衣裙板型设计中呈现快速增长的趋势。复古宽肩板型的回归使连衣裙出现更新颖的变化，一些宽肩连衣裙腰部以褶皱收腰凸显腰部曲线，胸前的荷叶边装饰，绑带细节和肩膀处的挖空设计，都为怀旧板型和舒适性穿着赋予新意。随着宽松层次感连衣裙达到饱和状态，紧身伞裙的回归，轻微修身的量感，柔和飘逸的板型成为简约的迷人之选。尽管在过去几季中，具有丰盈量感层次的连衣裙引领该类别的潮流，但修身板型的回归推动了带有收腰或腰带细节的飘逸柔和量感的款式设计。设计师们将以修身的比例打造轻盈的长款连衣裙，尽显凹凸有致的女性身段。简约的板型适合搭配多种花纹和装饰细节。

飘逸动感连衣裙结合系带、扭结与系扣等流行细节以及巧妙的图案设计，适合各年龄群体，这也是尝试创新细节的绝佳机会。端庄领口、紧身伞裙板型及长款裙摆吸引保守年长的消费者，而开衩细节、塑形高腰腰线和胸部的柔和抽褶适用于喜欢前卫设计的用户。

3. 胸衣式连衣裙

贯穿各品类的内衣元素仍是近两年的关键元素，奠定了我们的朦胧裸感的主题。吊带连衣裙自然是迎合该趋势的单品。从颠覆性的性感造型，如采用挖空和束身衣细节的设计，到精美碎花元素，采用蕾丝嵌料、超细肩带、聚褶的设计，适合多种造型。经久不衰的吊带裙在众多系列中出现，不仅是主打年轻人市场的明星单品，在年龄稍长的消费群体中同样受到欢迎。

内衣外穿的设计亮点，使这样的款式直接站到了以舒适连衣裙和量感连衣裙为代表的居家风格款式的对立面，但紧身的廓形和大胆的性感审美越来越受欢迎，特别是在连衣裙和上装品类中。设计细节也尤为重要，考虑别出心裁的挖空和图案设计以及精致的细节，但要务必保证实穿。

紧贴肌肤的紧身款式更是针对年轻消费者，为迎合广大市场，可以考虑更端庄的演绎方式，如微妙的胸下挖空、可拆卸垫肩、精致的细肩带和薄纱的拼贴，使紧身和吊带连衣裙焕然一新。

4. 衬衫式连衣裙

衬衫身形的、简单易穿的衬衫式连衣裙成为经典主打款。衬衫式连衣裙呈现丰富的设计造型。近几年来，衬衫式连衣裙一直在时尚潮流中有着一席之地。从前两年的直筒和宽松板型的设计，到 A 字形、梯形廓形、伞形，配以大尺寸钟形袖和腰部小裙摆为衬衫式连衣裙带来新意。裙长至膝盖以下，超大廓形使极简和极繁主义和谐共存。

近两年趋于用新细节更新经典衬衫式连衣裙的样式，加入修身设计，增添更多柔美活力，修身腰线和宽肩设计，呈现摩登气质。微松的量感和比例剪裁，更具有经典的外观。而量感的衣袖设计，具有人气的泡泡袖也为衬衫式连衣裙的穿着体验增添了趣味美感。

腰部褶裥、褶皱、扭曲和绳结、腰带、系带的设计，可为造型增添女性气质。本布腰带或侧边腰带可打造易穿脱的盖裹廓形。

实用细节也是衬衫式连衣裙的核心元素，极简的贴袋式口袋打造工装感的经典耐久的设计，并可以用柔和量感来打造迷人的轮廓。落肩袖、宽袖，从短袖、中袖到长袖，简约而不失细节的款式，舒适而实用。臀部及腰部的系扣、纽结与扣结等细节更新带来更多款式选择，精致的装饰细节为简约轮廓带来创新。衬衫式连衣裙继续在流行市场有着稳定的需求，该板型仍有混合设计的空间。Polo 领、长尖领、水手领、双层领、不对称领都为衬衫式连衣裙注入了焕然一新的视觉感受，廓形设计也从直筒宽松的板型慢慢过渡到修身的量感板型。

5. 复古风连衣裙

从维多利亚风到 20 世纪 60、70 和 80 年代风，复古潮流是近几年的设计灵感来源。对于中长板型，收腰效果是关键，突出腰部或以高腰线打造柔和量感。泡泡袖的持续盛行，长袖款的肩部至袖口间的强化量感，迷人的高腰线、喇叭袖都为外观增添年代感，同时兼具现代风格。分层的裙摆，方形领口、系带领口、裹领、立领、蝴蝶结领口等领线，荷叶边领及荷叶边袖子的量感衣袖设计，配以柔软飘逸的面料，成为制作中长款修身剪裁连衣裙的最佳选择。从高领线到低领口设计，从收腰大摆迷你连衣裙到内衣外穿轮廓设计的束腰身连衣裙，再到中长款收腰背部镂空的现代与复古结合的平衡感设计款式。层叠的薄纱为服装注入浪漫格调，打造既端庄又大胆的外观。薄纱也并不是晚礼服的专用，可用薄纱搭配较为休闲的板型和面料，打造颠覆性效果的日常着装。褶皱或褶裥设计，复古印花的图案，连衣裙在复古风潮中大放光彩，掀起了近几年来最具现代风格的浪漫主义复古风潮。年代感的高领口、超长袖与荷叶边细节在浪漫长裙上出现，露肩设计增添袖部亮点，适合盛夏季节。

抽褶上身设计的连衣裙是最适销的选择，适合不同体型的女性穿着，同时结合女性气质和偏复古的美学理念，满足消费者既想要舒适又渴望更精致装扮的需求。再加上夸张的泡泡袖、褶边或扇形边，灵感源于睡衣的款式，放松易穿。A 字廓形搭配荷叶边领口的局部设计细节，或强烈的爱德华和维多利亚风格，都可令设计更加前卫。

泡泡袖设计的量感连衣裙更是复古风潮中不可缺失的款式，用量感衣袖赋予设计以女性魅力，体现场合服装的兴起，能够作为休闲度假服或者酒会晚礼服穿着。

6. 梯形连衣裙和罩衫式连衣裙

服装的时尚感、舒适性和百搭性成为消费者关注的重要因素。令人穿着方便的梯形连衣裙，因其梯形设计的板型不挑身材轮廓的原因，在近两年受到追捧。百褶连衣裙、罩衫式连衣裙皆可使用梯形的板型，超宽松板型为休闲罩衫式长袍增添舒适感，领口抽褶或多层设计打造量感美学。可大胆增加量感，并根据不同消费者需求打造中长度或超短长度的款式。还可采用叠层或垂腰下摆设计，保持板型的轻盈性，用轻薄棉质材料打造飘逸量感。极简罩衫式连衣裙，长款裙装配长款裤装仍是这两年重要的造型趋势，是极简主义和端庄造型的搭配。用直筒极简罩衫式长裙内搭长裤或及膝靴，打造现代人摩登精干的造型。

飘逸和动感是随性时尚造型的关键，量感梯形连衣裙和罩衫式连衣裙适合多种场合穿着和多种身材曲线，微量的泡泡下摆的设计为增强视觉性的探索性设计。量感设计与梯形板型的连衣裙搭配恰到好处。宽松的长裙或中长裙板型以舒适作为设计重点，适合居家办公、通勤和外出的实穿，百搭的单品将越发流行。

7. 褶饰、荷叶边、垂坠、拼接、不对称和挖空细节的连衣裙

令人有熟悉感、浪漫感和让人喜爱的荷叶边设计，复古和柔和的女性魅力又成功地重回舞台，在最近的设计趋势上强势回归。想将它呈现新意，可聚焦肩膀和育克上或者下摆的局部设计，探索流行设计的醒目衣领。铅笔连衣裙，裹身连衣裙，以荷叶边为灵感来源的褶饰将大量涌现。将这些设计在夸张的款式上再放大，迎合前卫消费者的喜好，也体现张扬的戏剧感。该设计可以体现在衣袖和有袖的廓形上，再加上褶饰和抽褶，带来更多的纹理意趣。

垂坠、褶饰、折叠细节为原本基础的板型增添新意，从裹身连衣裙处汲取灵感。收腰轮廓，垂褶领，腰部局部的褶皱和系结设计，垂坠，裹身，拼接结构，不对称的局部设计，都为经典款式带来更新，营造女人味，令简约的板型更加柔美。不对称褶裥饰边搭配紧身板型，或点缀于侧线缝和衣袖上，让衣品更热销。在肩部或者腰部的挖空细节，既能呈现动感柔美的风格，也能体现更精致时尚的未来感。20 世纪 80 年代风格的垂坠、缠裹和褶裥细节能够突出曼妙的轮廓。褶饰、不对称设计在这些年的流行潮流中屡次出现，单袖或者倾斜垂坠的剪裁突出露肩的设计造型可体现肩部优美。

这些传统的设计手法，在每季的流行趋势中都被运用得富有新意、焕然一新，搭配不同的廓形板型，营造不同的设计风格，适合不同女性的穿着需求。设计细节是整个造型的点睛之笔，恰到好处地增添这些细节，才能造就一个基础板型的设计成功。

总之，量感设计和强调轮廓的设计，将舒适性作为设计重点，打造各种适合通勤办公、居家休憩、娱乐时穿着的服装。夸张大胆的廓形为裙装带来变化，丰盈量感细节融入连衣裙中。女性消费者开始对品质的要求提升，更注重穿着感受和可持续性发展。将功能性和穿着场合列入优先考量，创造经久不衰的跨季单品。追求可以百搭的单品，适用于混搭造型。休闲与正式之间款式造型的界限渐渐模糊，混搭设计可为不同层次需求的女性带来更多的一衣多穿的穿着体验。

宽松的廓形虽然有舒适度，却不一定适合亚洲女性娇小的身材。可选择在腰部加入收腰细节，在凸显身材比例的同时维持舒适感。

女性化细节设计在近两年的流行趋势中，开始更频繁地出现。收腰设计或是以挺括肩线凸显腰部线条，迎合新女性的需求。服装功能性也已经成为购买决策的要点之一，需要设计师加以考虑。比如，以大口袋设计、腰带或抽绳效果融入柔美风的款式中，打造符合中国女性消费市场的连衣裙单品。

（二）衬衫

衬衫是近两年零售市场销售增长很快的单品之一，从经典的衬衫板型到宽松的量感廓形的创新，再到能够展现女性曲线的收腰细节和舒适量感板型的设计，值得在设计和板型上探索。随着全球居家办公和追求舒适实用性的需求出发，极简主义和少而精的可融入生活日装和职场搭配的风格越来越受到消费者的欢迎。不管是修身板型的还是宽松量感板型的衬衫，近几年都逐步趋向于凸显腰部曲线的细腻设计。无论是宽松的廓形，还是修身的造型，随着每年的流行趋势，都做了不同程度的创新与改造，深受不同场合女性的喜爱。

传统衬衫的基本款型有 X 型、A 型、T 型、H 型和 O 型。近几年，H 型、O 型衬衫一直受到追求舒适和简约风的年轻人的喜爱，而 X 型、箱型廓形、T 型和 A 型造型的衬衫一直是时尚界潮流的宠儿，深受白领女性的爱戴。不同的结构设计和解构局部造型的夸张个性化造型也是每年流行的一大趋势，创新型的板型设计也得到了市场的认可。

1. 量感衬衫

男性气质的简约美学风，是近几年流行趋势的一大亮点。从夸张比例的肩部和袖长到领型，点缀干净剪裁的箱型廓形，更新了以往的落肩设计。宽袖的、收紧腰带的度假风成为时下的必备风潮，极具舒适性和亲和力。方形袖和宽衣领的廓形极具量感和现代质感。由男友风转变而来的量感板型的衬衫将延续这两年的风潮，保证舒适宜穿是关键。

另外，运用夸张比例展现出来的量感，在这两年的潮流趋势中崭露头角，是对浪漫主义风潮改良的转变，通过在颈部、袖口、胸部和腰部处或下摆处增加褶皱和系带的设计，使量感变得柔和。还有，量感裁剪为露肩的衬衫增添了魅力。为柔美廓形创立的线条与立体量感的美感设计，可打造迷人的造型。因此，量感设计的衬衫，不单运用廓形宽松的板型，也能通过运用例如褶量的工艺细部设计，营造出量感的阔气与柔和洒脱的结合感。线条感与立体感的剪裁为这几季的衬衫带来更丰富的层次感，线条柔和、量感丰盈的款式在垂坠细节和结构以及面料上会更注重轻盈动感。通过细节设计的褶饰女衬衫是近两年受到女性消费者青睐的单品，融合泡泡纱或者缩褶的工艺，略显量感的比例是时尚廓形的精髓，恰到好处的量感能使人的整个气质低调地提升。收腰细节与挺括的袖部量感设计，也能为原本休闲的衬衫增添正装气质，落肩袖、夸张休闲箱型的设计或者修身的板型都能打造未来通勤的风格，休闲中带来一丝庄重感。量感的风格不单局限于极简风格，也适用于女性化的修身风格以及复古风潮的时尚造型，所以，量感设计是近年来对于传统衬衫的突破和创新。

2. 修身女性化衬衫

凸显女性曲线的流畅修身板型一直是近几年的潮流。而这两年，板型更趋向于经典的沙漏型，同时，会利用线条的修饰和比例来更新升级经典衬衫的造型。运用解构的方式、个性的细部设计，利用荷叶边、褶饰来丰富原本基础的板型，使原本修身的造型更加丰富和具有层次感。

具有恒久魅力的经典衬衫风靡各大秀场和市场，呼应着高级经典品风潮。建议探索选择亮色以塑造个性感，或选择中性色以迎合经典爱好者。素色的高级面料增强衬衫的耐穿性，有助于提升日常休闲感。修身系扣衣身向永不落伍的复古细节致敬。用简约棉布或轻盈薄纱塑造板型，赋予该造型的夏日气息。

另外，衬衫以更加柔美的贴身轮廓呈现。可通过加入褶皱、拉链、拼接的面料打造结构设计，达到修身效果。系带和打结的设计手法也能用来调节整个衣身轮廓。

柔和的围裹式与垂感廓形将满足市场对于修身板型的需求，采用和服板型及简单围裹式衣片以描绘女性身材，亦使穿着者可根据需求将其系紧或松开。

无束缚的宽敞袖口将为经典衬衫注入新设计，并注重舒适度的考虑。采用宽裁衣袖，并用简单缝边代替窄袖口。但在衬衫衣身处采用修身设计以平衡整体量感，包括具有收腰效果的搭带、本布腰带或收省。在女性气息的感觉之下，探寻功能性服装。在保持整体的浪漫主义和女性化修身体现女性身形美感的同时，可以创新细节，如设计绑带和抽绳，这样可以将廓形从原先的宽松版变为收腰板型。

3. 柔美复古风衬衫

复古风格的衬衫依旧在这几季不断更新和升级，维多利亚时期的风格依然影响着复古风的款式发展。荷叶边和褶皱，落肩膨胀衣袖和羊腿袖，高领线的板型，复古修身衬衫的板型是通过收腰剪裁搭配超大袖口和 20 世纪 70 年代加长超大领尖赋予复古衬衫的现代感，具有复古度假风的味道。荷叶边和轻盈薄纱尽显浪漫情怀。

采用的复古蓬袖，从肩胛顶端到袖口的蓬松感效果尤为吸睛。在羊腿袖头处采用细碎褶设计或者泡泡袖设计可增加量感。

荷叶边，抽褶和装饰性衣褶的设计延续了复古风潮，风头持续强劲，而且完美地平衡了舒适感和女性气质。

浪漫格调的衬衫一直是女性关注的重点。线条柔和、量感丰盈的衬衫款式将关注点集中在垂坠细节、结构和面料轻盈的动感。

集中在衣袖末端塑造量感，采用弹性或挺括袖口的设计，柔软量感的造型使原本较为复杂的复古风的设计更为简约化地呈现。

复古风潮延续，带有甜美细节的衬衫单品持续，受到亚洲女性的青睐。刻意加大的宽大袖口衬衫，是泡泡袖的升级，提升了单品的实用性和舒适度。

在近几年里，复古风潮的持续升温并随着对复古细节的再次改造，将复古风潮融入现代化设计，为更多人所接受和喜爱。板型上，也从繁复趋于更简化的设计，但依然会保留复古造型中的经典元素。

4. 个性衣领设计，夸张肩部造型的衬衫

个性衣领的设计为整体造型的廓形设计增添色彩。散开蝴蝶结，以单结的形式塑造修长和垂坠的领结造型。领结呼应了蝴蝶结趋势，以修长而垂坠的条带形式呈现，展现出夸张的复古造型。打造飘逸外观和硬朗而非垂坠的造型，十分新颖。巧用高领线造型的荷叶边衣领和领带衬衫的款式，柔软的蝴蝶结衬衫具有百搭性，超宽长领带加大颈部的蝴蝶结，尽显雅致柔美的女性魅力。

以大领口加上压褶细节，提升领口的立体感，同时选择柔软的面料并将皱褶以更加密集的方式呈现，打造女性化夸张领口，体现甜美女性风格。

经典衬衫的板型或者箱型轮廓的板型都适用于个性衣领的设计。别具一格的衣领造型，不仅能让经典的通勤风格显得更有活力，又能使宽松的休闲风格或者复古风格更具时尚感。

腰部以上的细节设计极为关键。个性衣领衬衫，充分彰显上半身装扮细节的魅力。除了蝴蝶结的个性装饰，水手领、系带领、长尖领、尖锐的大三角领极具 20 世纪 70 年代质感，还有烂漫复古风格的荷叶边，超大彼得潘领接近围兜尺寸，用甜美英格兰刺绣或荷叶边点缀。可拆卸衣领构成二合一造型。这些衣领的设计可根据衣身的比例调节衣领的比例。个性衣领的趋势仍在流行市场上有长足发展的设计空间，在这些个性衣领上增添更多细节，例如融合刺绣和百褶的设计也是不错的选择。

另外，肩部造型的设计也一直是衬衫设计的点睛之笔。宽大的垫肩造型，呈 T 型或者 H 型廓形的外观，将女性的柔美融入坚韧的设计中，刚柔兼并，体现新时代现代女性的特征。而部分肩部的镂空或者褶饰也为肩部造型带来一丝新鲜感，简约风和通勤风格的板型都适用于这些细节的设计。

5. 系带、荷叶边和褶饰细节设计的衬衫

从超短上身的系带截短衬衫到柔美风格的轻盈量感衬衫，领部的系带装饰，袖口处和腰部处的系带设计，都是这几季时髦的细节。领口和袖口的系带装饰，让本来挺括的衬衫富有优雅气质。以帕巾式来塑造领口和袖口的系带细节，体现现代摩登潮流。

领口蝴蝶结衬衫提升了优雅的柔软感，尽显雅致的女性魅力，增强了柔美的气息。而领结呼应了蝴蝶结的趋势。蝴蝶结的造型和大小长度都可根据需要变化。

腰部的系带设计和扭结的裹身设计，都是为了增添趣味性。

采用缩褶的工艺更新廓形，为款式增添装饰元素，收褶的量感要恰到好处极为关键，可在衣袖、胸部等特定部位衬出迷人效果。聚拢的皱褶，在大身的侧缝处、袖口处、颈部或肩部的褶饰，或者局部装饰，能都随性地打造自己想要的廓形感。柔软褶皱，提升了经典衬衫的吸引力。

高领衬衫用荷叶边最多。轻薄面料和宽大荷叶边与精致刺绣能完美搭配，所以，细节设计的系带、褶皱或者荷叶边，都在向更加精细精致的设计方向发展，打造焕然一新的纹理感和量感。

6. 泡泡量感衬衫

无论是泡泡袖还是衣身或下摆处的泡泡量感均能营造女性化基调。前卫的量感泡泡袖经过改良，以适应性地运用在局部，袖部采用合适尺寸或松紧袖口结构，强化戏剧性比例，以修身衣身突出量感，重叠袖部细节的设计，为衬衫增添意趣。

在肩部和袖口采用针纹褶饰和聚拢技术来打造泡泡袖，并采用四分之三的袖长增加戏剧效果。添加襞褶和在正中线的纽扣排列作为装饰。

衣袖细节仍然是商业设计要点，设计师纷纷借此机会塑造腰部以上的个性造型，呼应着上半身装扮趋势，采用装饰性领口增强个性魅力。为提升衬衫的日常使用潜力，简单棉布不失为理想面料之选。

泡泡下摆是为衬衫设计增添丰盈量感的时尚方式。衬衫的松紧处理适用于打造适合各种身材的舒适板型。在领部、手腕、下摆采用松紧处理，打造截短至腰部的量感泡泡效果。斗篷式衣袖赋予休闲夏季款式额外量感。基于简约的板型，泡泡量感的设计可为基础板型创造不同风格的造型设计。

因此，在近几年的流行趋势中，我们发现，彰显女性化风格的板型成为关键，强调曲线的收腰设计和柔美面料被大量运用。板型也从简约大气的箱型、H 型，慢慢过渡到修身的板型。舒适感依旧是关键驱动的设计因素。用细节设计提升实用性和多功能性，例如褶饰、抽褶，荷叶边等细节设计，打造实用又不失装饰性的造型。衬衫单品朝着更考究精致的设计方向发展。同时，也强调耐用性、百搭性，将基础单品的核心板型升级为经典板型。把握功能性与正式感之间的平衡，以实用细节更新通勤经典款型。

对繁忙的日常生活而言，日夜皆宜的百搭设计将变得更为重要。设计师多采用简约廓形或量感板型，结合可拆卸或可调整元素、弹性可调节等设计，根据不同场合的需求来调整板型。

设计师将创新与经典融合，不断更新经典板型，在廓形和细节上不断调整设计，并结合不同设计手法，升级板型的创意设计。腰部细节在腰线上和腰线下都能彰显个性。继续探索肩部造型、领型、腰线细节，以及袖形的细节变化，打造更为个性亮点的设计。

二、连衣裙、衬衫品类衣身结构平衡要领

连衣裙、衬衫类服装由于是多穿于天热季节的服装，其面料都属于轻薄类织物。因此，服装上不适宜多做省道、分割线，尤其是胸省类、省道或通过胸高点（BP）的分割线。这样就给板型师增加了怎样消除浮余量、怎样达到衣身结构平衡的难度。

（一）腰部宽松款式的衣身结构平衡

对于腰部宽松的款式，其浮余量的消除可采用将其转到腰部的做法，但一般来说，转入的前浮余量不宜≥ 3 cm，多余的量可采取撇胸及袖山倒吃的方法消除。此时，前衣身的底边呈前低后翘形，整体衣身立体形态呈梯形状（图 1）。

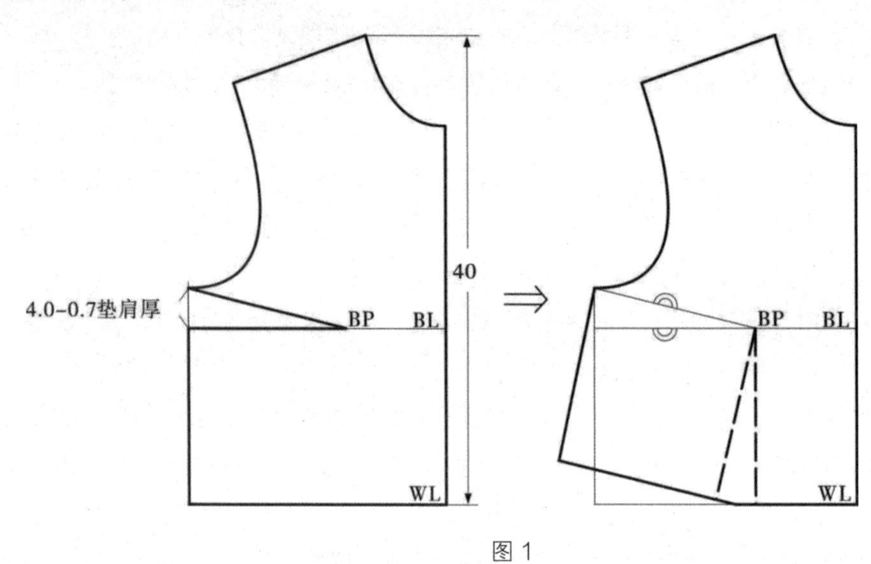

图 1

（二）腰部卡腰款式的衣身结构平衡

对于腰部卡腰的款式，其前浮余量的消除可采用将其转移到腰省的做法，但一般来说，转入的前浮余量使其腰省的量不宜超过 4 cm。否则腰省省尖收取后容易产生酒窝状，不易烫平（图 2）。

（三）前浮余量转入门襟处的衣身结构平衡

对于非条格纹的所有素色面料，消除前浮余量的首要方法，是将 1 cm 左右的前浮余量转入门襟，形成≤ 1 cm 的撇胸来消除（图 3）。

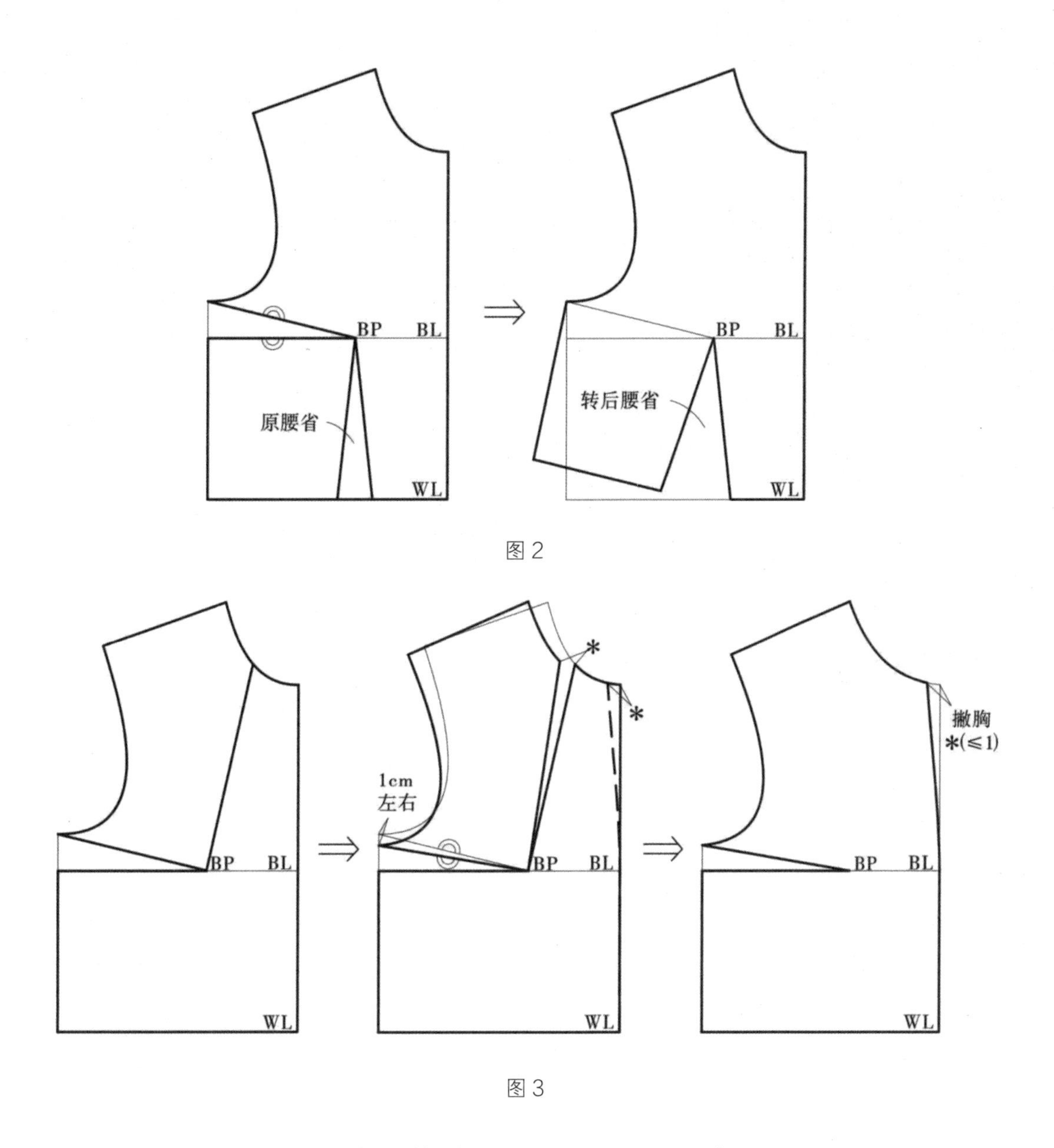

图 2

图 3

（四）前浮余量转入抽褶等造型的衣身结构平衡

对于前衣身有抽褶、垂褶等造型，既满足这些造型所需要的量感，也能达到消除前浮余量，使之达到衣身结构平衡的目的（图 4）。

（五）对于不适宜撇胸及没有其他造型的款式的衣身结构平衡

对于许多有条格纹的连衣裙、衬衫且没有抽褶、垂褶等造型的款式，其前浮余量的消除可采用袖山倒吃、前侧缝缩缝等方法（图 5）。

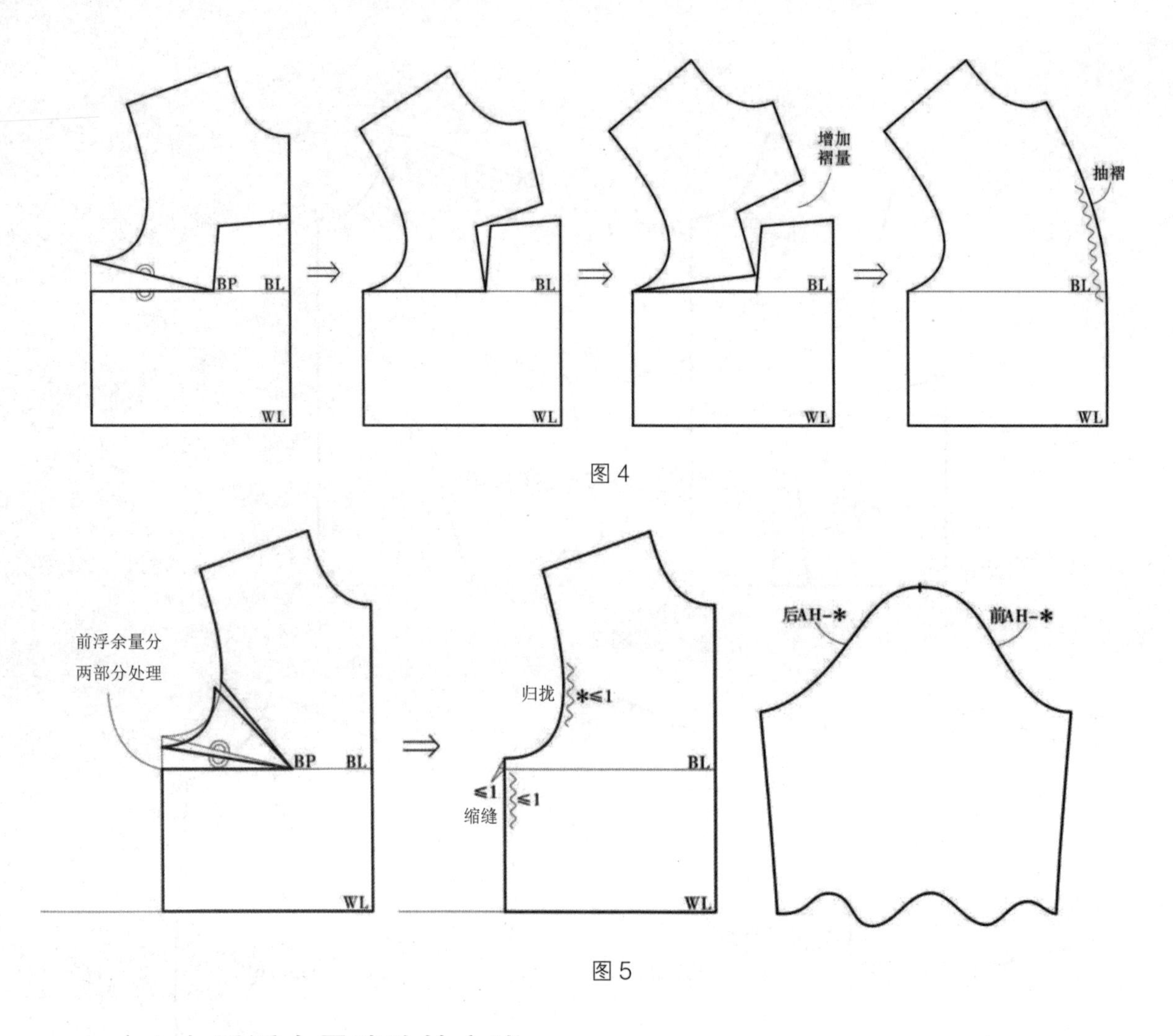

图 4

图 5

（六）后浮余量消除的方法

后浮余量较前浮余量要小得多，只有 1.6 cm ~ 垫肩厚。在后衣身上消除的方法主要采取后肩缝缝缩，转入后领窝，后袖缝缝缩（后袖山倒吃）的方法。视后浮余量大小，一般只需采用肩缝缝缩和后领窝归拢等方法（图 6）。

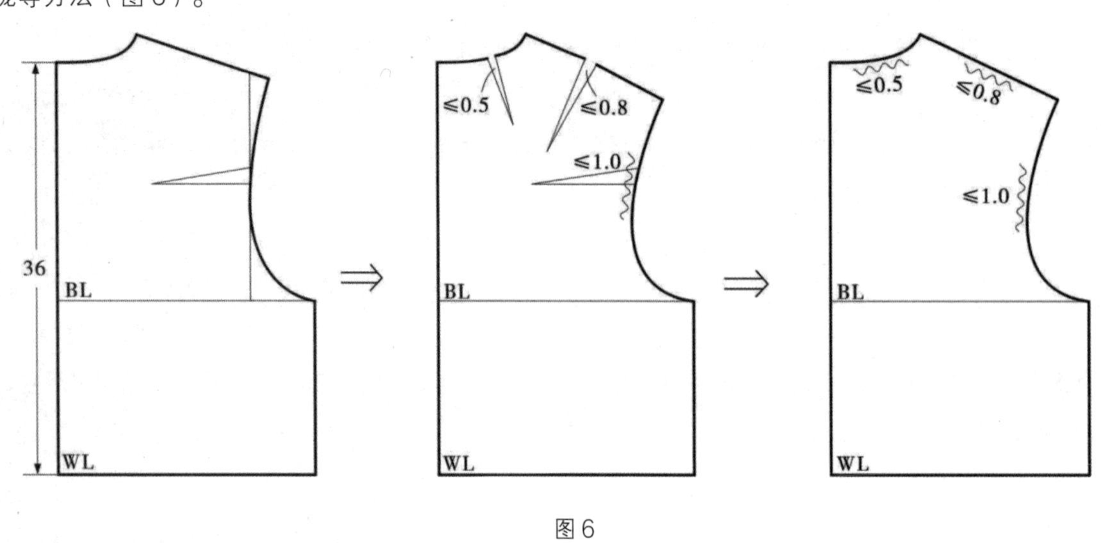

图 6

第二部分

经典服装板型设计案例

一、无领抽褶连衣裙

部位	规格（cm）
衣长（L）	41+84
前腰节长(FW)	41
胸围（B）	92
肩宽（S）	38.5
腰围（W）	72
下摆	130
袖长（SL）	55
袖肥（SW）	16
袖口（CW）	12
领围（N）	39
袖窿深	24
垫肩	0.8

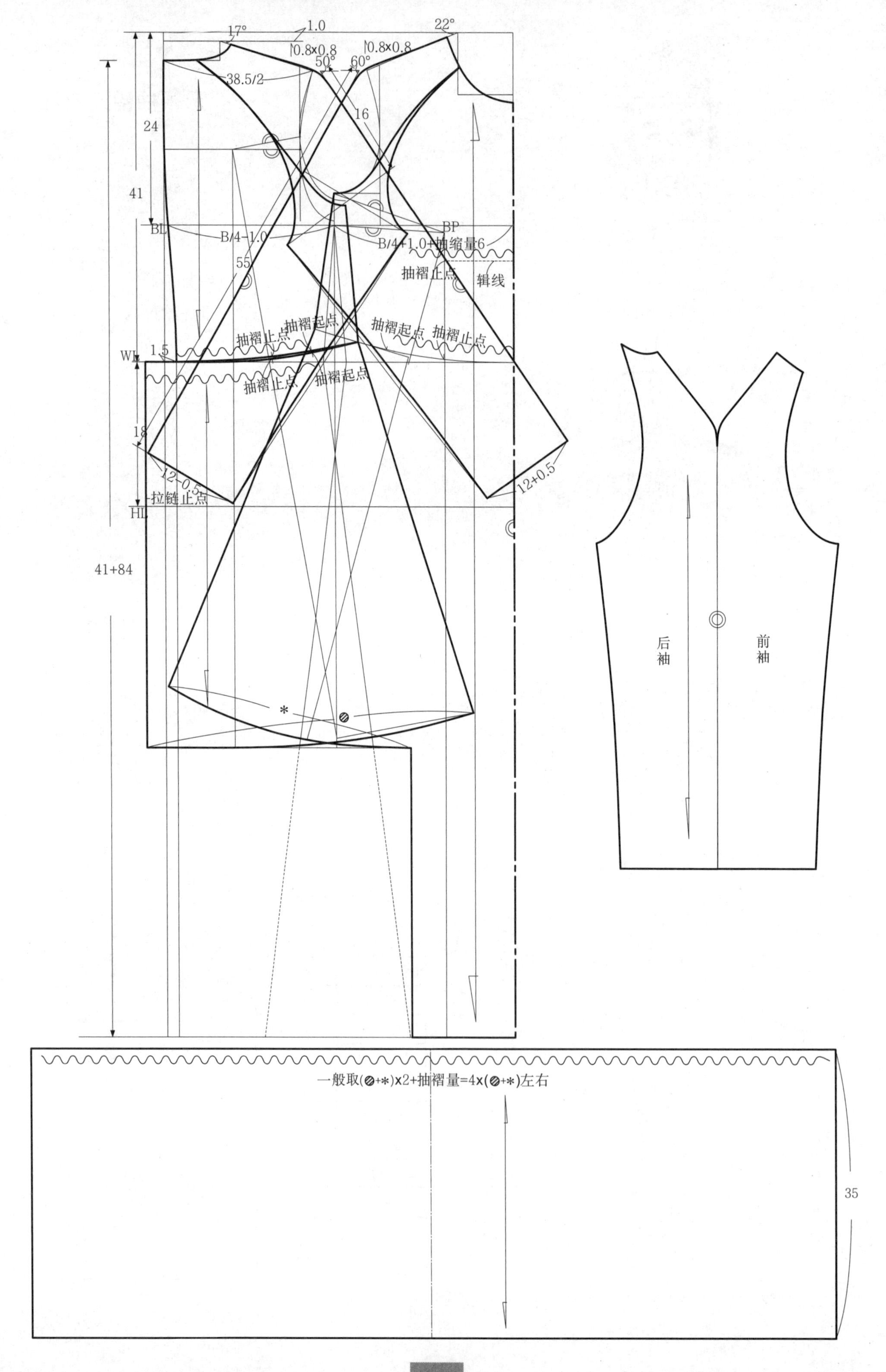
17°
1.0
22°
0.8×0.8
0.8×0.8
50°
60°
38.5/2
16
24
41
BL
B/4-1.0
BP
B/4+1.0+抽缩量6
55
抽褶止点
辑线
抽褶起点
抽褶止点
抽褶起点
抽褶止点
WL
1.5
抽褶止点
抽褶起点
18
12-0.5
12+0.5
拉链止点
HL
41+84
后袖
前袖
一般取(⊘+*)x2+抽褶量=4x(⊘+*)左右
35

二、翻领泡袖连衣裙

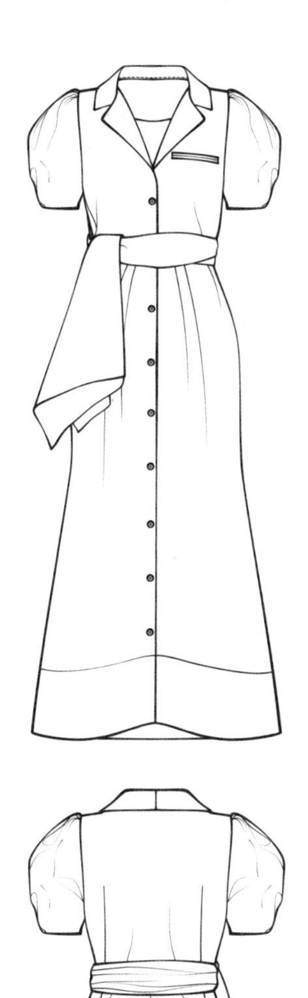

部位	规格（cm）
衣长（L）	40+100
前腰节长(FW)	40
胸围（B）	90
肩宽（S）	35
腰围（W）	80
下摆	120
袖长（SL）	25
袖肥（SW）	16
袖口（CW）	13
领围（N）	39
袖窿深	24

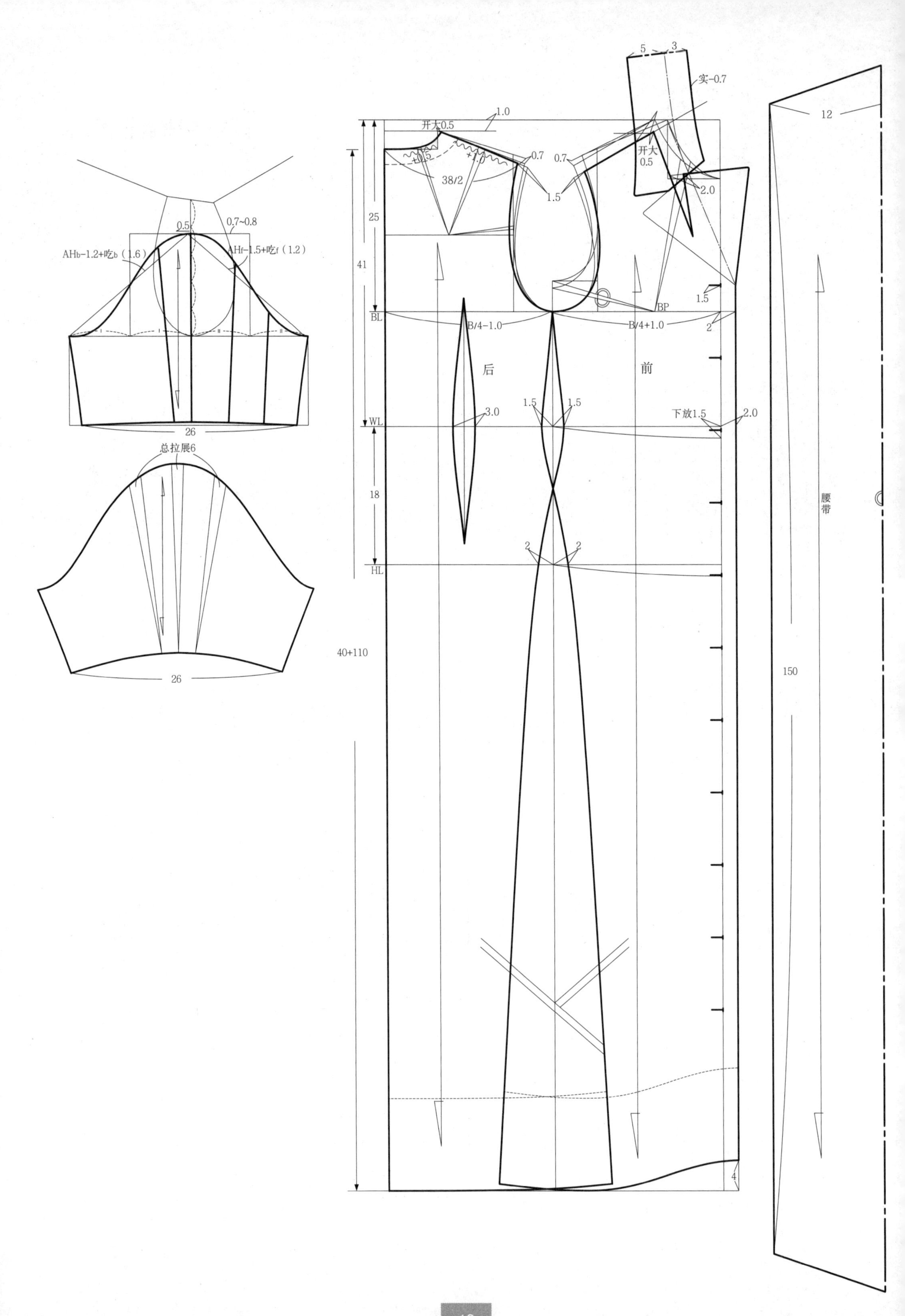

0.5
0.7~0.8
AHb-1.2+吃b（1.6）
AHf-1.5+吃f（1.2）
26
总拉展6
26
5
3
实-0.7
1.0
开大0.5
+0.5
+1.0
0.7
0.7
38/2
1.5
开大
0.5
2.0
12
25
41
BP
1.5
BL
B/4-1.0
B/4+1.0
2
后
前
1.5
1.5
3.0
WL
下放1.5
2.0
18
腰带
2
2
HL
40+110
150
4

三、方口领无袖连衣裙

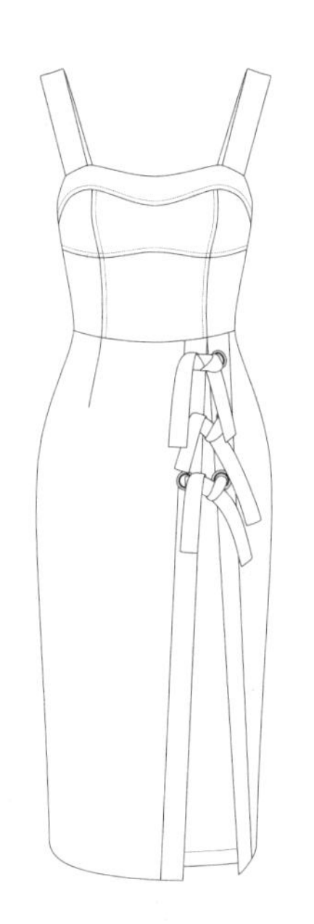

部位	规格（cm）
衣长（L）	30(上衣长)+80(裙长)
前腰节长(FW)	40
胸围（B）	88
肩宽（S）	–
腰围（W）	70
下摆	80
袖长（SL）	–
袖肥（SW）	–
袖口（CW）	–
领围（N）	39
袖窿深	22.5

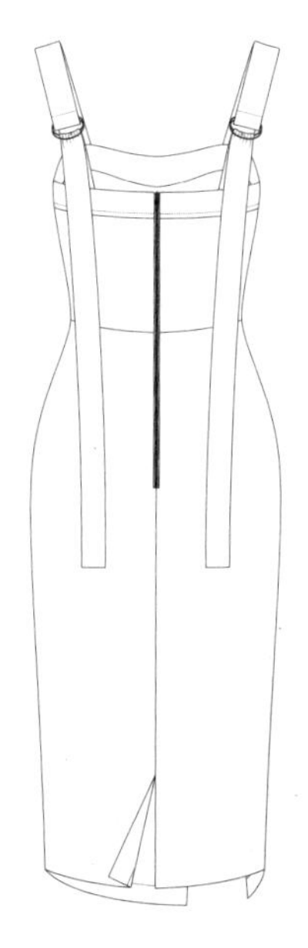

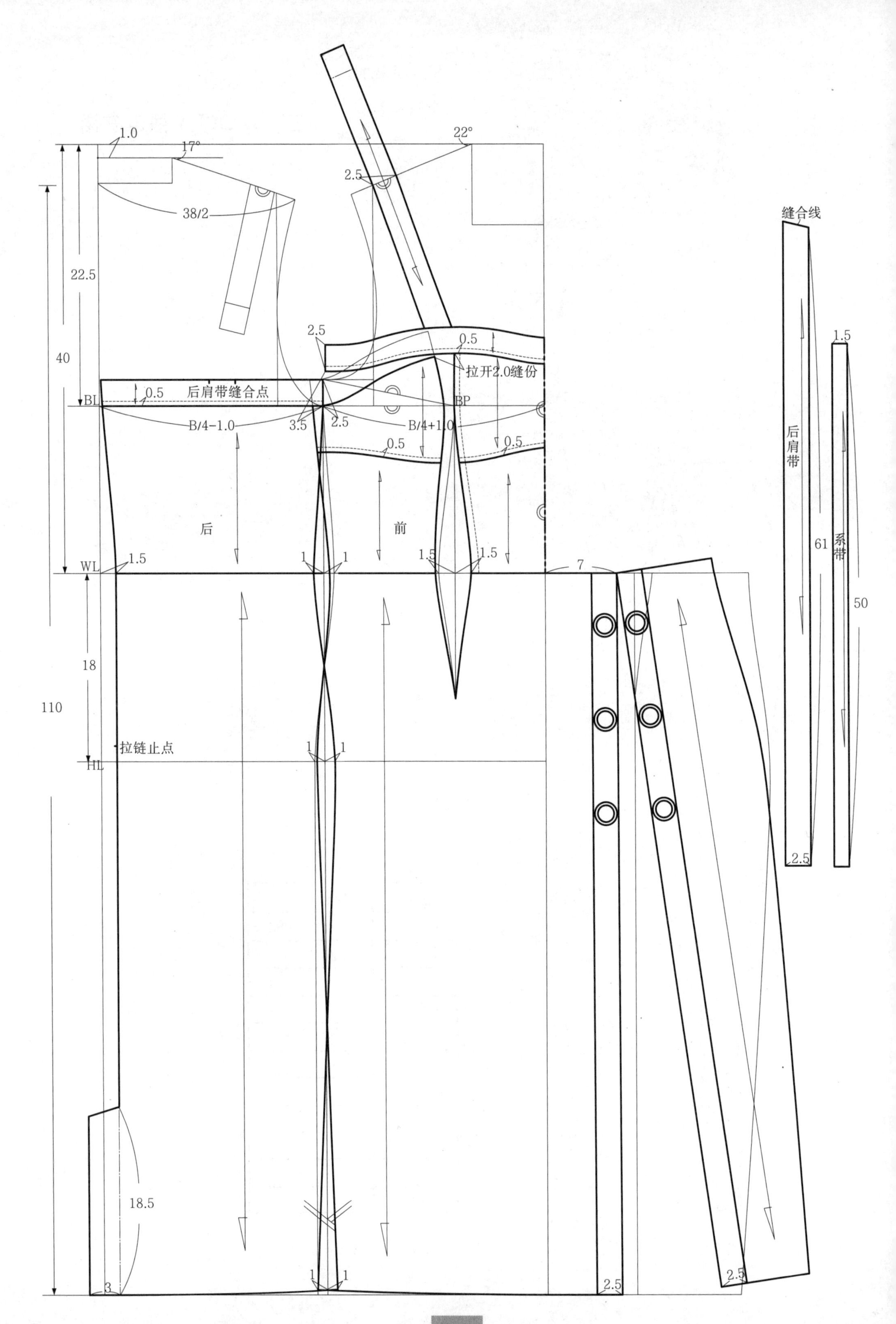

1.0
17°
22°
38/2
2.5
22.5
40
2.5
0.5
拉开2.0缝份
0.5
后肩带缝合点
BL
BP
B/4-1.0
3.5
2.5
B/4+1.0
0.5
0.5
后
前
WL
1.5
1
1
1.5
1.5
7
18
110
拉链止点
HL
1
1
18.5
3
1
1
2.5
2.5
缝合线
后肩带
61
1.5
系带
50
2.5

四、圆口领无袖连衣裙

部位	规格（cm）
衣长（L）	41+79
前腰节长(FW)	41
胸围（B）	88
肩宽（S）	35
腰围（W）	75
下摆	110
袖长（SL）	-
袖肥（SW）	-
袖口（CW）	-
领围（N）	39
袖窿深	22

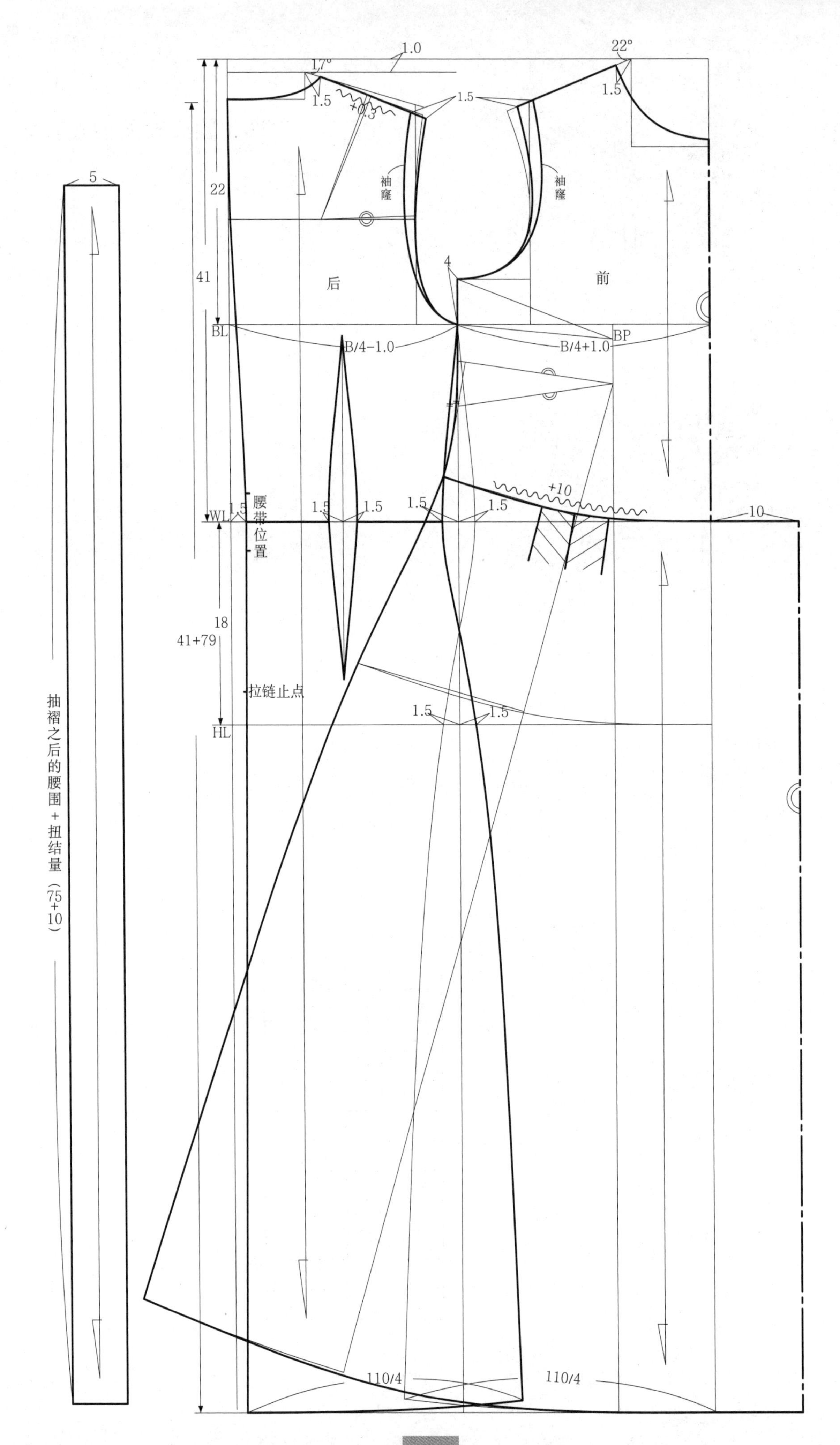

1.0
22°
17°
1.5
+0.3
1.5
1.5
袖隆
袖隆
22
41
后
前
4
BL
B/4−1.0
B/4+1.0
BP
+10
WL
1.5
腰带位置
1.5
1.5
1.5
1.5
10
18
41+79
拉链止点
1.5
1.5
HL
5
抽褶之后的腰围+扭结量（75+10）
110/4
110/4

五、圆口领无袖分割连衣裙

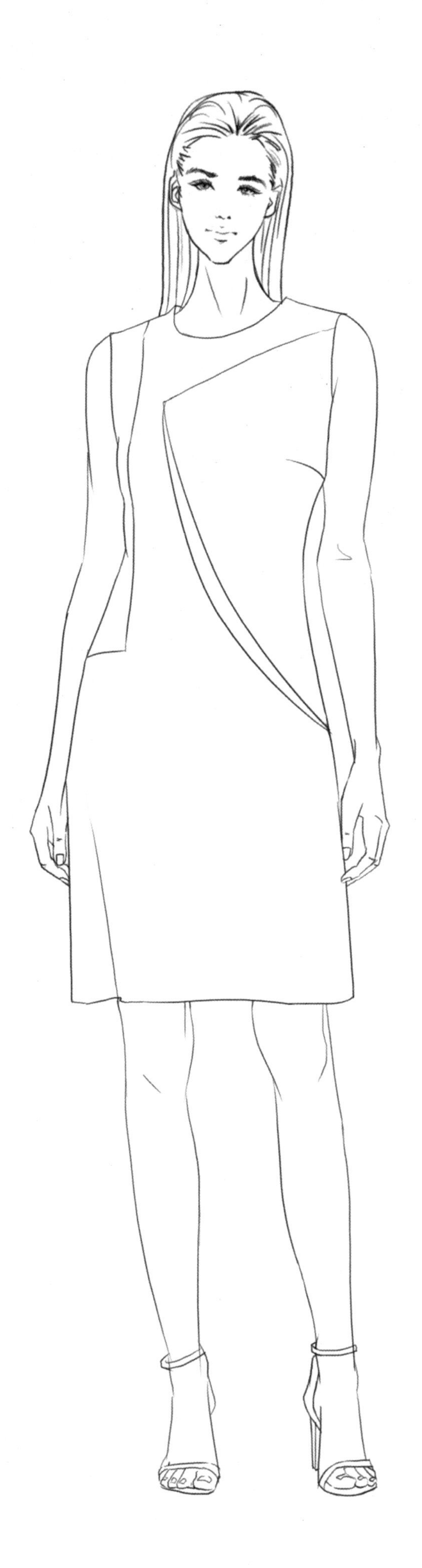

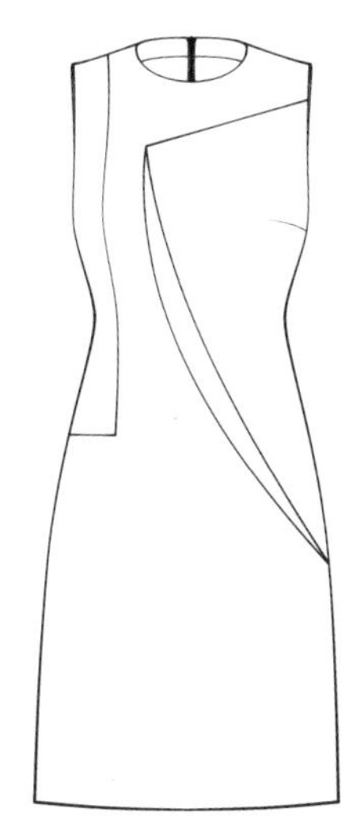

部位	规格（cm）
衣长（L）	40+75
前腰节长(FW)	40
胸围（B）	90
肩宽（S）	35
腰围（W）	72
下摆	100
袖长（SL）	-
袖肥（SW）	-
袖口（CW）	-
领围（N）	39
袖窿深	21

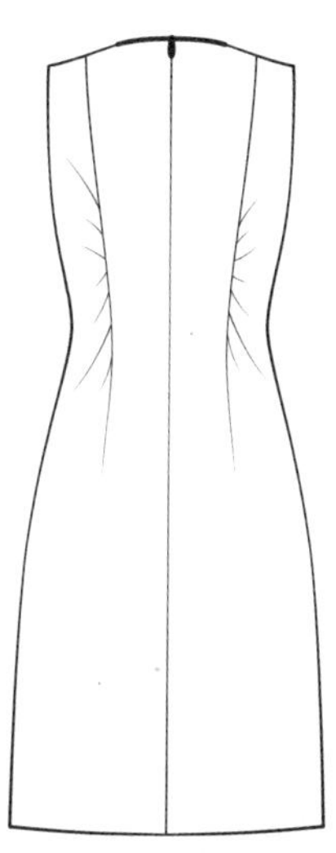

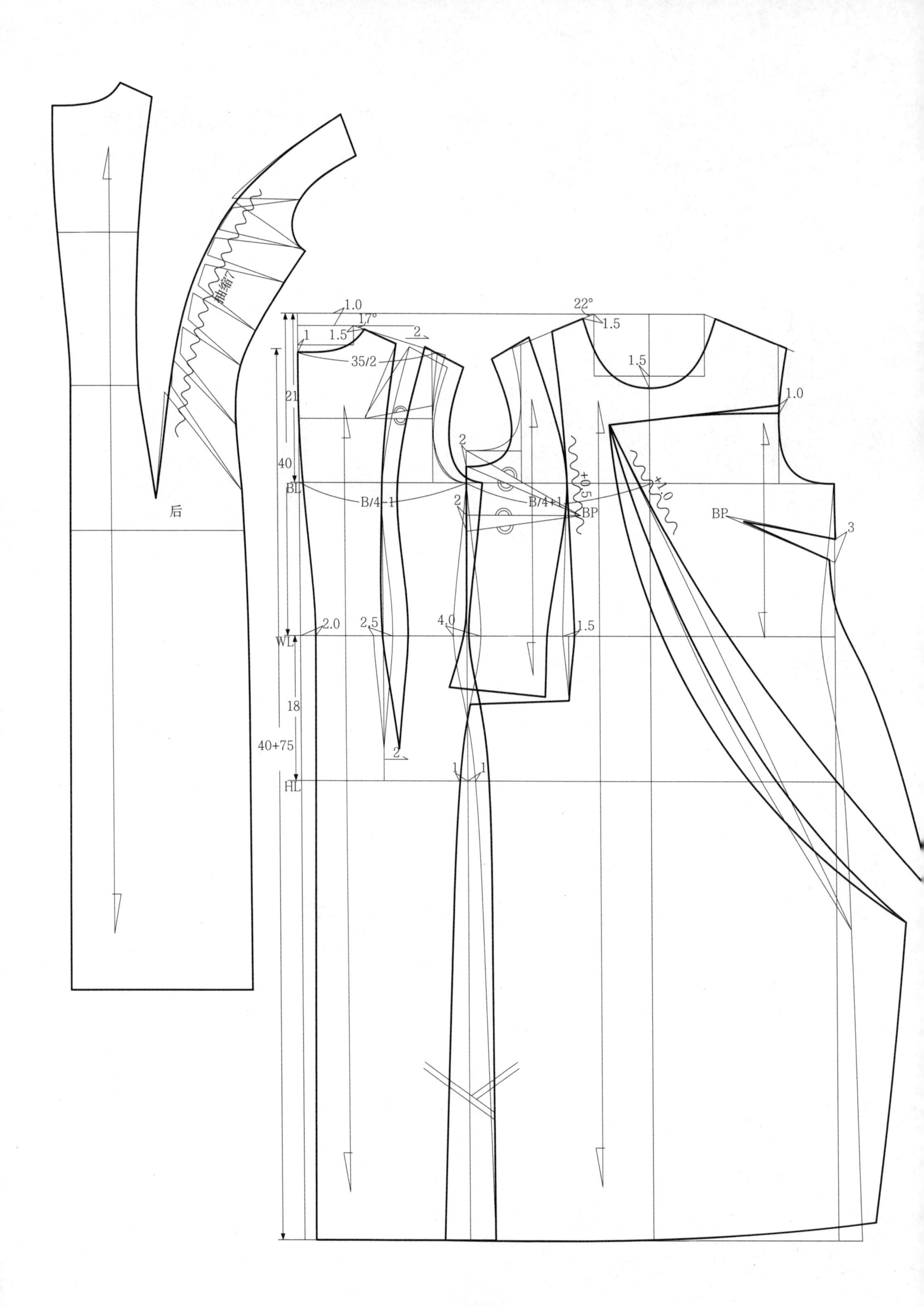

后
抽缩7
1.0
17°
1.5
1
2
35/2
21
40
BL
B/4-1
B/4+1
BP
+0.5
+1.0
22°
1.5
1.5
1.0
BP
3
2
2
2.0
2.5
4.0
1.5
WL
18
40+75
2
1
1
HL

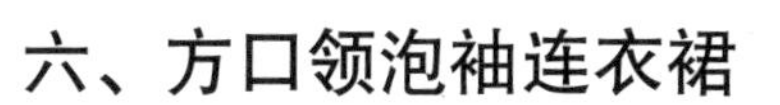

六、方口领泡袖连衣裙

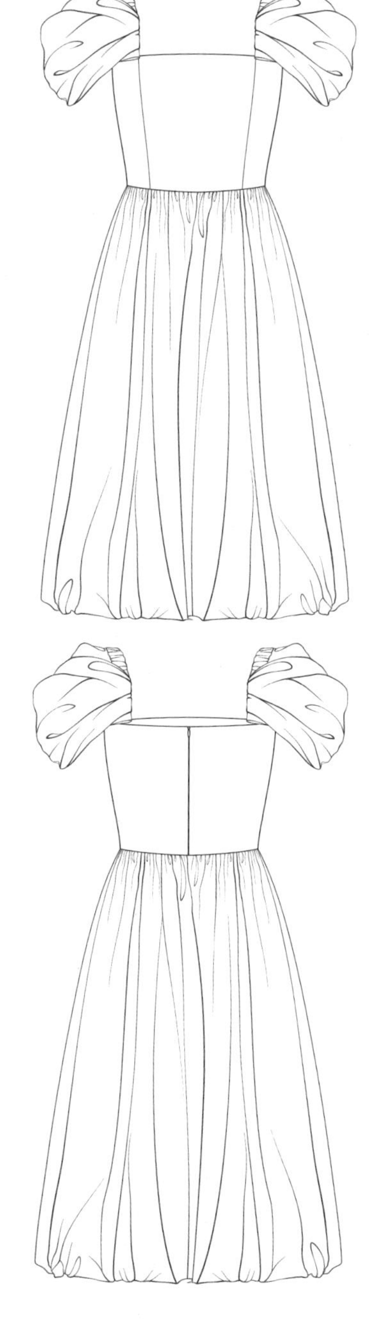

部位	规格（cm）
衣长（L）	30+85
前腰节长(FW)	40
胸围（B）	88
肩宽（S）	−
腰围（W）	72
下摆	100
袖长（SL）	20
袖肥（SW）	18
袖口（CW）	13
领围（N）	−
袖窿深	21

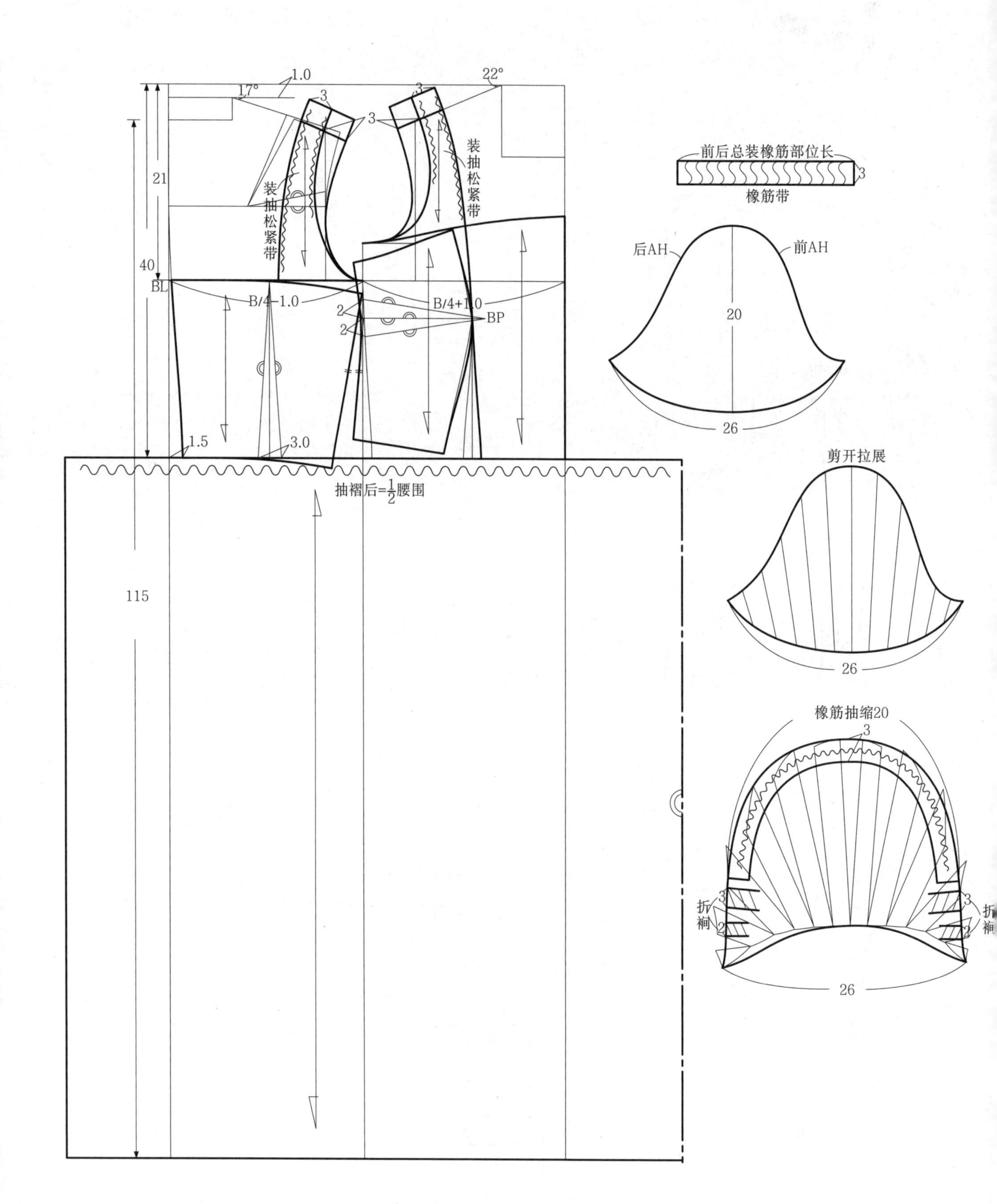

1.0
17°
22°
3
3
3
装抽松紧带
装抽松紧带
21
40
BL
B/4−1.0
B/4+1.0
BP
2
2
1.5
3.0
抽褶后=$\frac{1}{2}$腰围
115
前后总装橡筋部位长
3
橡筋带
后AH
前AH
20
26
剪开拉展
26
橡筋抽缩20
3
折裥
3
2
折裥
3
2
26

七、V字领短袖连衣裙

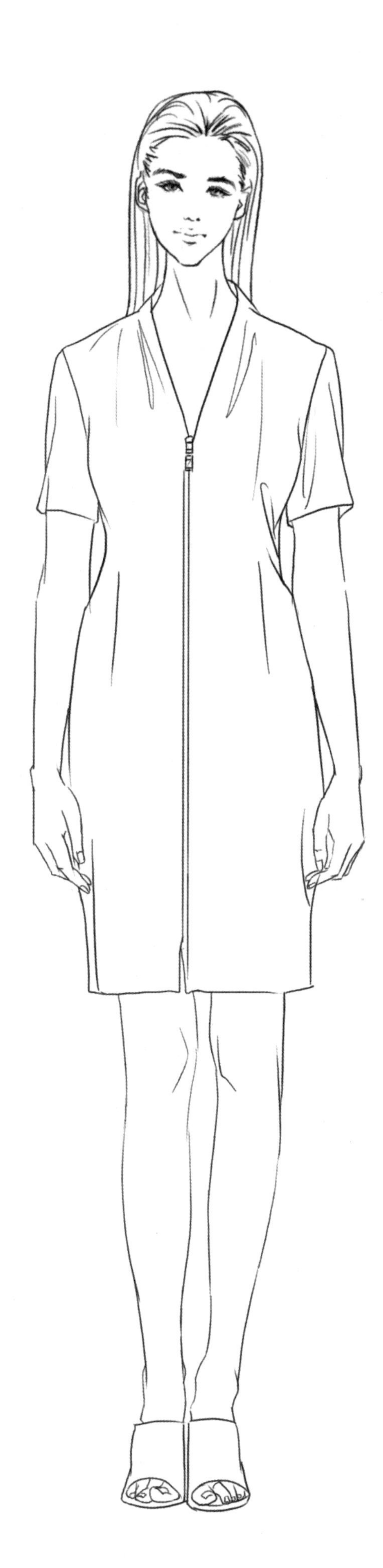

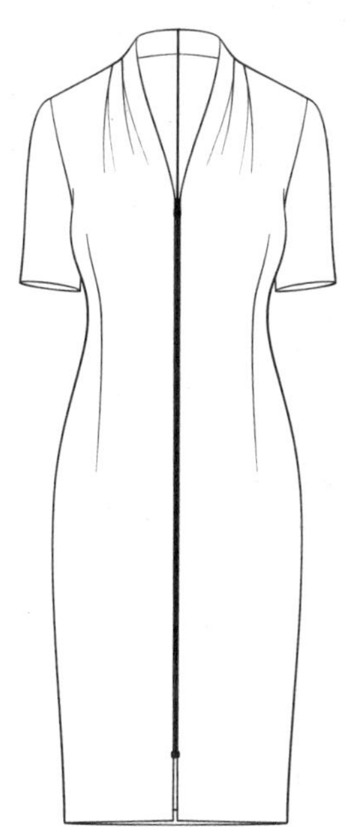

部位	规格（cm）
衣长（L）	40+80
前腰节长(FW)	40
胸围（B）	90
肩宽（S）	39
腰围（W）	72
下摆	80
袖长（SL）	25
袖口（CW）	13
领围（N）	39
袖窿深	24

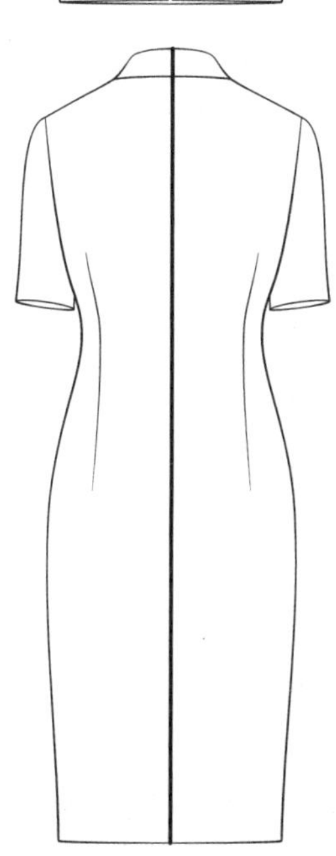

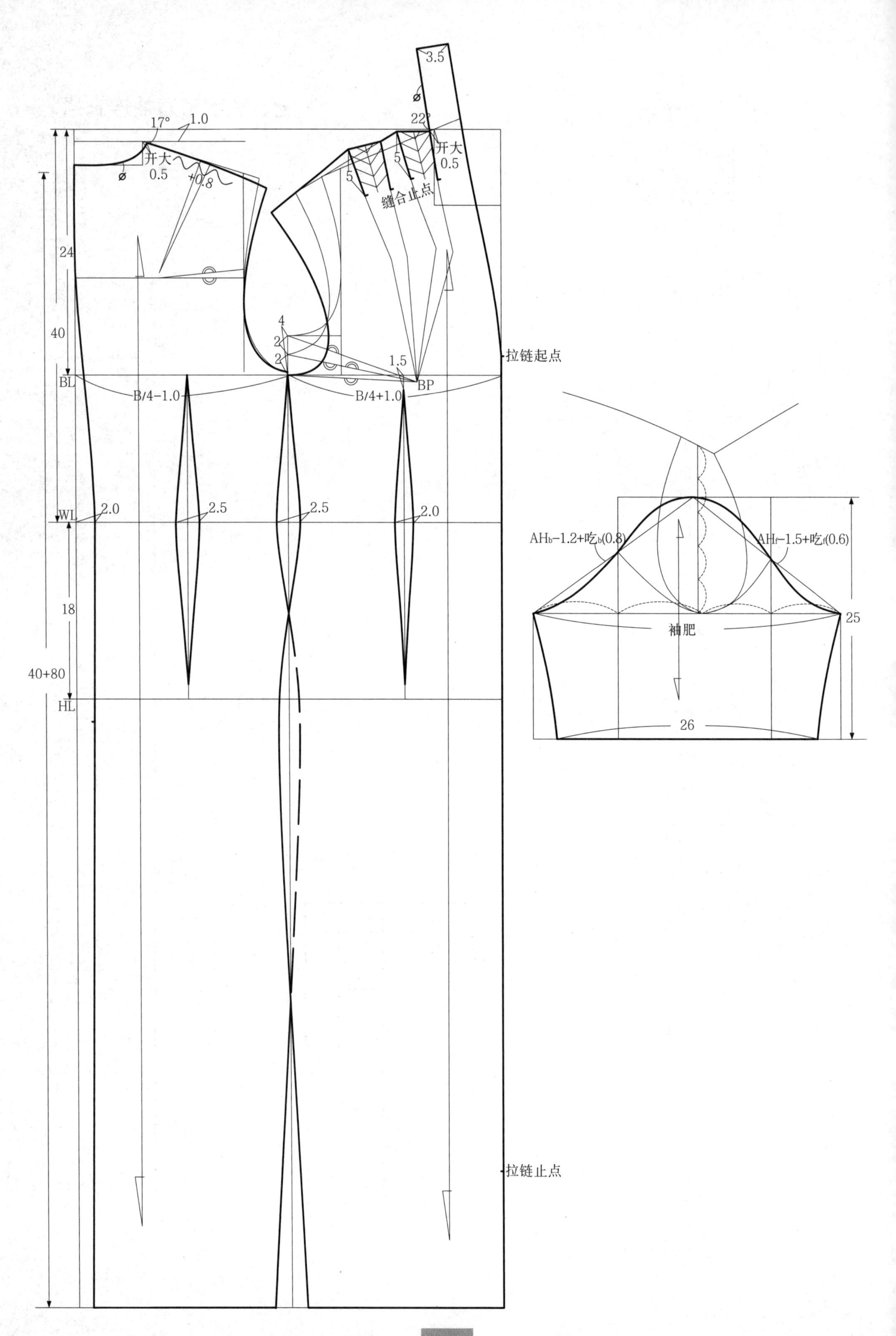
3.5
ø
17°
1.0
22°
开大
0.5
开大
0.5
ø
+0.8
5
5
缝合止点
24
40
4
2
2
1.5
拉链起点
BL
BP
B/4−1.0
B/4+1.0
WL
2.0
2.5
2.5
2.0
18
40+80
HL
AHb−1.2+吃b(0.8)
AHf−1.5+吃f(0.6)
袖肥
25
26
拉链止点

八、斜形翻领无袖连衣裙

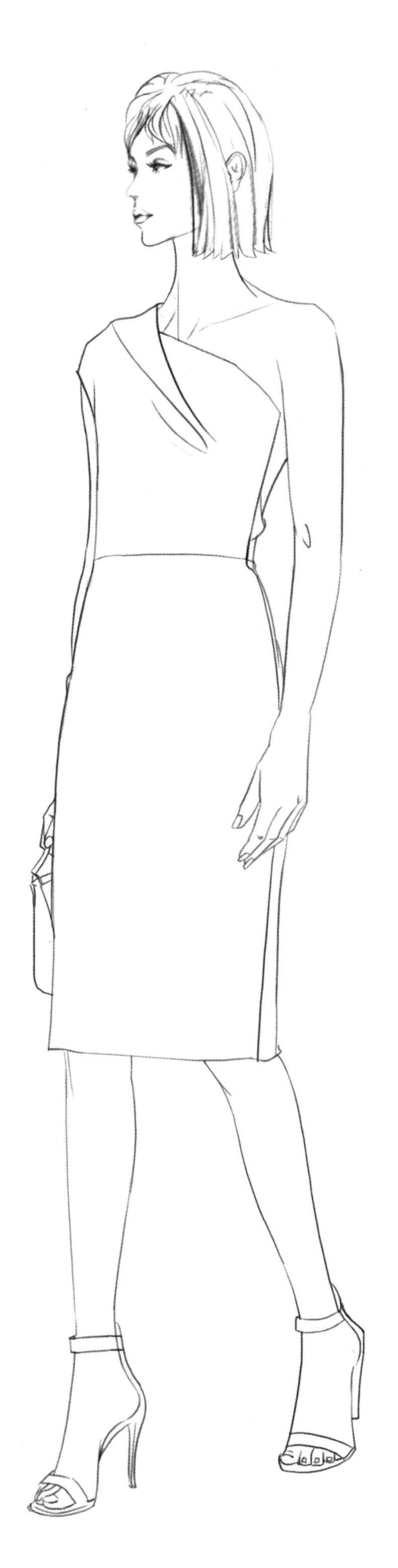

部位	规格（cm）
衣长（L）	110
前腰节长(FW)	–
胸围（B）	90
肩宽（S）	38
腰围（W）	72
下摆	90
袖长（SL）	8
袖肥（SW）	–
袖口（CW）	13
领围（N）	38
袖窿深	–

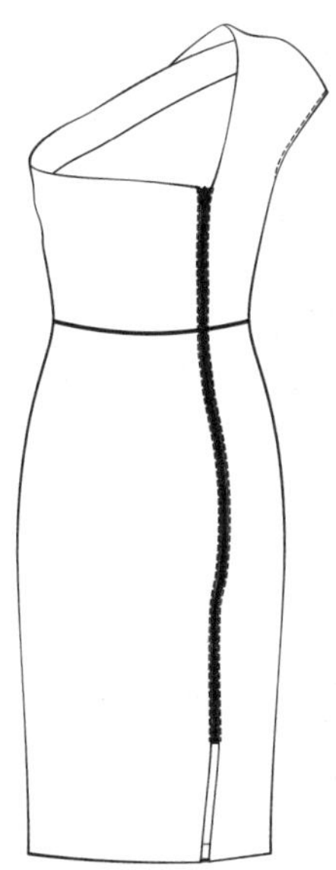

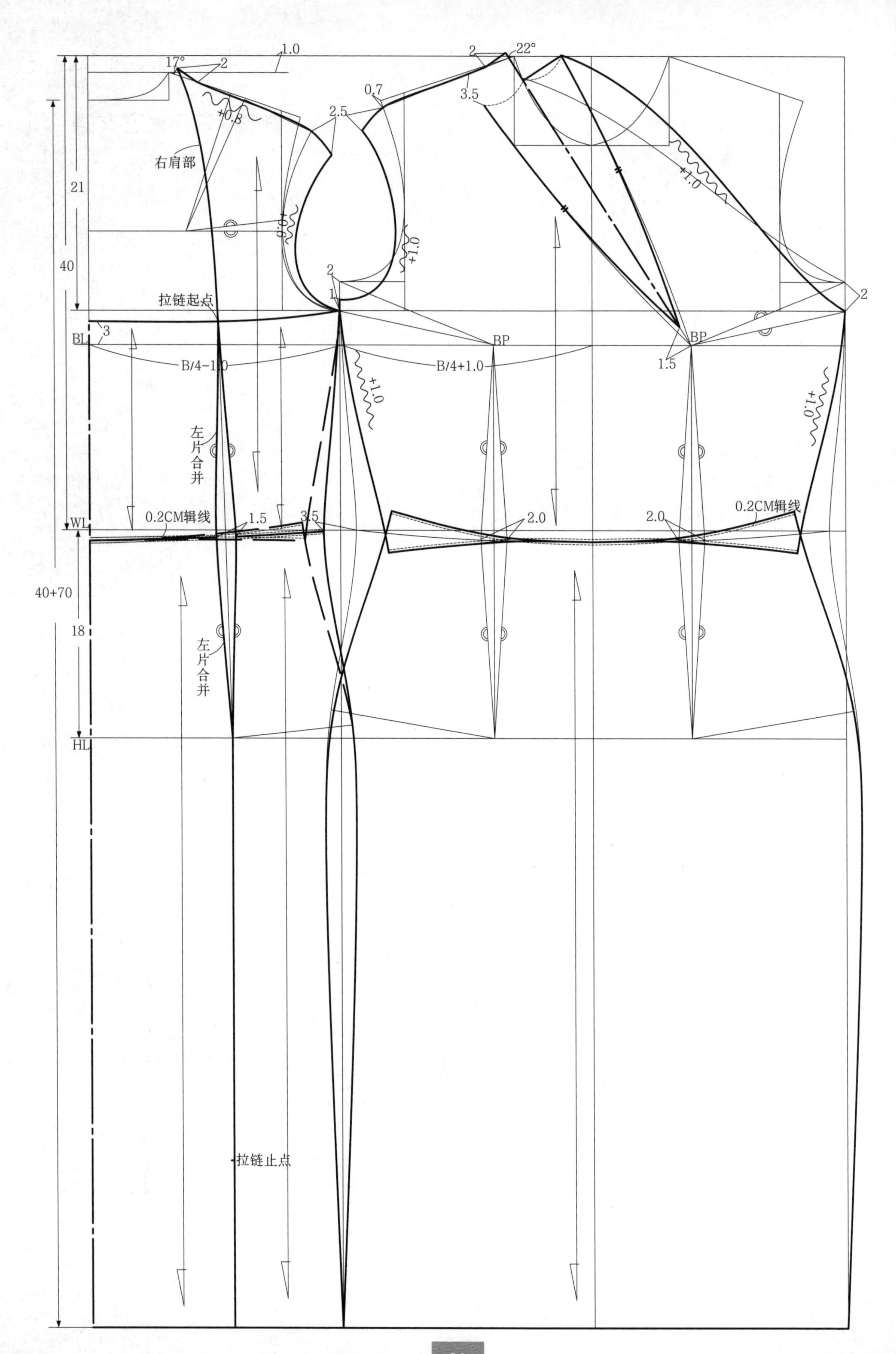

1.0
17°
2
2
22°
3.5
0.7
+0.8
2.5
右肩部
21
+0.6
+1.0
+1.0
40
2
1
2
拉链起点
3
BL
BP
BP
B/4-1.0
B/4+1.0
1.5
+1.0
+1.0
左片合并
0.2CM辑线
WL
0.2CM辑线
1.5
3.5
2.0
2.0
40+70
18
左片合并
HL
拉链止点

九、翻领偏襟无袖连衣裙

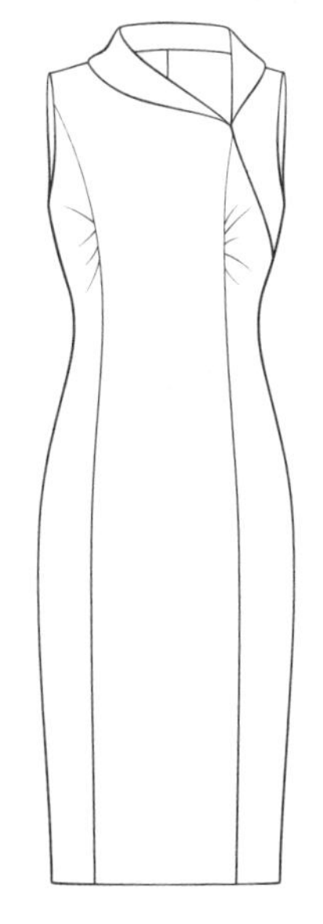

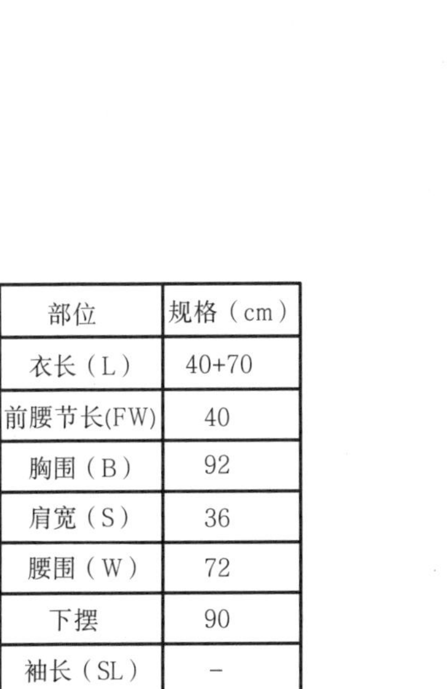

部位	规格（cm）
衣长（L）	40+70
前腰节长(FW)	40
胸围（B）	92
肩宽（S）	36
腰围（W）	72
下摆	90
袖长（SL）	–
袖肥（SW）	–
袖口（CW）	–
领围（N）	39
袖窿深	21

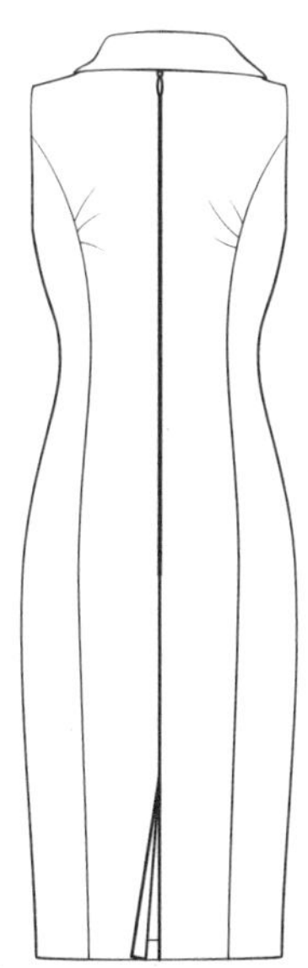

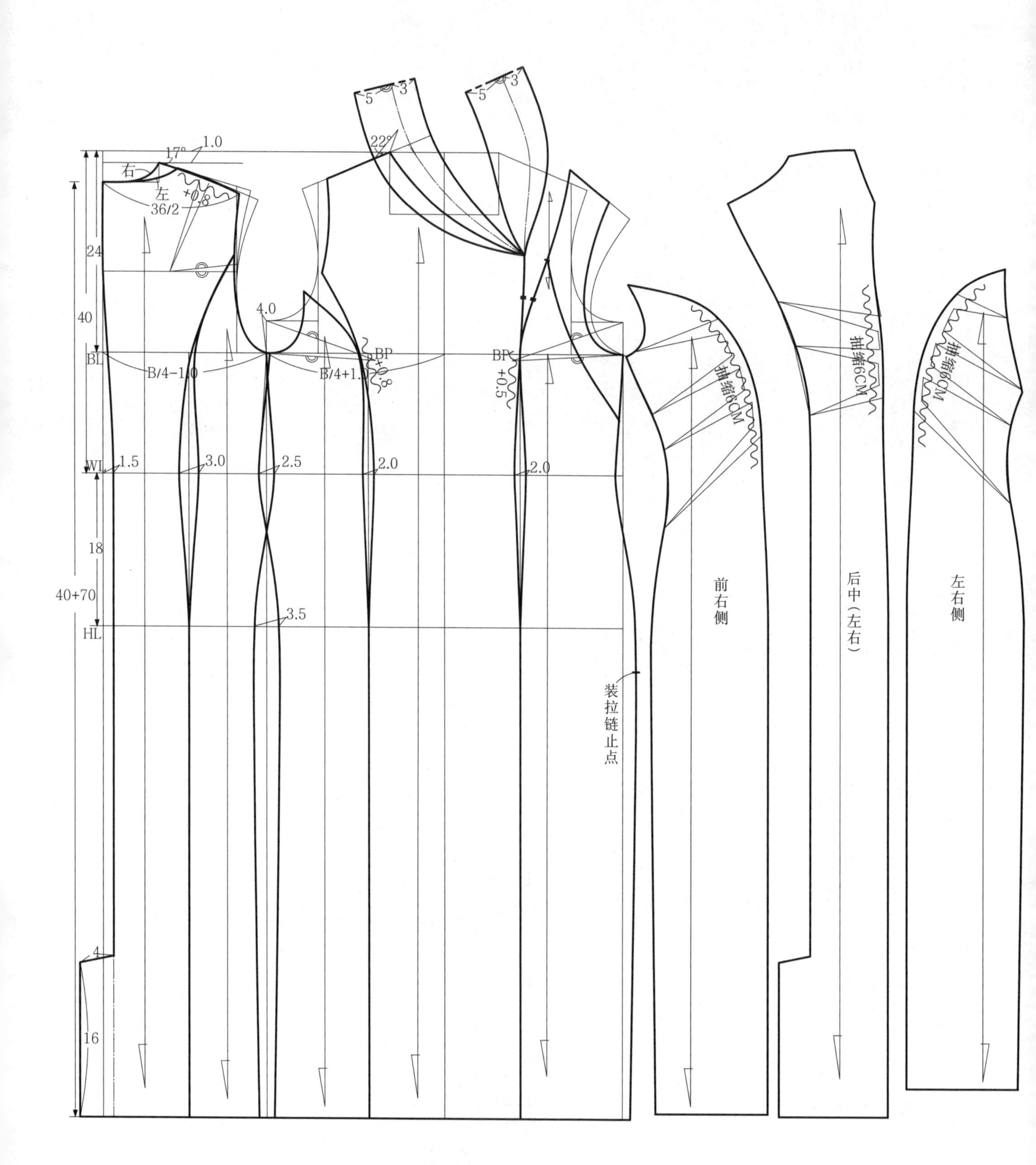

1.0
17°
右
左
+0.8
36/2
24
40
4.0
BL
B/4-1.0
B/4+1.0
BP
+0.8
BP
+0.5
22°
5
3
5
3
WL
1.5
3.0
2.5
2.0
2.0
18
40+70
3.5
HL
4
16
抽缩6CM
抽缩6CM
抽缩6CM
前右侧
后中（左右）
左右侧
装拉链止点

十、大翻领无袖连衣裙

部位	规格（cm）
衣长（L）	40+70
前腰节长(FW)	40
胸围（B）	88
肩宽（S）	38
腰围（W）	73
下摆	100
袖长（SL）	–
袖肥（SW）	–
袖口（CW）	–
领围（N）	39
袖窿深	–

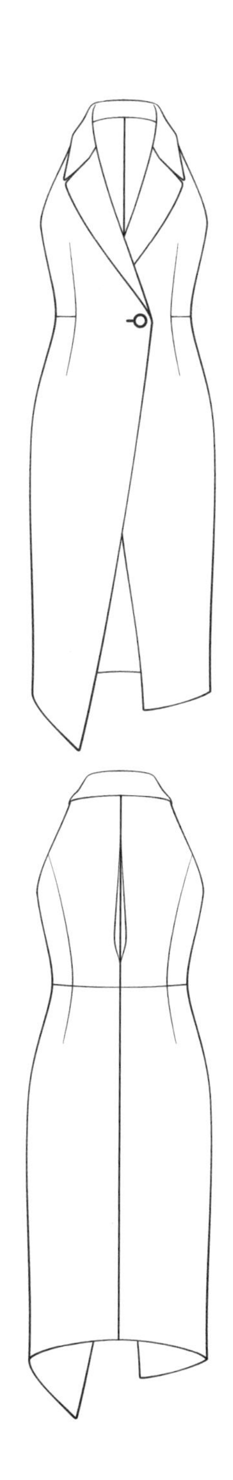

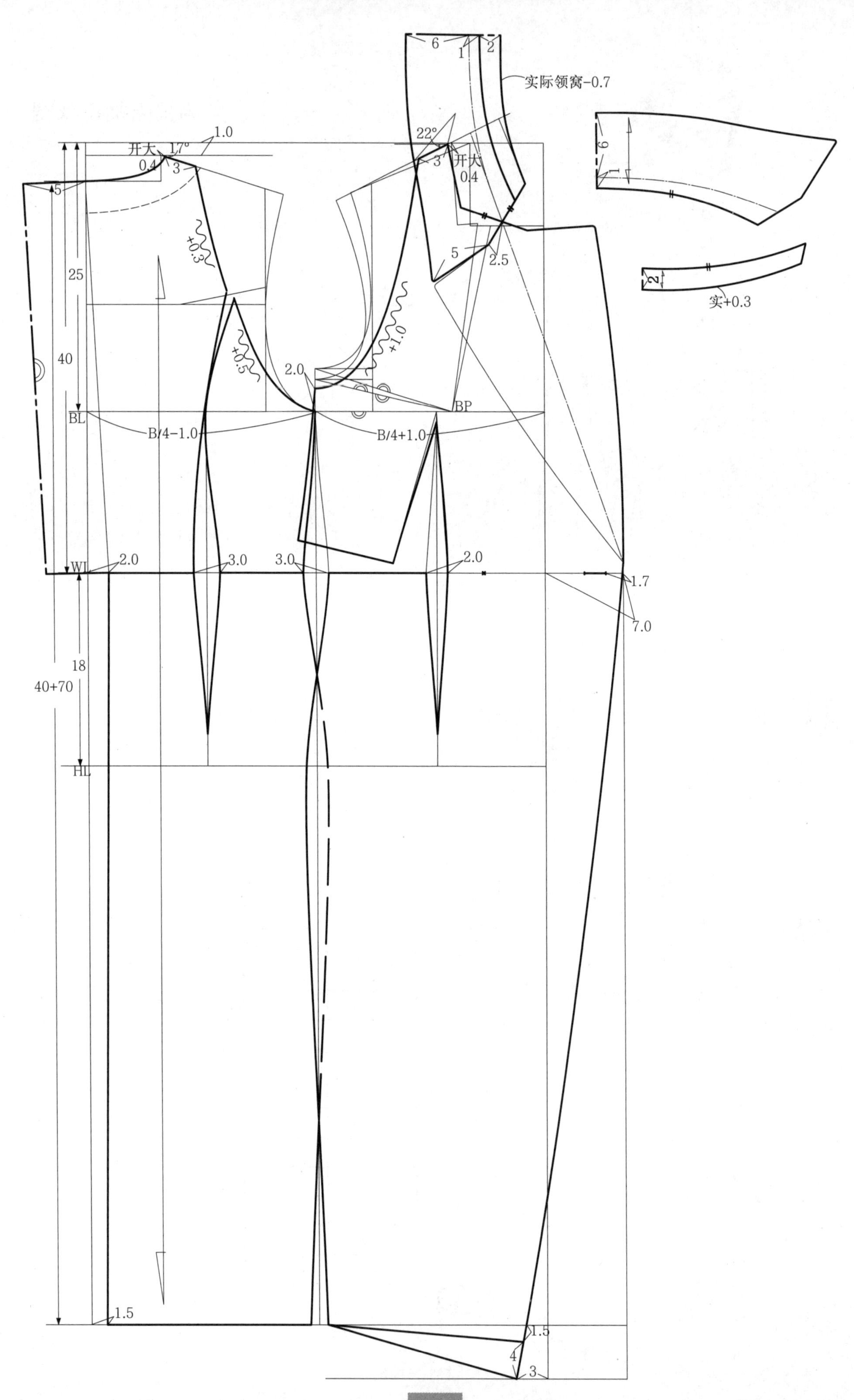

实际领窝-0.7
开大
17°
1.0
0.4
3
5
22°
开大
0.4
2.5
+0.3
+0.5
+1.0
25
40
2.0
BP
BL
B/4-1.0
B/4+1.0
WL
2.0
3.0
3.0
2.0
1.7
7.0
18
40+70
HL
1.5
1.5
4
3
6
1
2
实+0.3

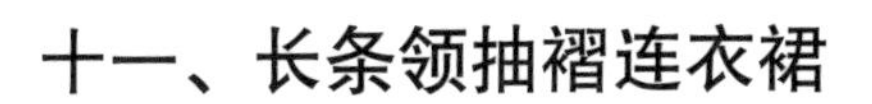

十一、长条领抽褶连衣裙

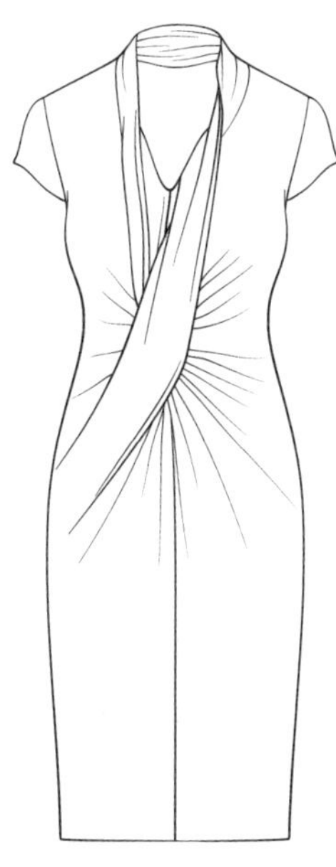

部位	规格（cm）
衣长（L）	40+75
前腰节长（FW）	40
胸围（B）	90
肩宽（S）	38
腰围（W）	–
臀围（H）	95
袖长（SL）	12
袖肥（SW）	–
袖口（CW）	15
领围（N）	39
袖窿深	23

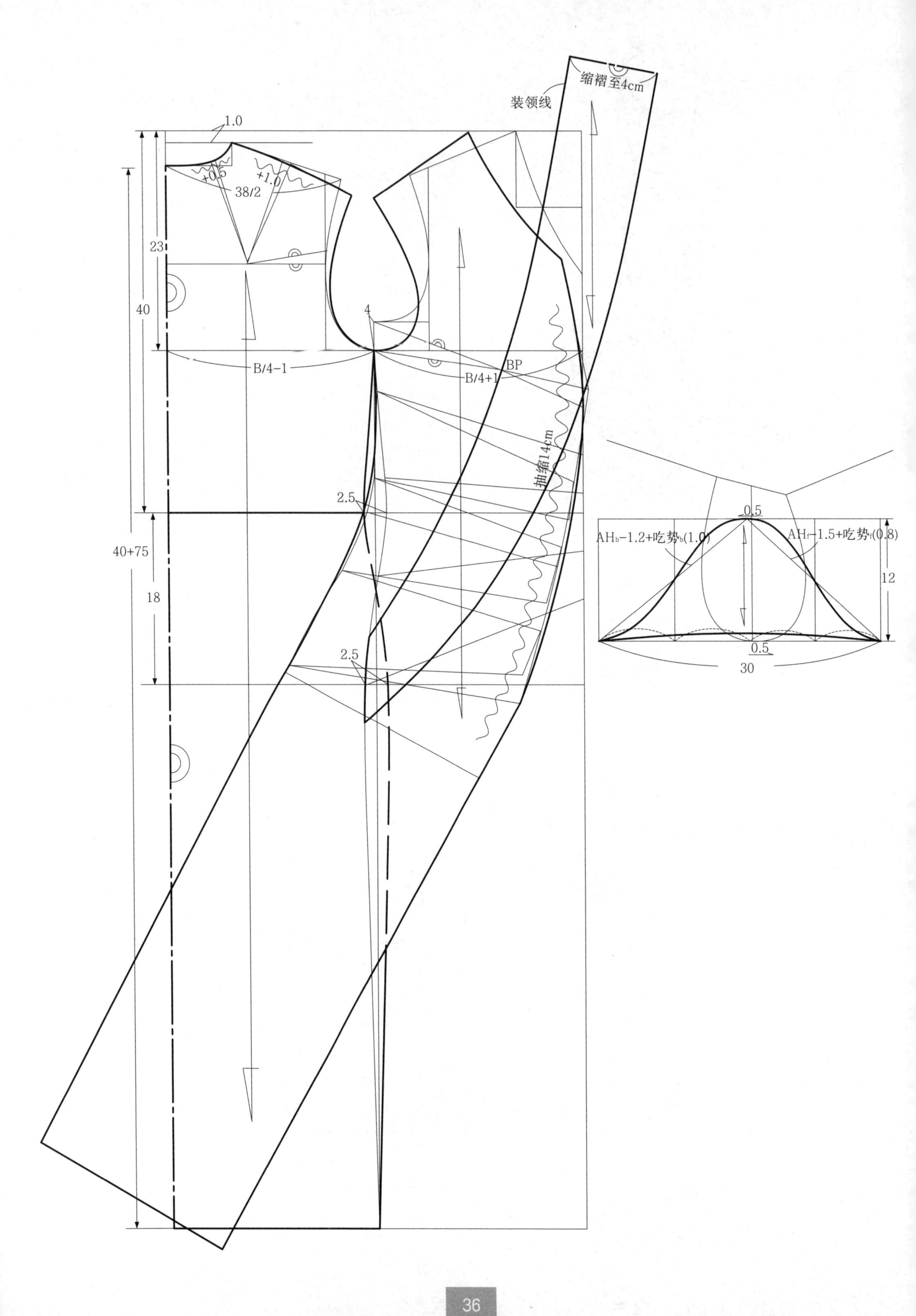

缩褶至4cm
装领线
1.0
+0.5
+1.0
38/2
23
40
4
B/4-1
B/4+1
BP
抽缩14cm
2.5
40+75
18
2.5
0.5
AHb-1.2+吃势b(1.0)
AHf-1.5+吃势f(0.8)
12
0.5
30

十二、小翻领中袖连衣裙

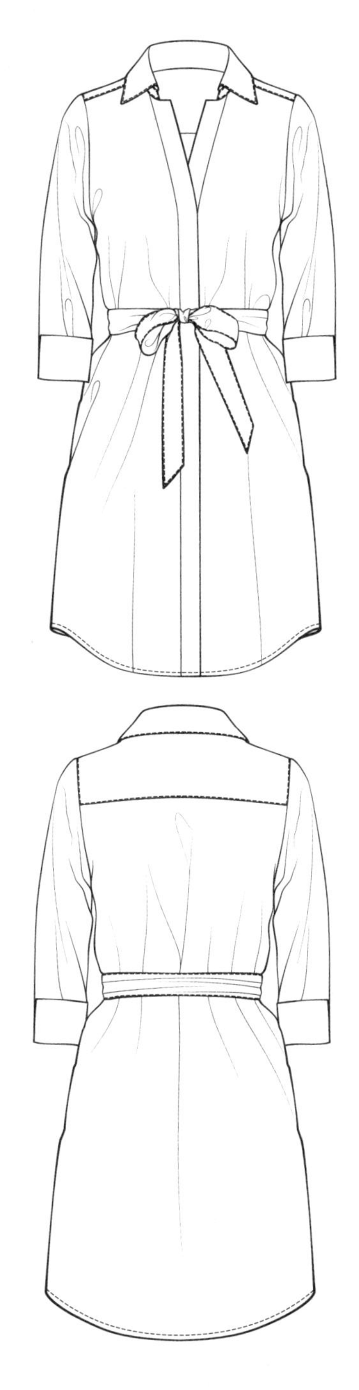

部位	规格（cm）
衣长（L）	41+54
前腰节长(FW)	41
胸围（B）	95
肩宽（S）	39
腰围（W）	80
臀围（H）	100
袖长（SL）	54
袖肥（SW）	-
袖口（CW）	12.5
领围（N）	39
袖窿深	24

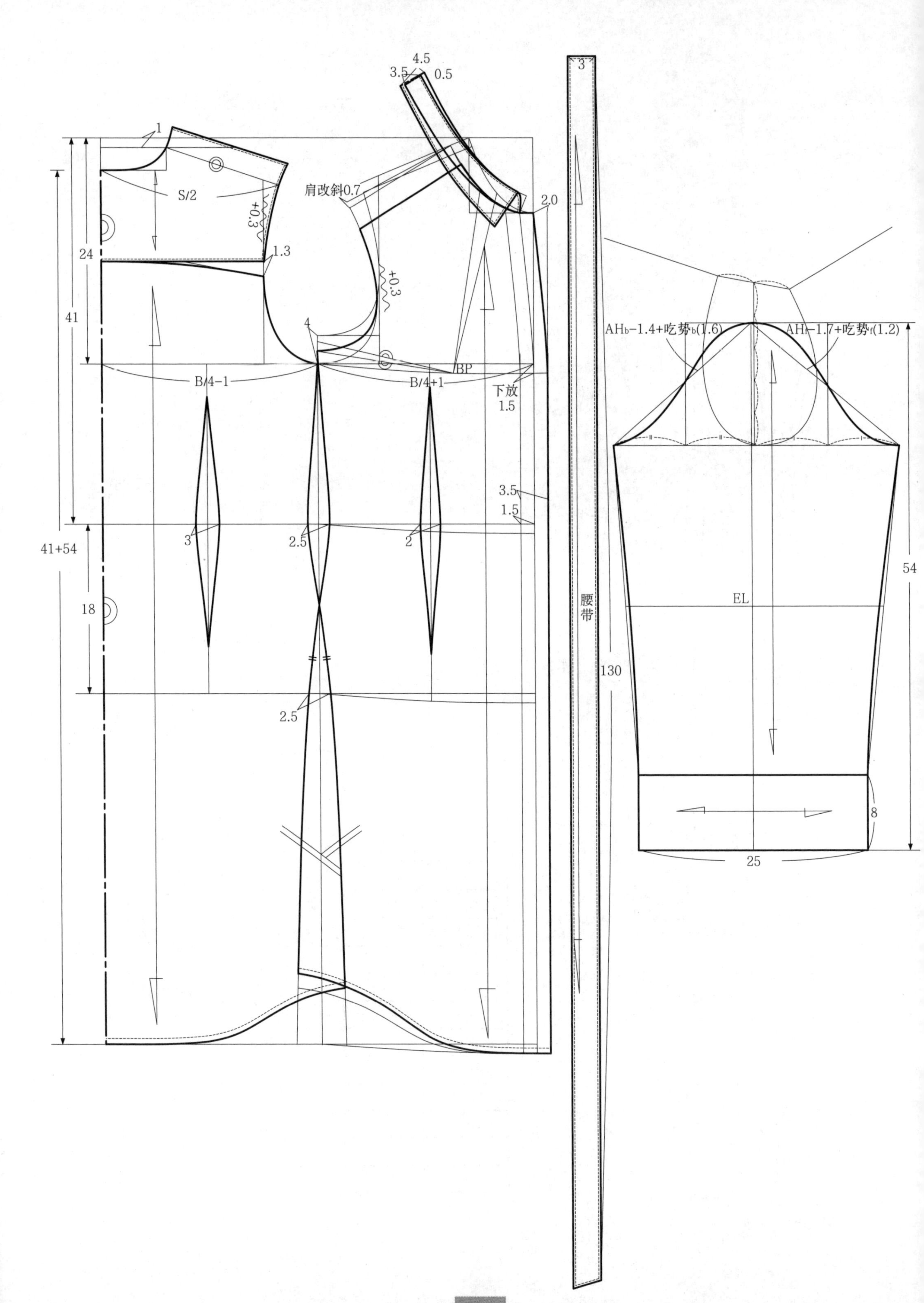
4.5
3.5
0.5
1
S/2
+0.3
24
1.3
41
肩改斜0.7
2.0
+0.3
4
BP
B/4-1
B/4+1
下放
1.5
AHb-1.4+吃势b(1.6)
AHf-1.7+吃势f(1.2)
41+54
3.5
1.5
3
2.5
2
18
腰带
EL
54
130
2.5
8
25
3

十三、无领卷曲衣身连衣裙

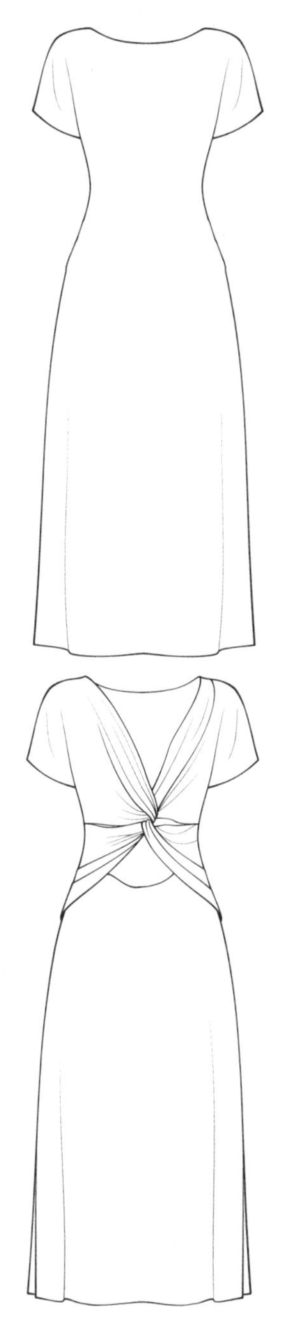

部位	规格（cm）
衣长（L）	40+80
前腰节长(FW)	40
胸围（B）	84+4
肩宽（S）	38.5
腰围（W）	73
臀围（H）	95
袖长（SL）	18
袖肥（SW）	–
袖口（CW）	14
领围（N）	39
袖窿深	–

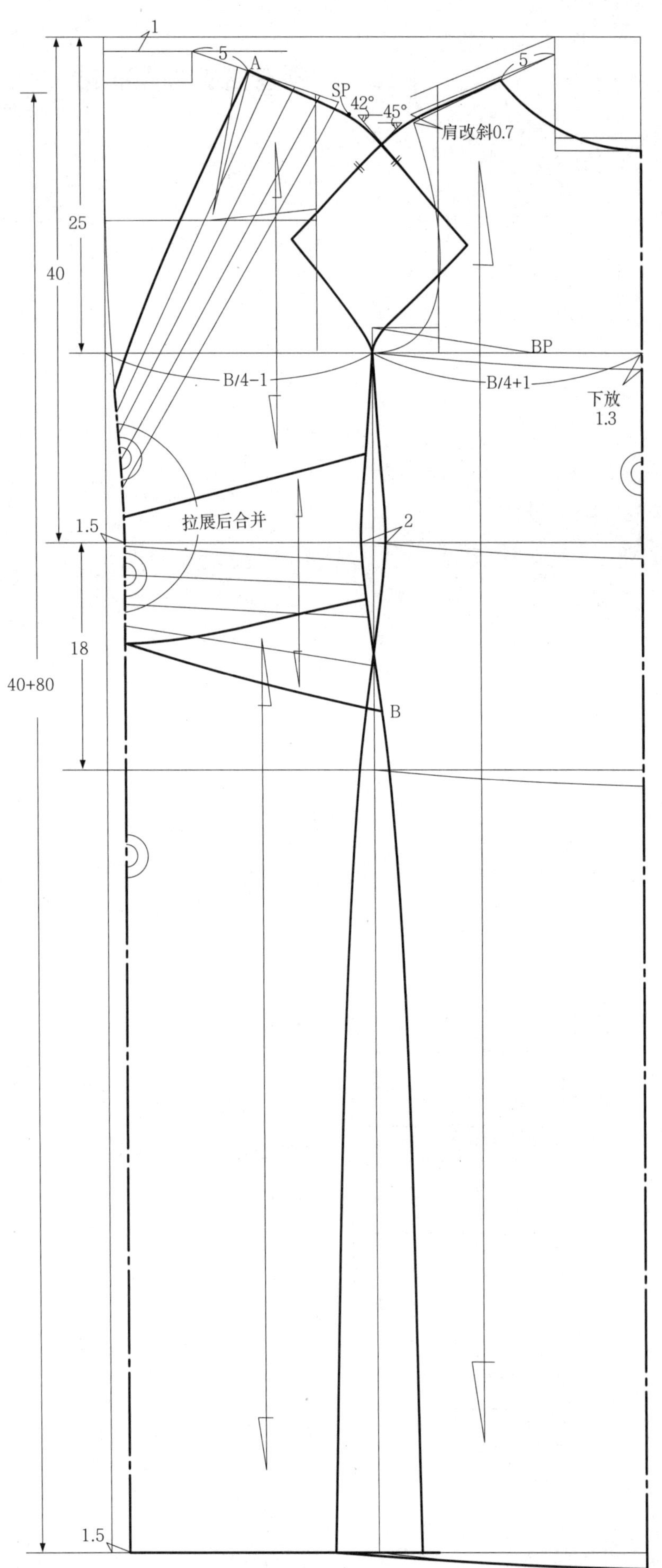
1
5
A
SP
42°
45°
肩改斜0.7
5
25
40
BP
B/4−1
B/4+1
下放
1.3
拉展后合并
1.5
2
18
40+80
B
1.5

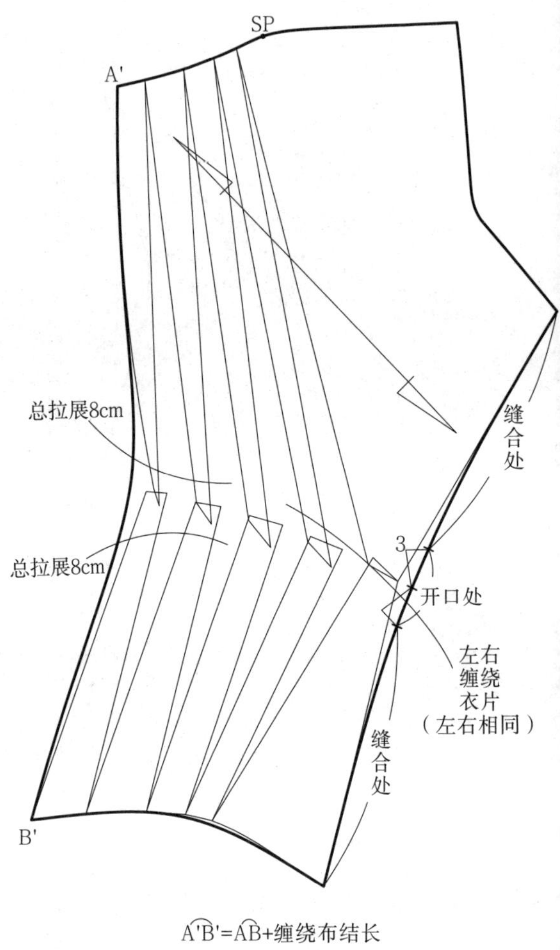
SP
A'
总拉展8cm
总拉展8cm
缝合处
3
开口处
左右
缠绕
衣片
（左右相同）
缝合处
B'
A'B'=AB+缠绕布结长

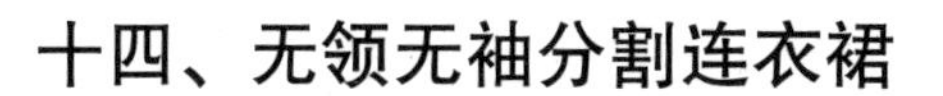

十四、无领无袖分割连衣裙

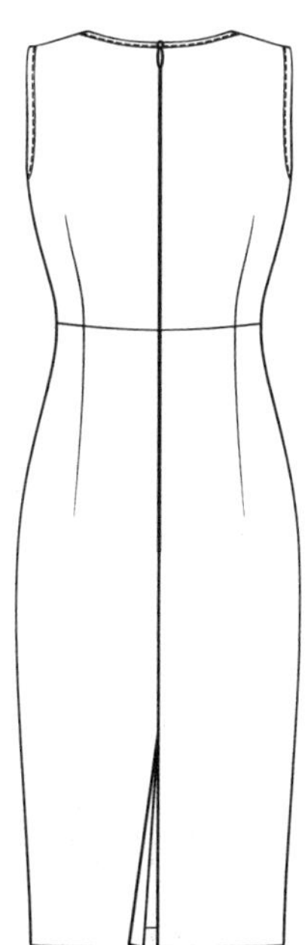

部位	规格（cm）
衣长（L）	40+80
前腰节长(FW)	40
胸围（B）	88
肩宽（S）	35
腰围（W）	72
臀围（H）	94
袖长（SL）	–
袖肥（SW）	–
袖口（CW）	–
领围（N）	39
袖窿深	22

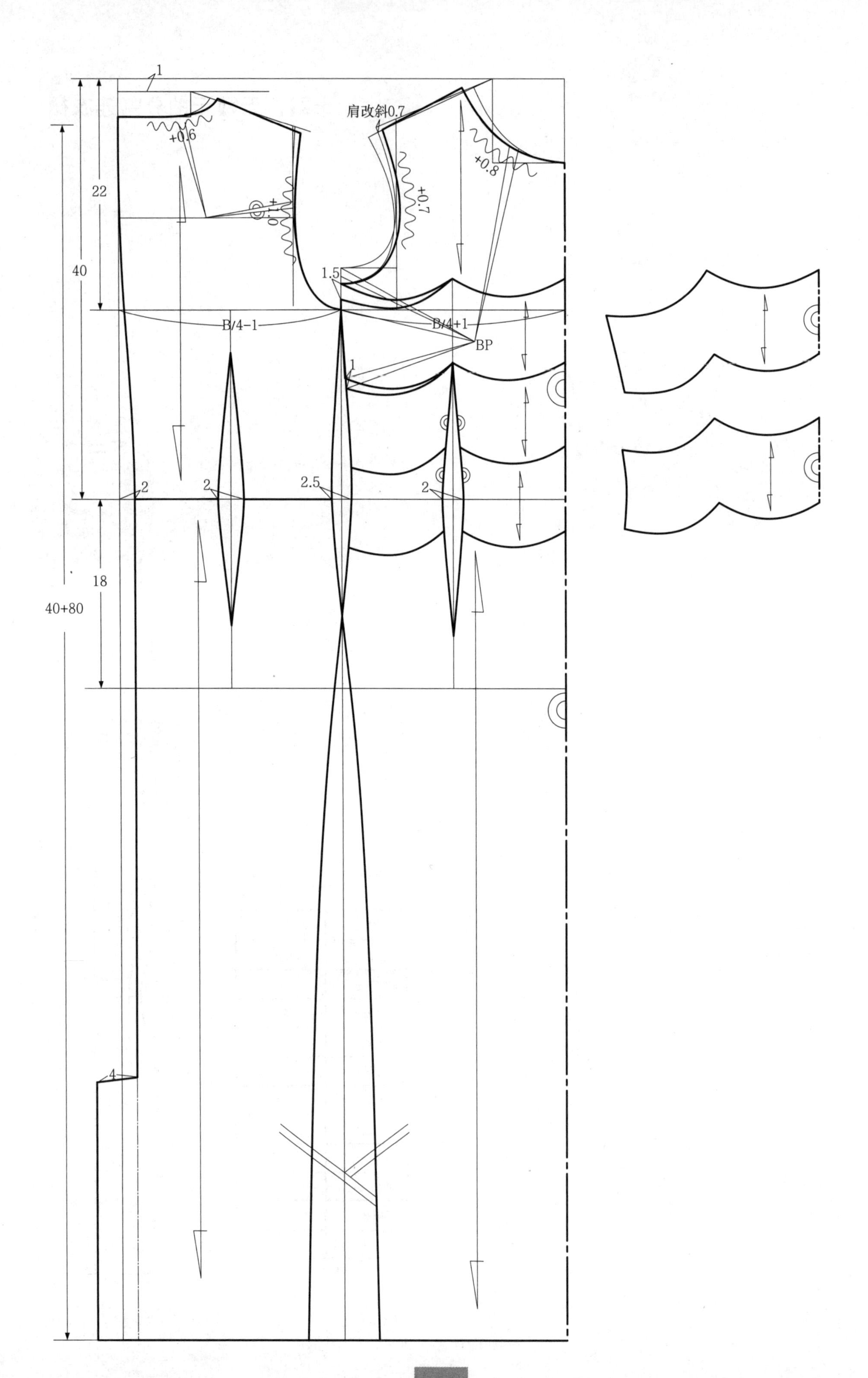

1
肩改斜0.7
+0.6
+1.0
+0.7
+0.8
22
40
1.5
B/4-1
B/4+1
BP
1
2
2
2.5
2
18
40+80
4

十五、无领无袖抽褶连衣裙

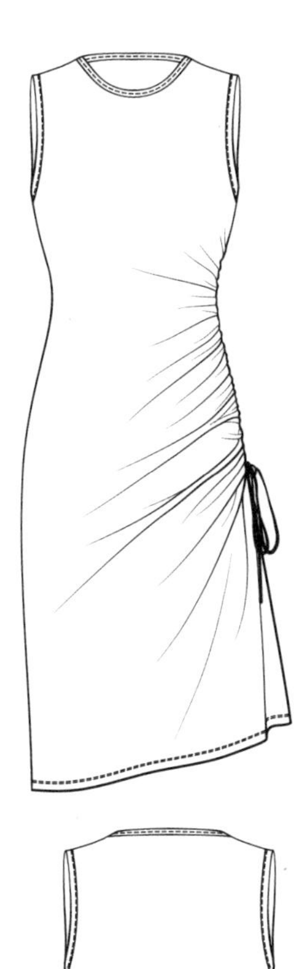

部位	规格（cm）
衣长（L）	40+65
前腰节长(FW)	40
胸围（B.）	84+6
肩宽（S）	35
腰围（W）	72
臀围（H）	98
袖长（SL）	-
袖肥（SW）	-
袖口（CW）	-
领围（N）	39
袖窿深	21

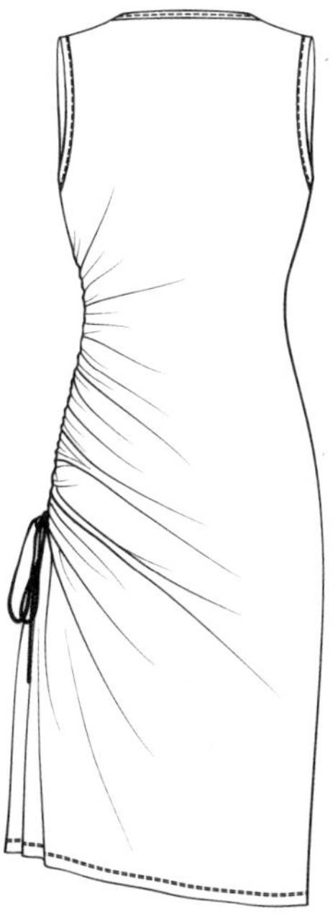

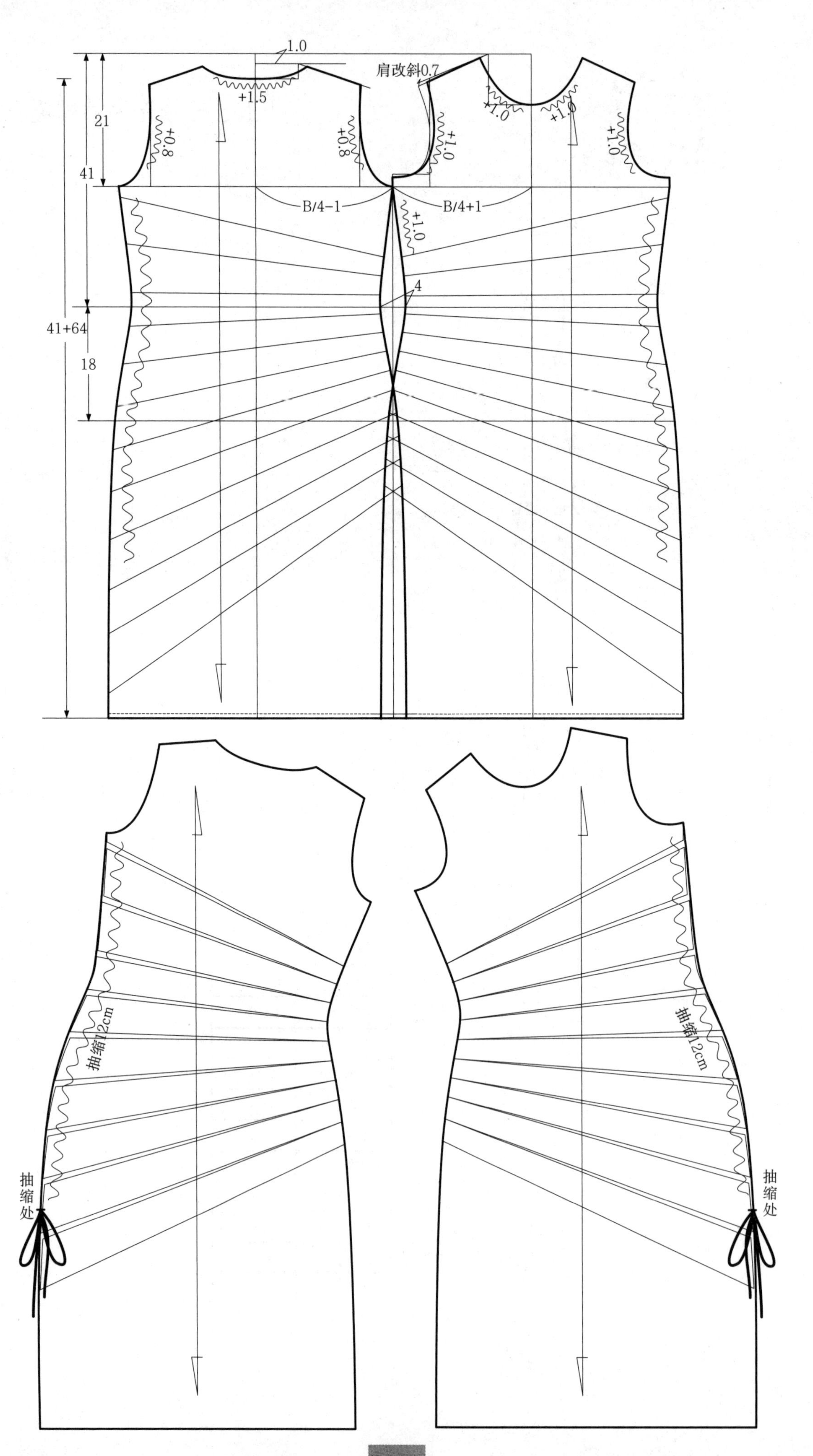

1.0
肩改斜0.7
+1.5
+1.0
+1.0
21
41
+0.8
+0.8
+1.0
+1.0
B/4−1
B/4+1
+1.0
4
41+64
18
抽缩12cm
抽缩12cm
抽缩处
抽缩处

十六、套衫领长袖连衣裙

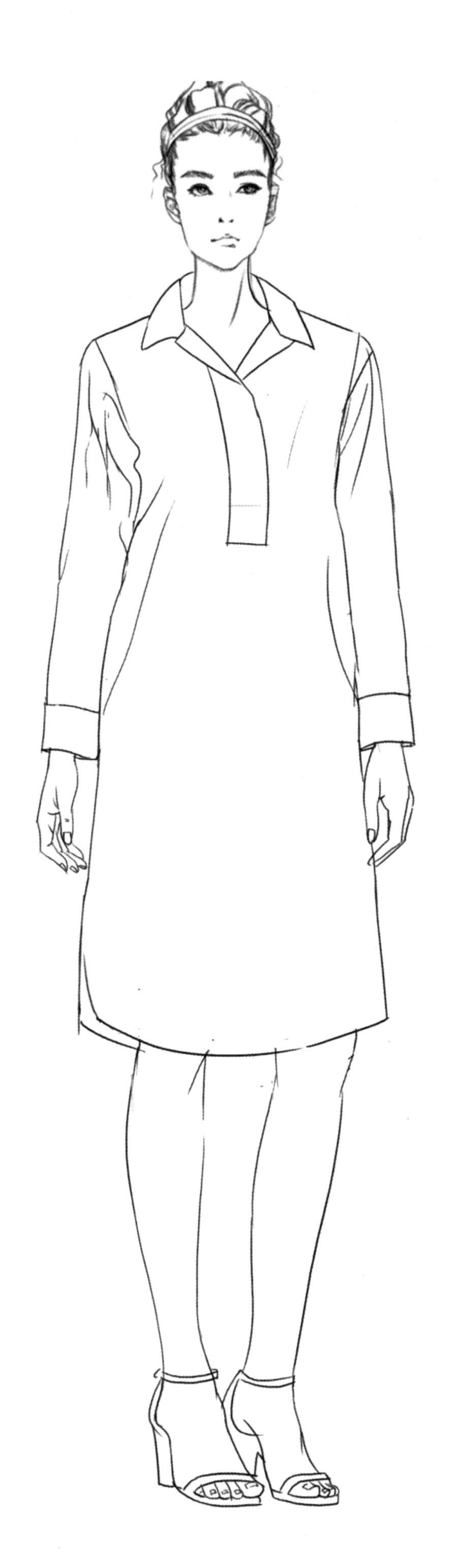

部位	规格（cm）
衣长（L）	100
前腰节长(FW)	40
胸围（B）	92
肩宽（S）	38
腰围（W）	82
臀围（H）	100
袖长（SL）	58
袖肥（SW）	-
袖口（CW）	11
领围（N）	39
袖窿深	24

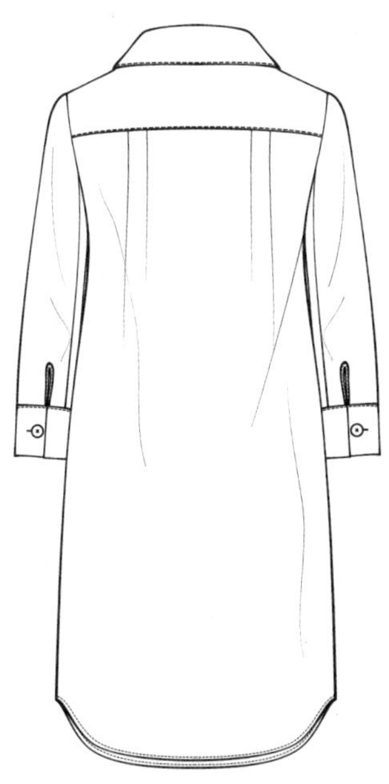

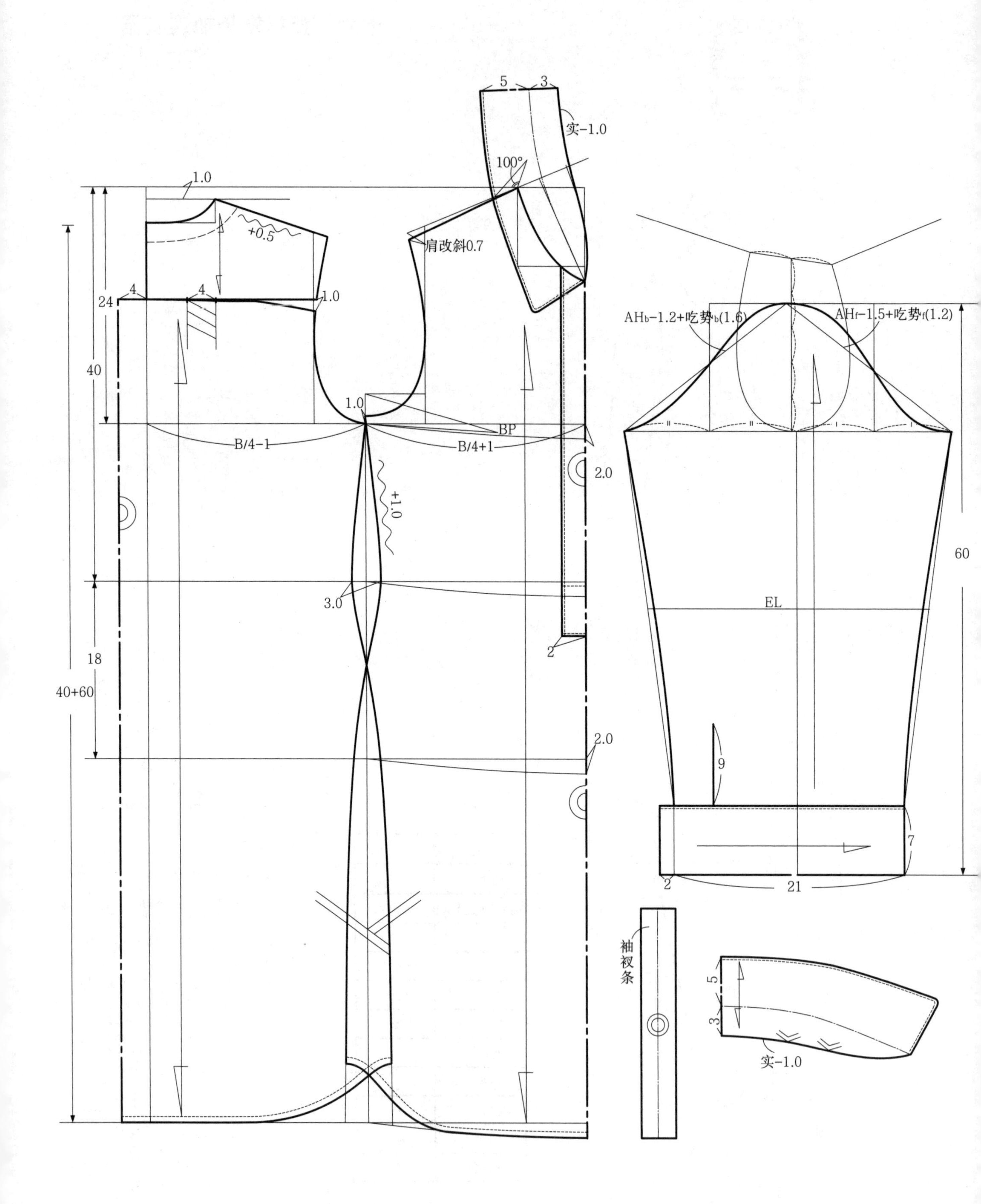

5
3
实-1.0
100°
1.0
+0.5
肩改斜0.7
24
4
4
1.0
40
1.0
BP
B/4-1
B/4+1
2.0
+1.0
3.0
2
18
40+60
2.0
AHb-1.2+吃势b(1.6)
AHf-1.5+吃势f(1.2)
60
EL
9
7
2
21
袖衩条
5
3
实-1.0

十七、无领抽褶袖连衣裙

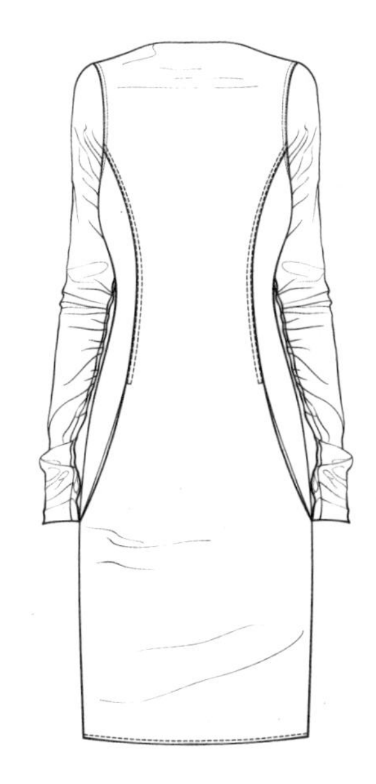

部位	规格（cm）
衣长（L）	40+60
前腰节长(FW)	40
胸围（B）	88
肩宽（S）	38
腰围（W）	72
臀围（H）	96
袖长（SL）	65
袖肥（SW）	-
袖口（CW）	12
领围（N）	39
袖窿深	24

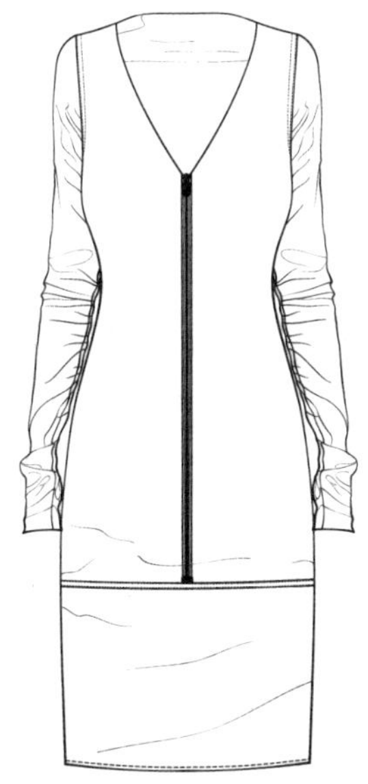

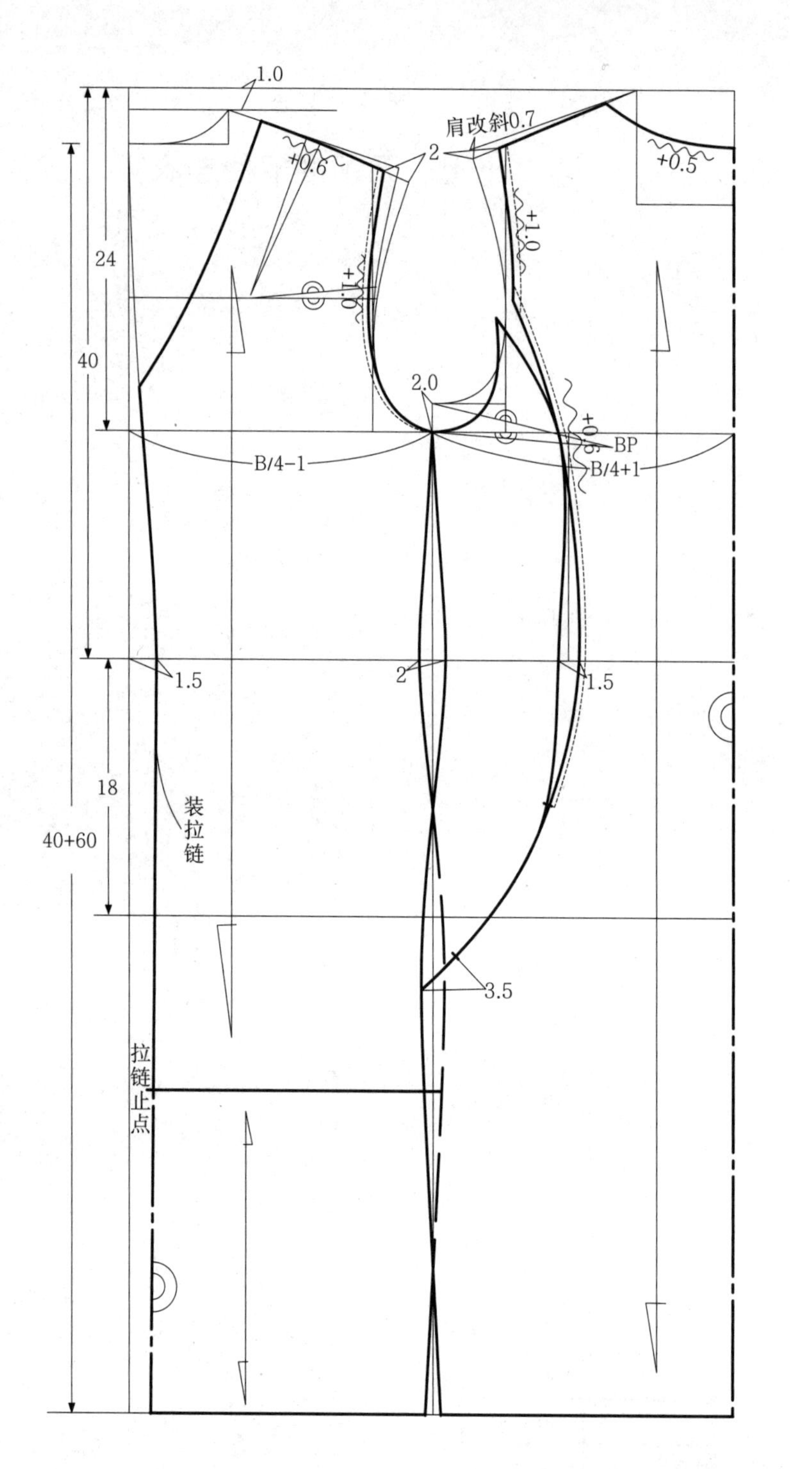
1.0
肩改斜0.7
2
+0.6
+0.5
24
+1.0
+1.0
40
2.0
+0.6
BP
B/4−1
B/4+1
1.5
2
1.5
18
装拉链
40+60
3.5
拉链止点

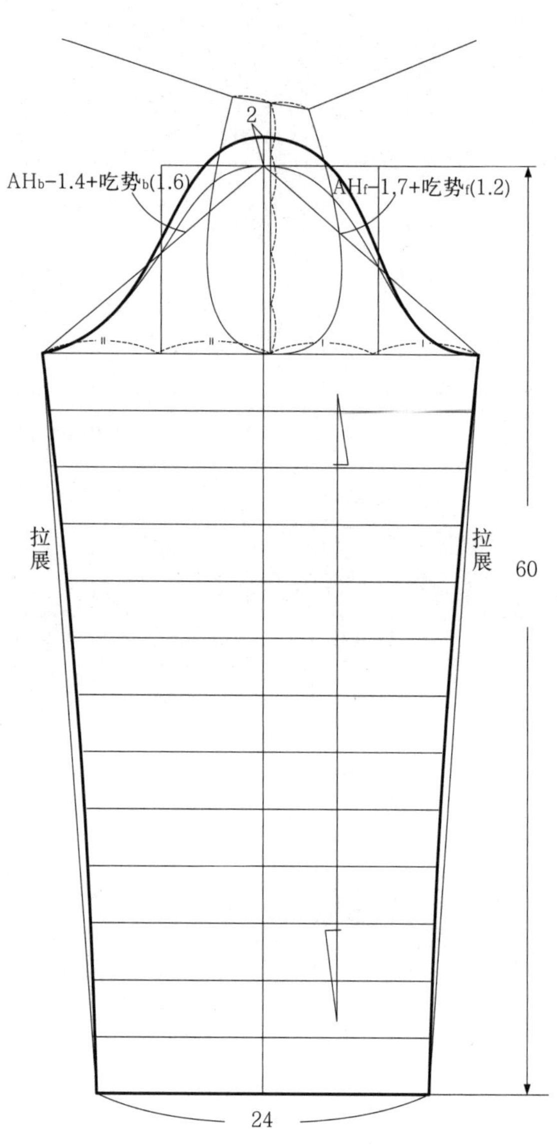
2
AHb−1.4+吃势b(1.6)
AHf−1.7+吃势f(1.2)
拉展
拉展
60
24

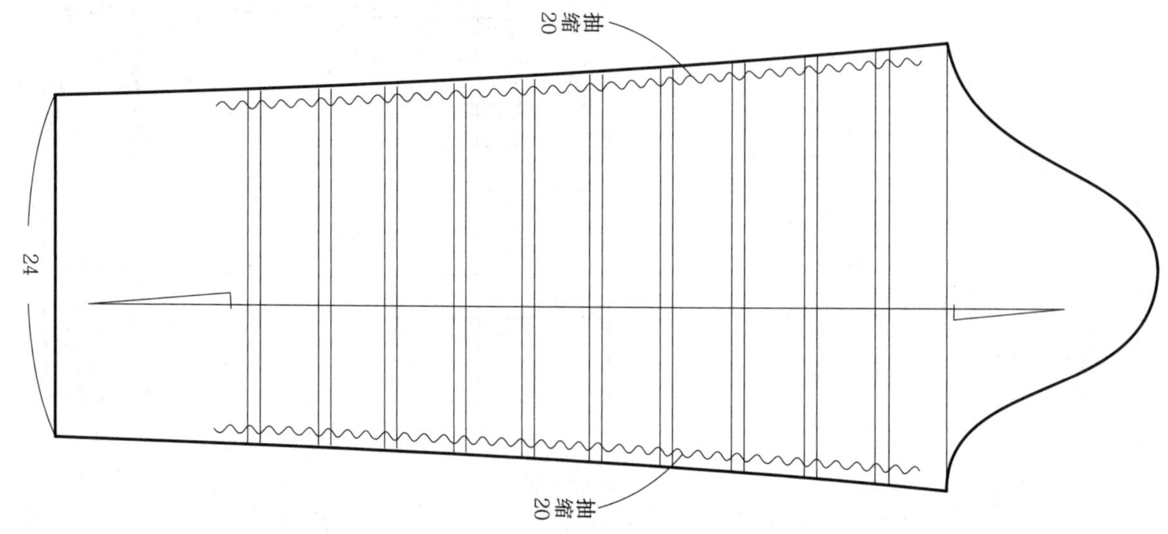
抽缩20
24
抽缩20

十八、V 形领翼袖分割连衣裙

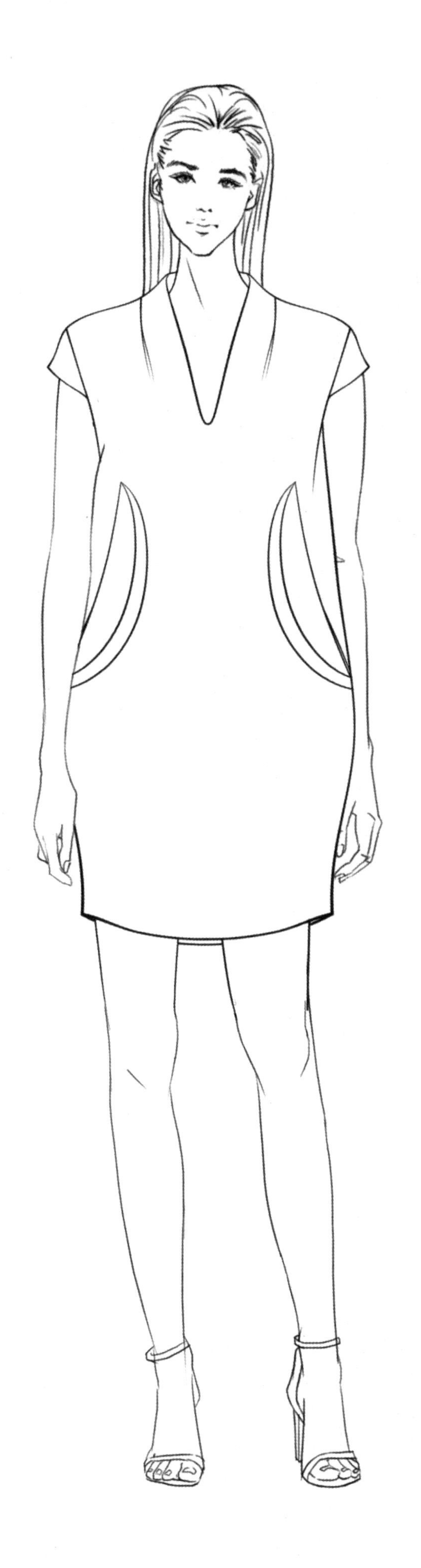

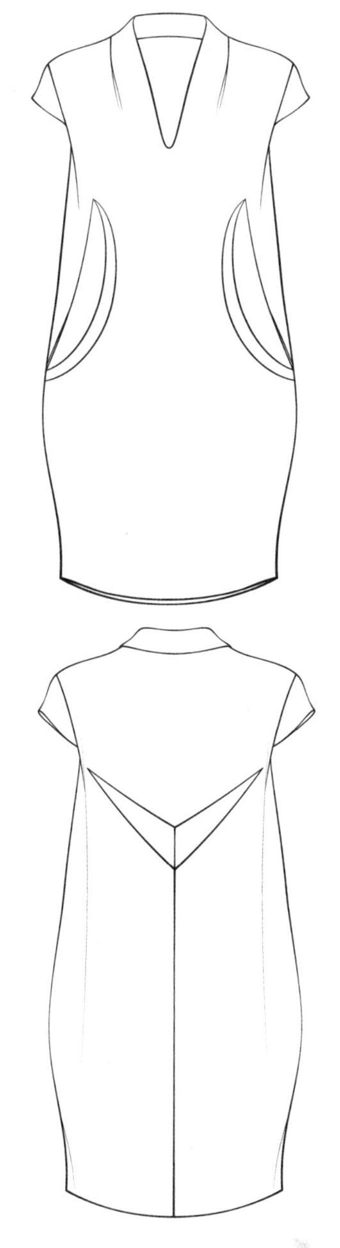

部位	规格（cm）
衣长（L）	80
前腰节长(FW)	40
胸围（B）	92
肩宽（S）	39
腰围（W）	98
下摆	92
袖长（SL）	8
袖肥（SW）	–
袖口（CW）	–
领围（N）	39
袖窿深	24

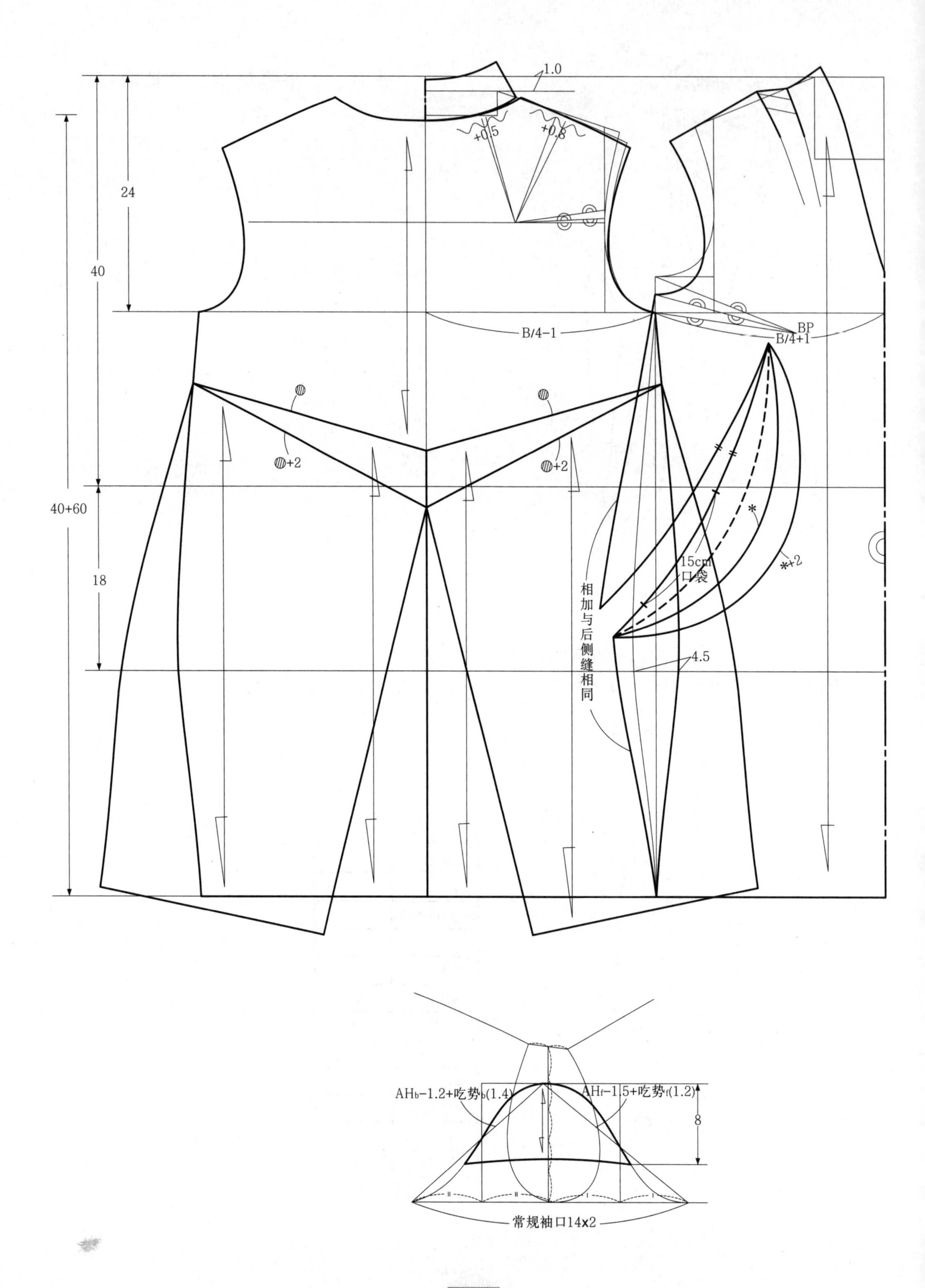

1.0
+0.5
+0.8
24
40
40+60
B/4-1
BP
B/4+1
+2
+2
18
15cm
口袋
*
*+2
相加与后侧缝相同
4.5
AHb-1.2+吃势b(1.4)
AHf-1.5+吃势f(1.2)
8
常规袖口14x2

十九、垂浪领分割袖连衣裙

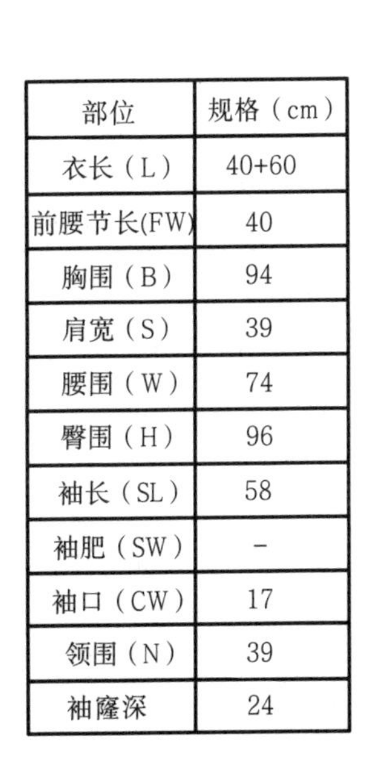

部位	规格（cm）
衣长（L）	40+60
前腰节长(FW)	40
胸围（B）	94
肩宽（S）	39
腰围（W）	74
臀围（H）	96
袖长（SL）	58
袖肥（SW）	-
袖口（CW）	17
领围（N）	39
袖窿深	24

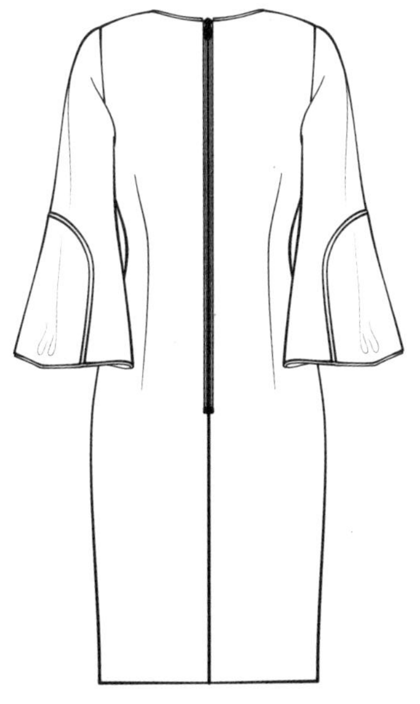

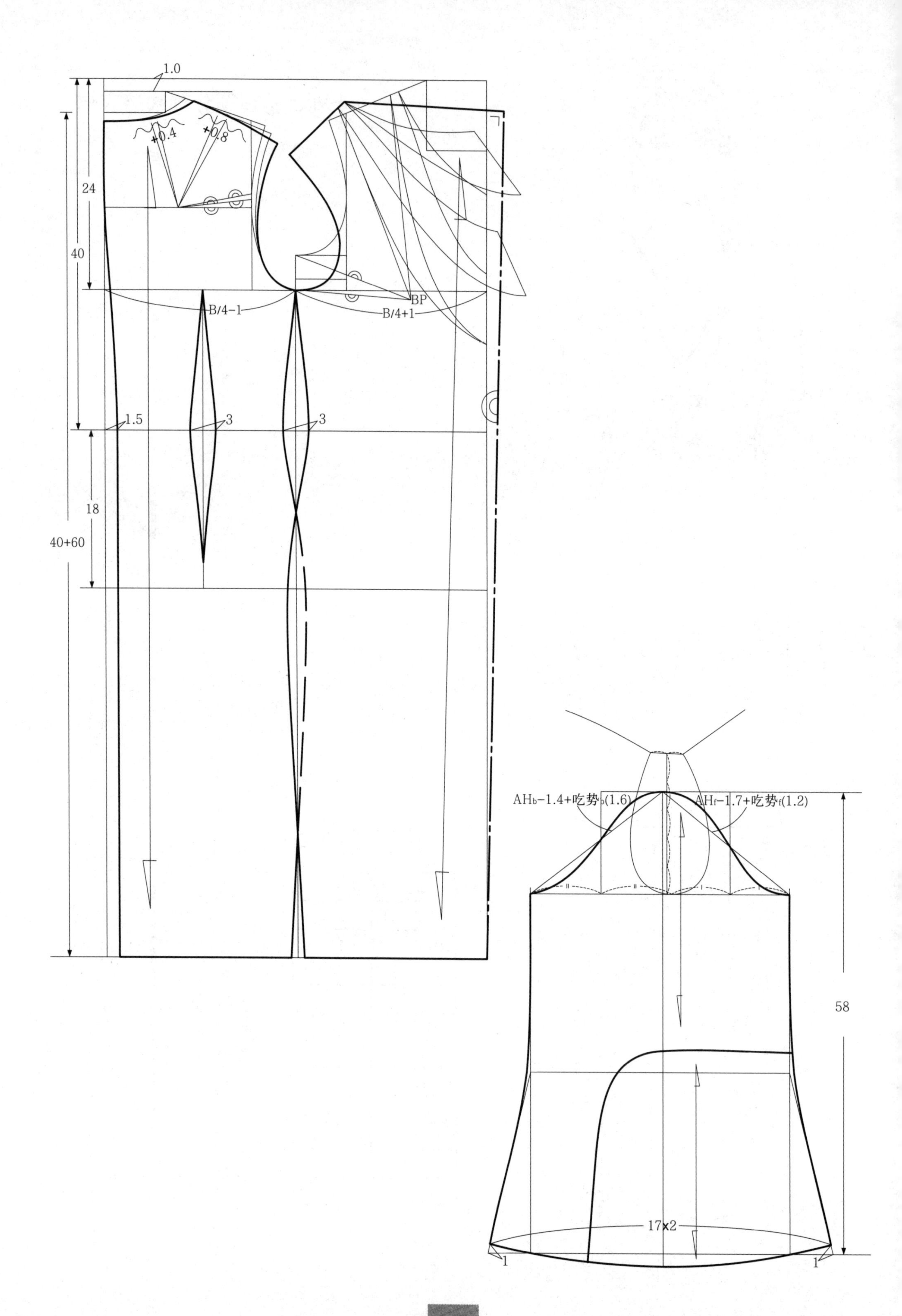
1.0
+0.4
+0.8
24
40
B/4-1
B/4+1
BP
1.5
3
3
18
40+60
AHb-1.4+吃势b(1.6)
AHf-1.7+吃势f(1.2)
58
17×2
1
1

二十、无领无袖分割连衣裙

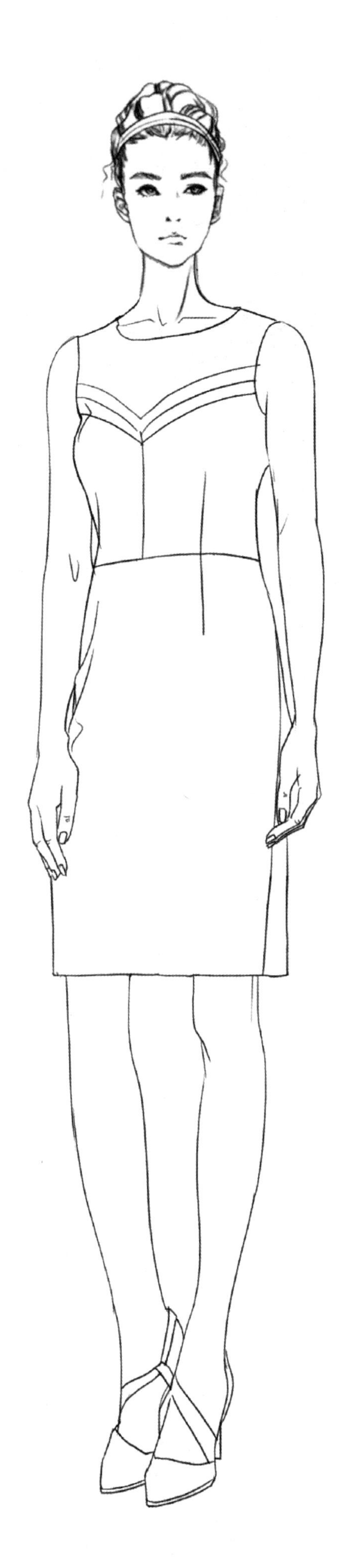

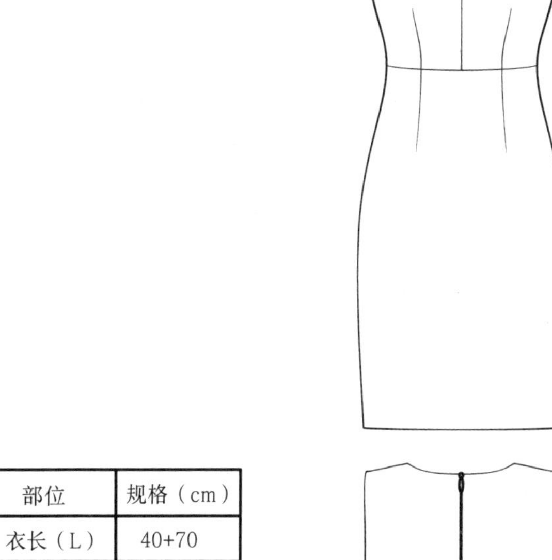

部位	规格（cm）
衣长（L）	40+70
前腰节长(FW)	40
胸围（B）	88
肩宽（S）	35
腰围（W）	72
臀围（H）	96
袖长（SL）	-
袖肥（SW）	-
袖口（CW）	-
领围（N）	39
袖窿深	22

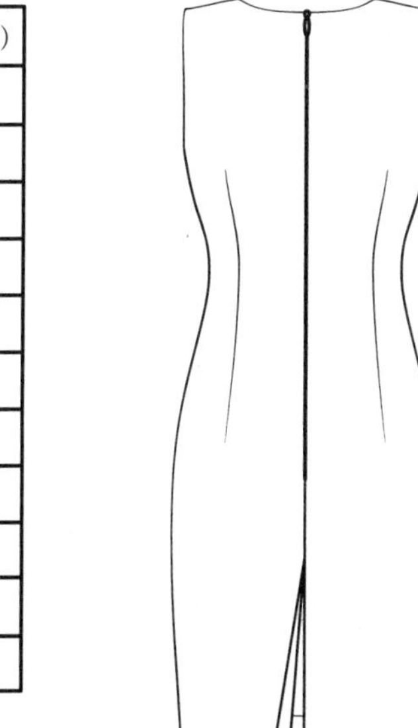

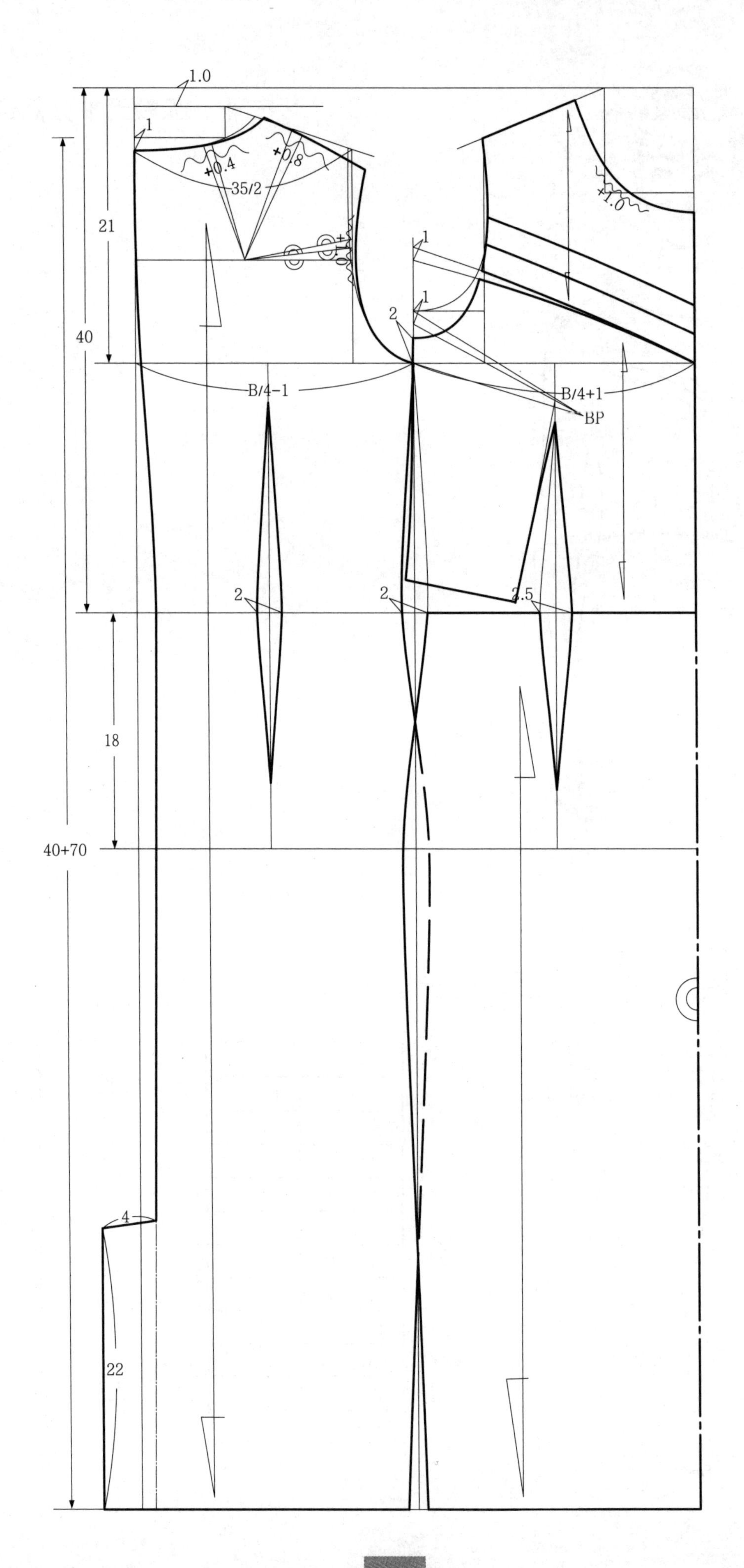
1.0
1
+0.4
+0.8
35/2
+1.0
21
40
1
1
2
B/4-1
B/4+1
BP
2
2
2.5
18
40+70
4
22

二十一、无领中袖抽褶连衣裙

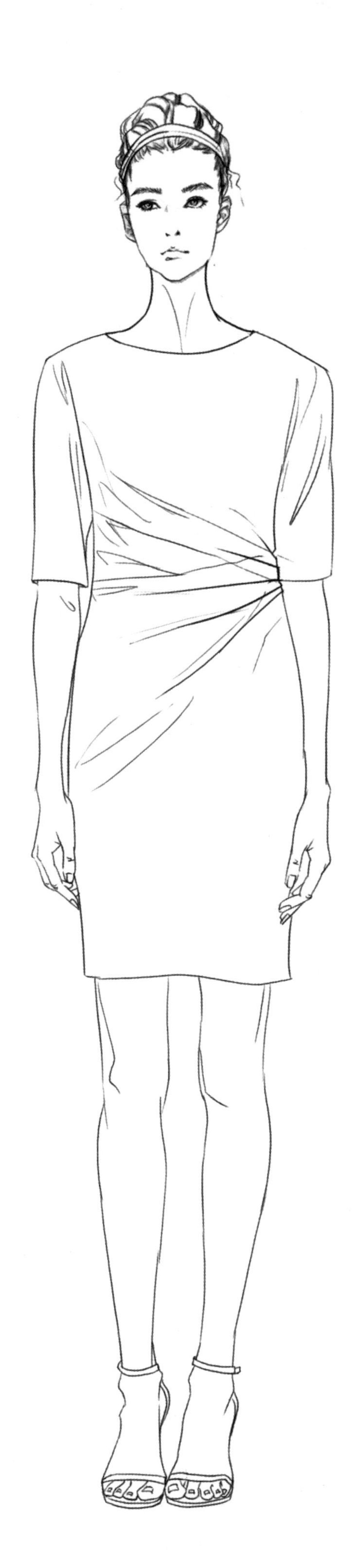

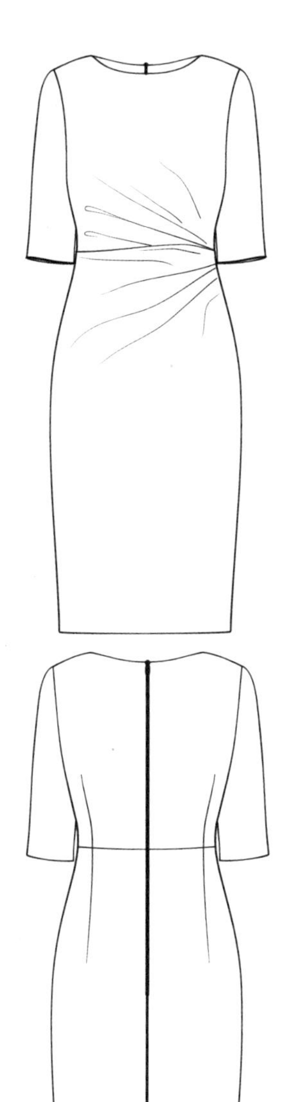

部位	规格（cm）
衣长（L）	40+70
前腰节长(FW)	40
胸围（B）	90
肩宽（S）	38
腰围（W）	74
臀围（H）	95
袖长（SL）	40
袖肥（SW）	-
袖口（CW）	13
领围（N）	39
袖窿深	24

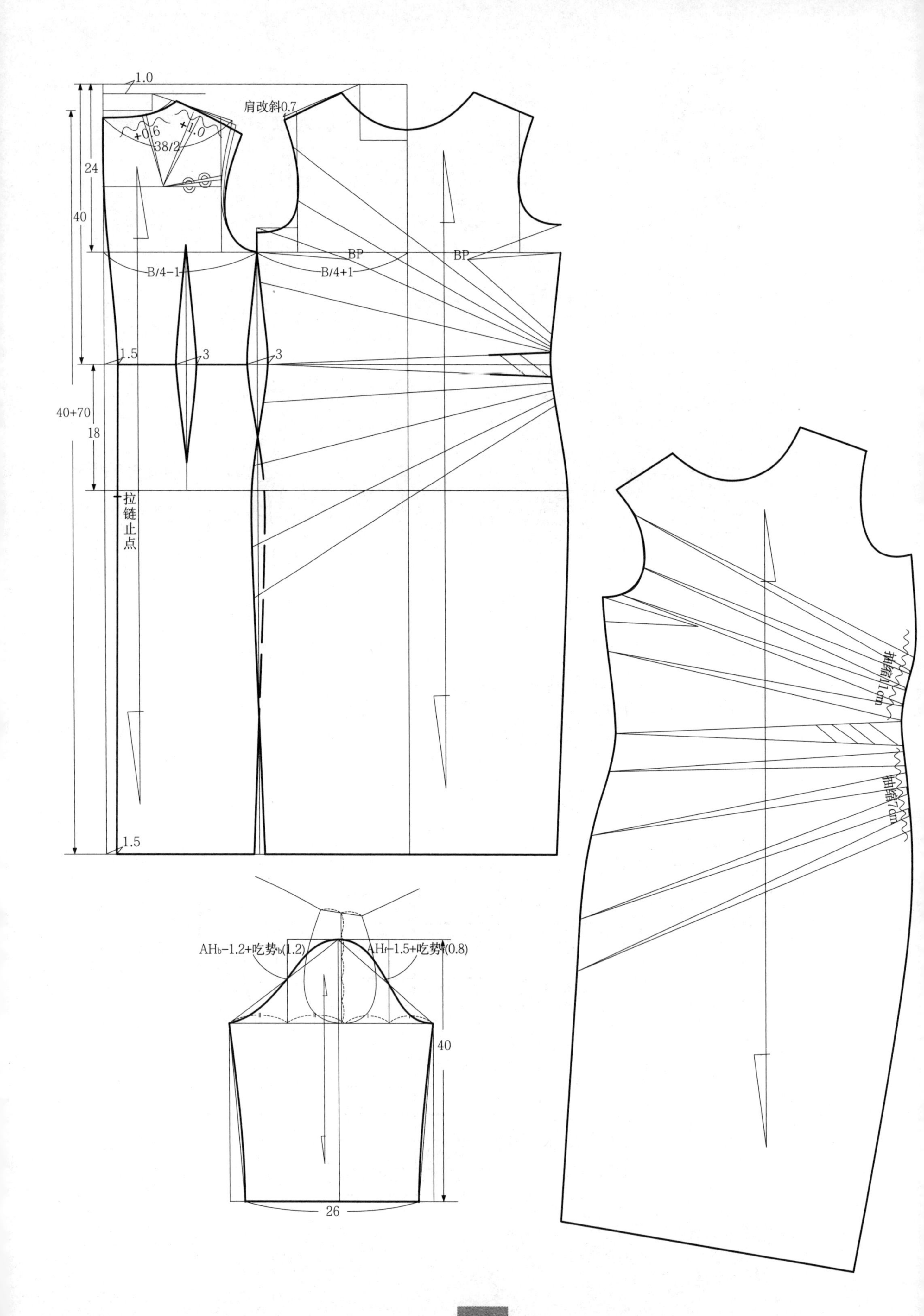
1.0
肩改斜0.7
+0.6
+1.0
38/2
24
40
BP
BP
B/4−1
B/4+1
1.5
3
3
40+70
18
拉
链
止
点
1.5
AHb−1.2+吃势b(1.2)
AHf−1.5+吃势f(0.8)
40
26
抽缩11cm
抽缩7cm

二十二、垂折领翼袖连衣裙

部位	规格（cm）
衣长（L）	40+70
前腰节长(FW)	40
胸围（B）	90
肩宽（S）	38
腰围（W）	72
臀围（H）	95
袖长（SL）	12
袖肥（SW）	-
袖口（CW）	14
领围（N）	39
袖窿深	23

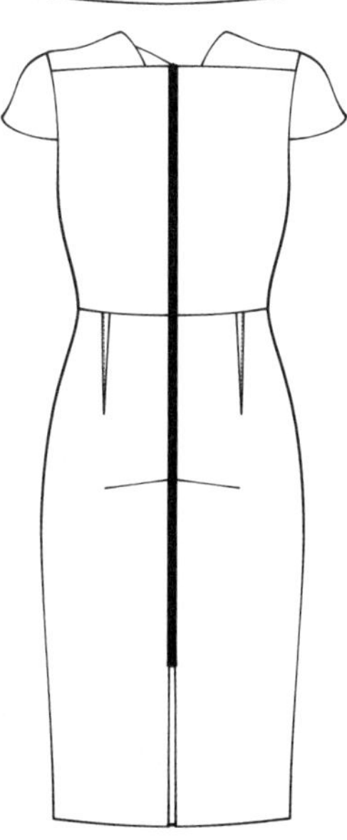

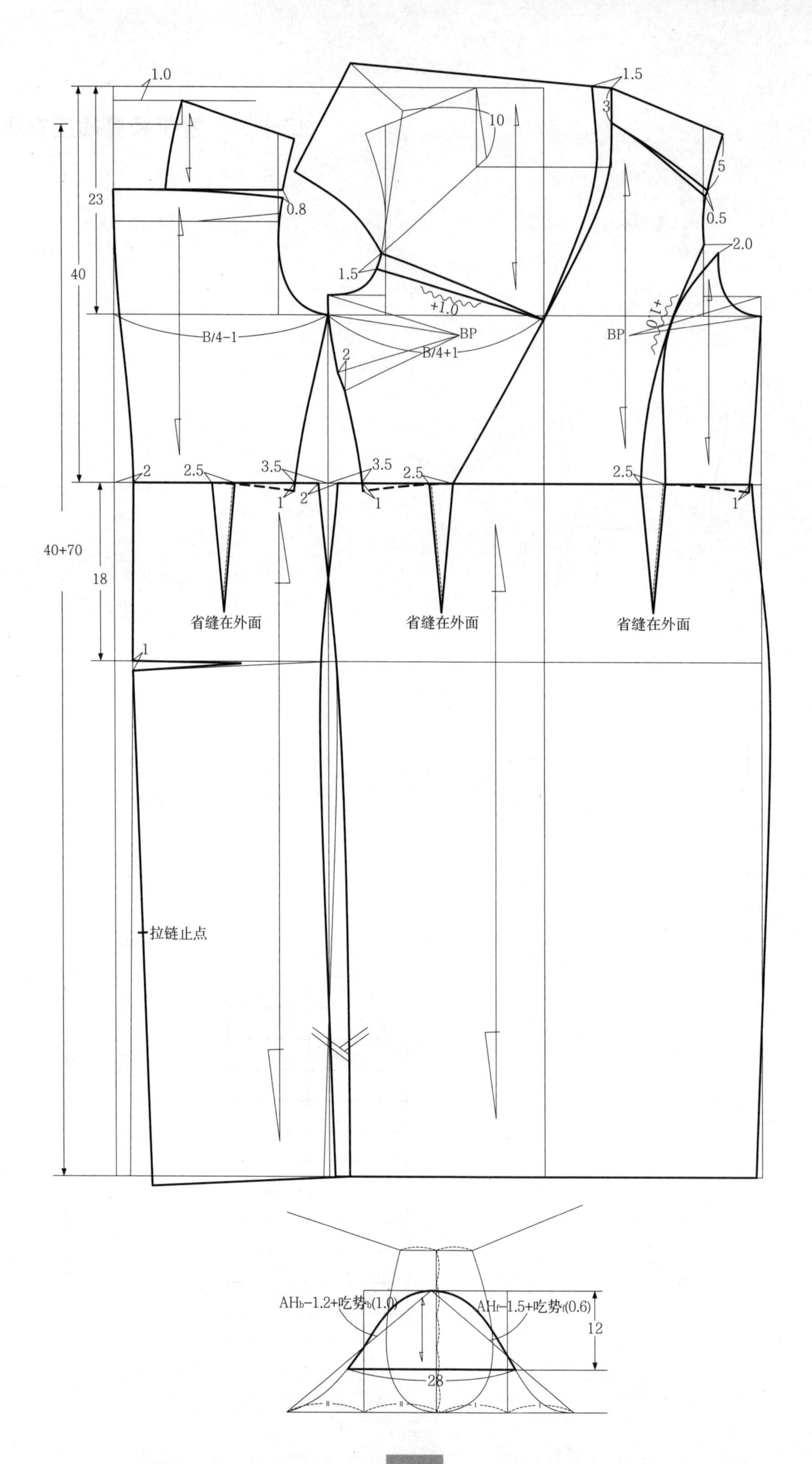
1.0
1.5
10
23
40
3
5
0.8
0.5
2.0
1.5
+1.0
+1.0
BP
BP
B/4−1
B/4+1
2
2
2.5
3.5
3.5
2.5
2.5
1
2
1
1
40+70
18
省缝在外面
省缝在外面
省缝在外面
1
拉链止点
AHb−1.2+吃势b(1.0)
AHf−1.5+吃势f(0.6)
12
28

二十三、无领无袖分割连衣裙

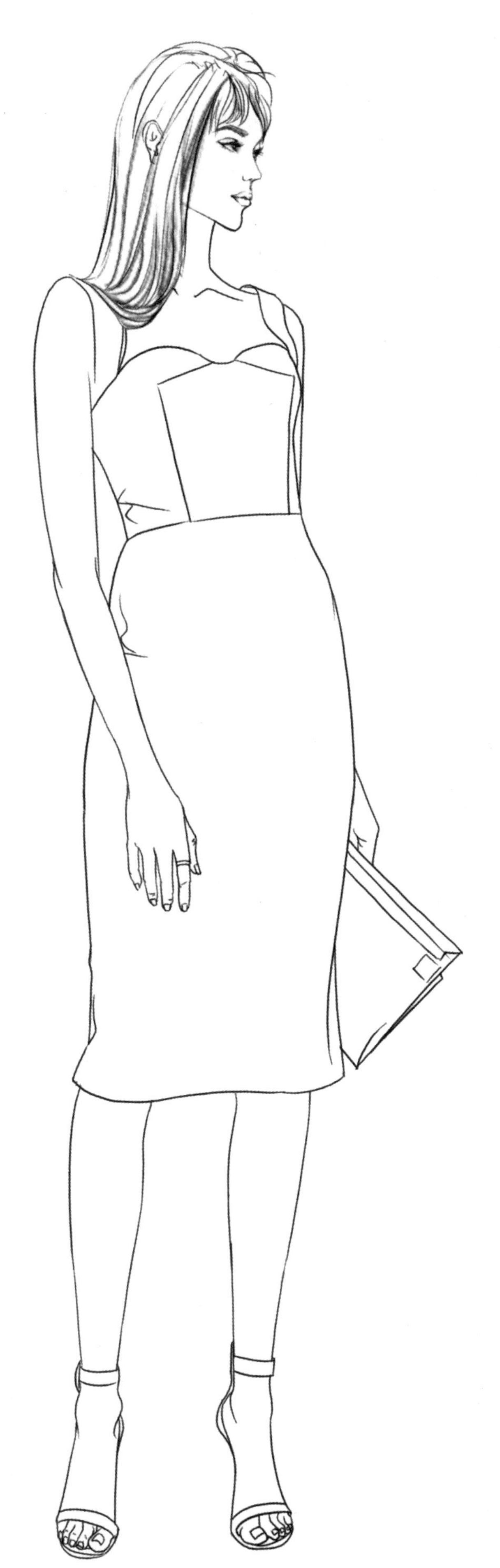

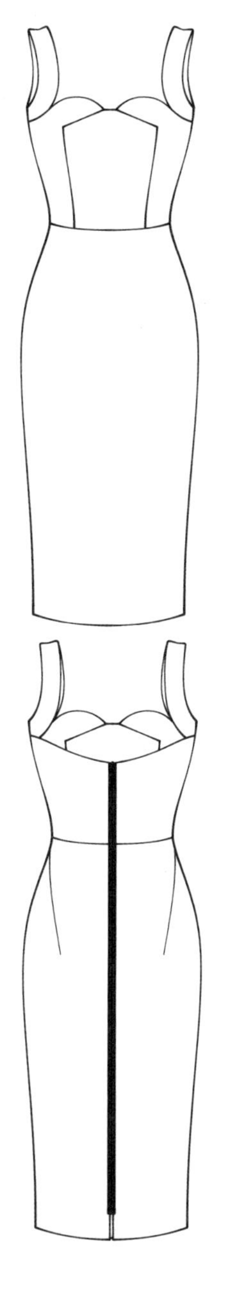

部位	规格（cm）
衣长（L）	40+80
前腰节长(FW)	40
胸围（B）	88
肩宽（S）	–
腰围（W）	72
臀围（H）	96
袖长（SL）	–
袖肥（SW）	–
袖口（CW）	–
领围（N）	–
袖窿深	23

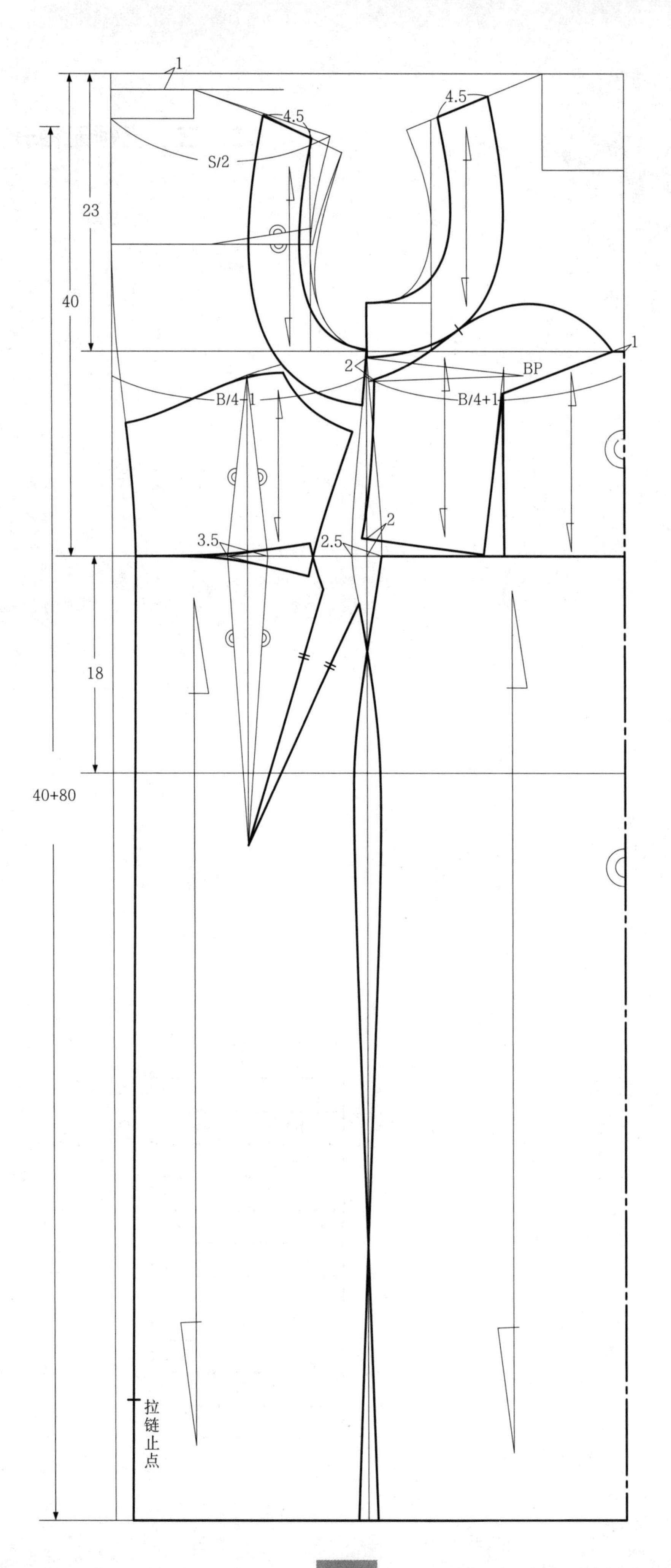
1
4.5
4.5
S/2
23
40
1
2
BP
B/4-1
B/4+1
2
3.5
2.5
18
40+80
拉链止点

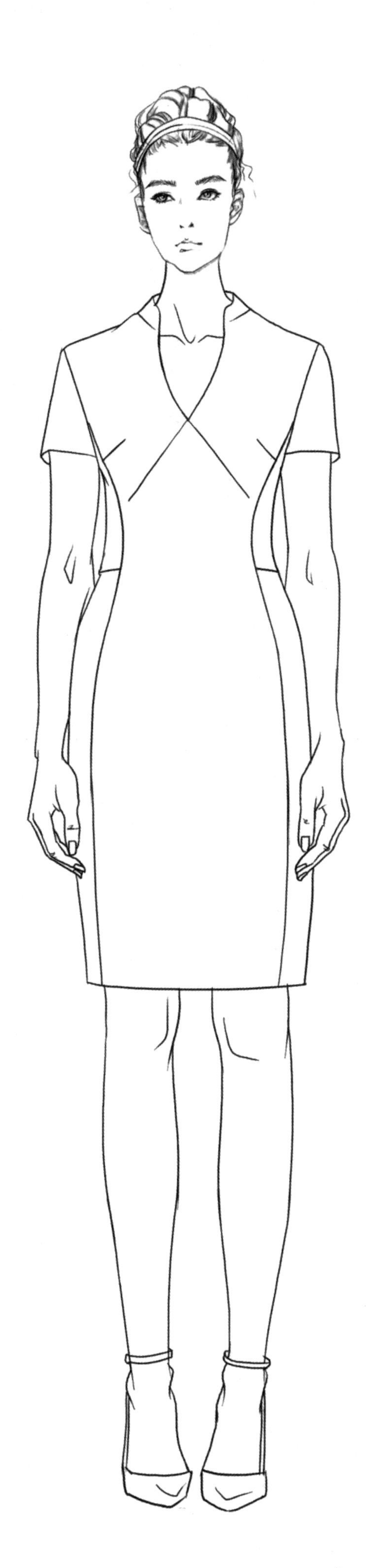

二十四、立领短袖分割连衣裙

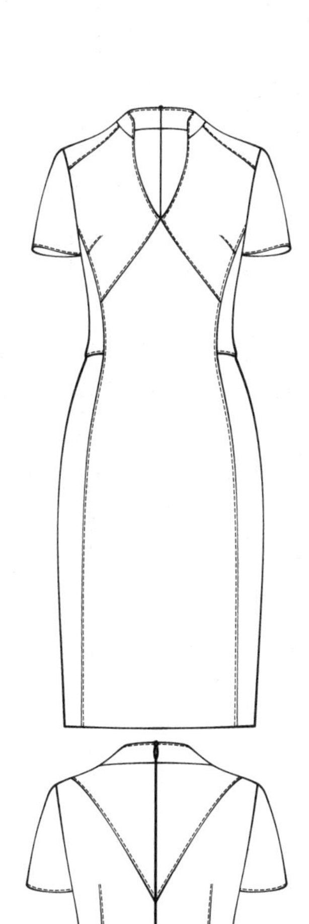

部位	规格（cm）
衣长（L）	40+70
前腰节长(FW)	40
胸围（B）	90
肩宽（S）	39
腰围（W）	72
臀围（H）	96
袖长（SL）	27
袖肥（SW）	-
袖口（CW）	13.5
领围（N）	39
袖窿深	23.5

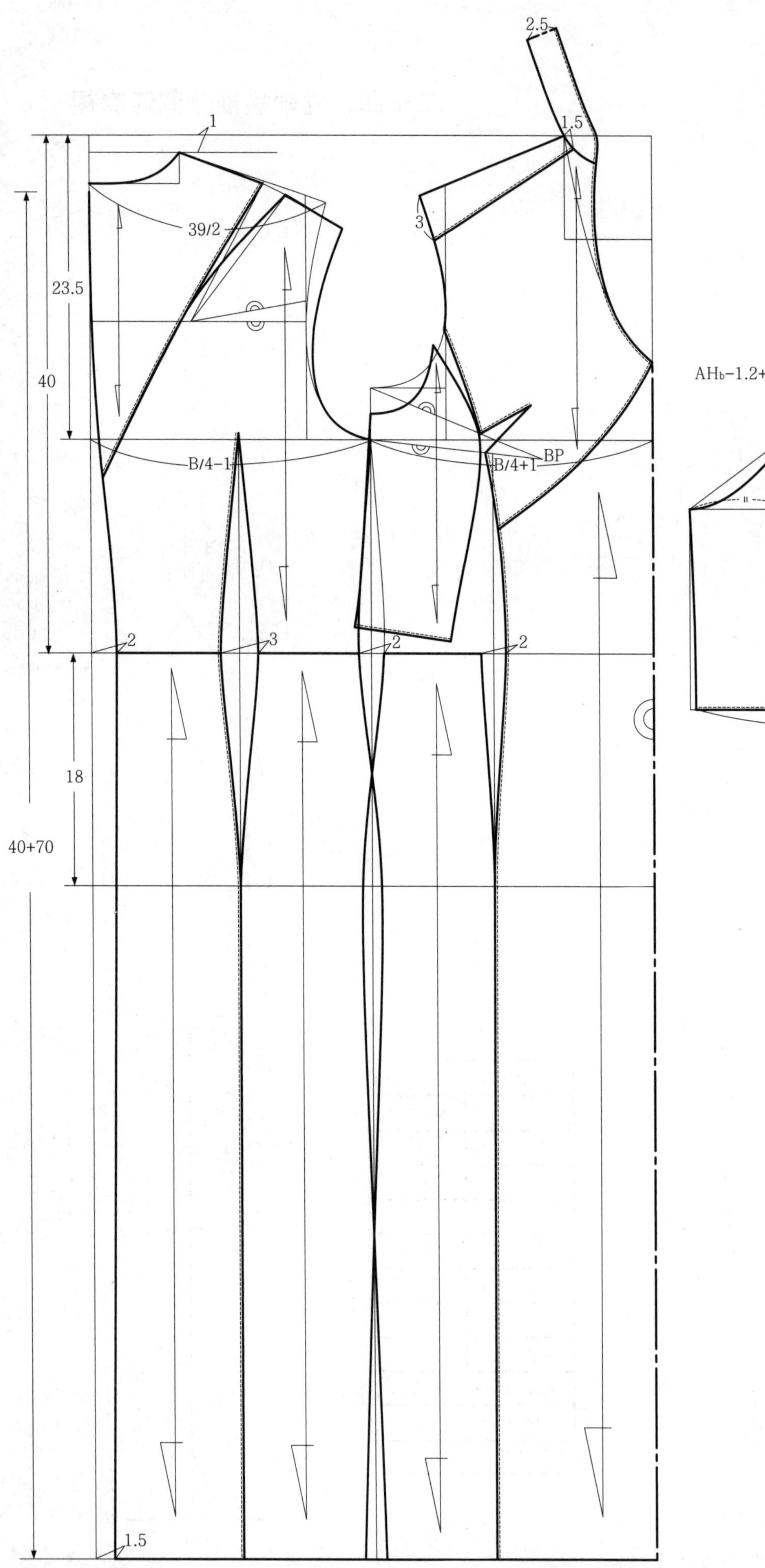

2.5
1.5
1
39/2
3
23.5
40
B/4−1
B/4+1
BP
2
3
2
2
18
40+70
1.5

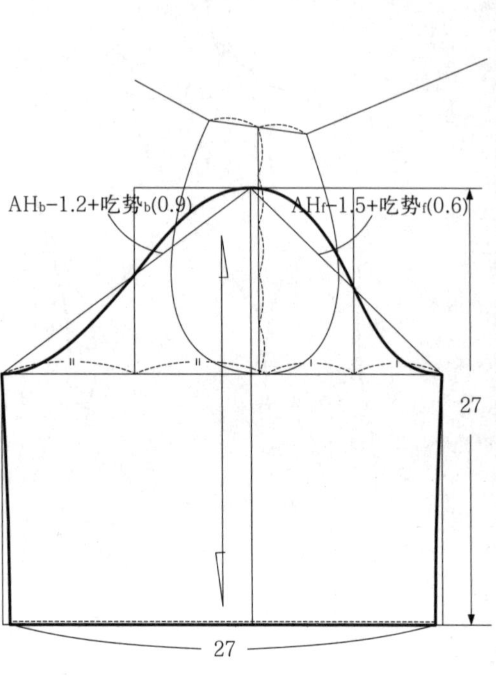

AHb−1.2+吃势b(0.9)
AHf−1.5+吃势f(0.6)
27
27

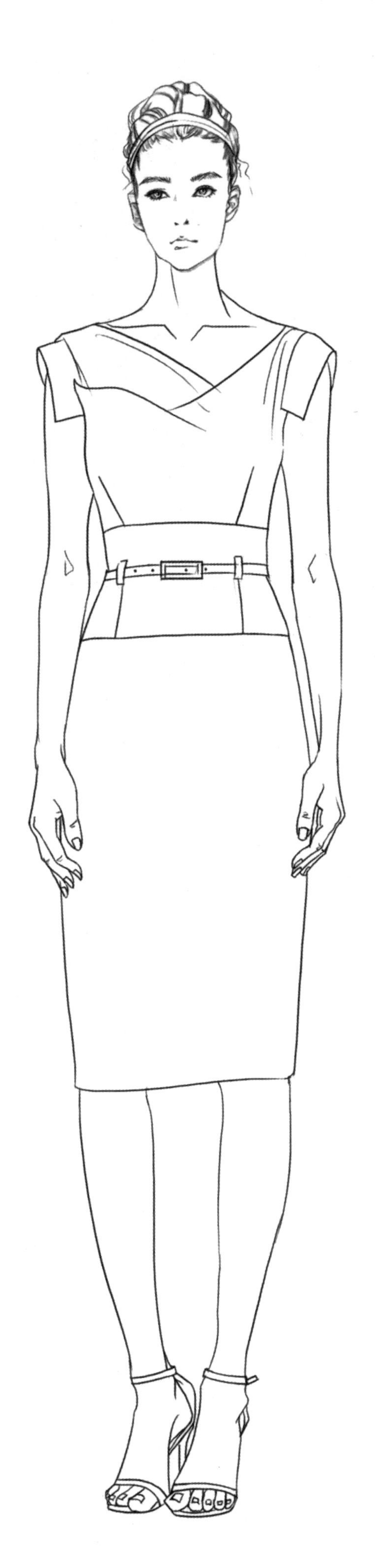

二十五、无领翼袖连衣裙

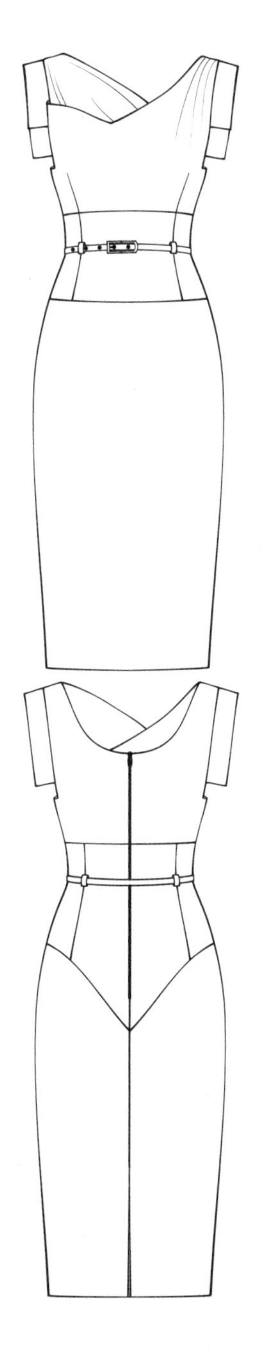

部位	规格（cm）
衣长（L）	40+80
前腰节长(FW)	40
胸围（B）	90
肩宽（S）	38
腰围（W）	74
臀围（H）	96
袖长（SL）	-
袖肥（SW）	-
袖口（CW）	-
领围（N）	39
袖窿深	23

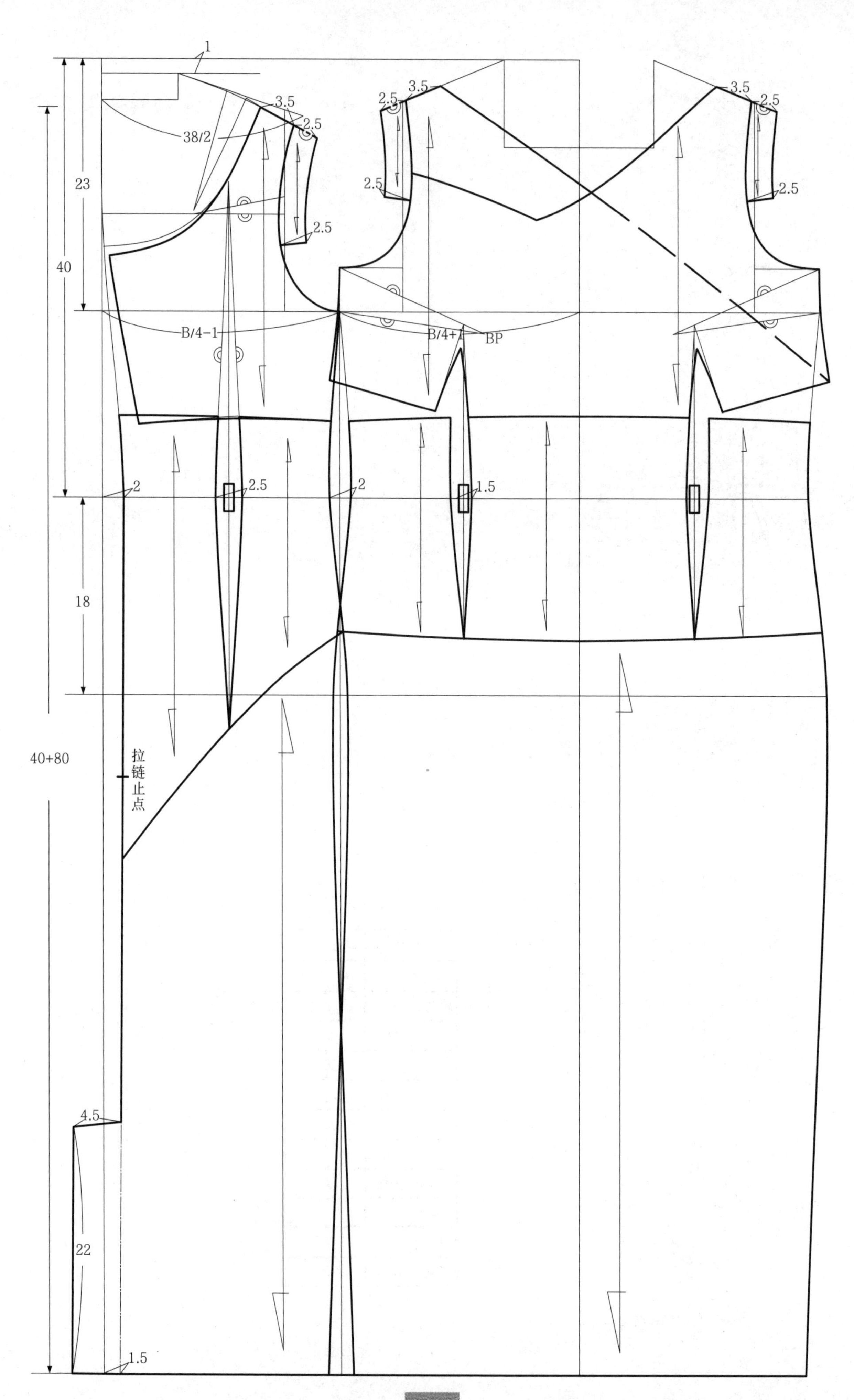
1
3.5
2.5
38/2
23
40
2.5
B/4-1
B/4+1
BP
2
2.5
1.5
18
40+80
拉链止点
4.5
22
1.5

二十六、圆口领长袖抽褶连衣裙

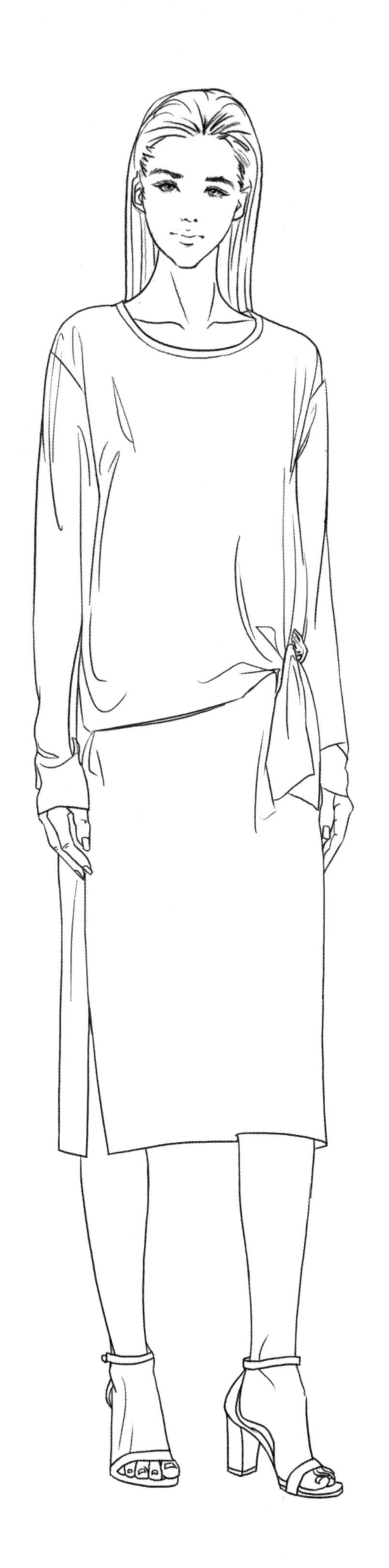

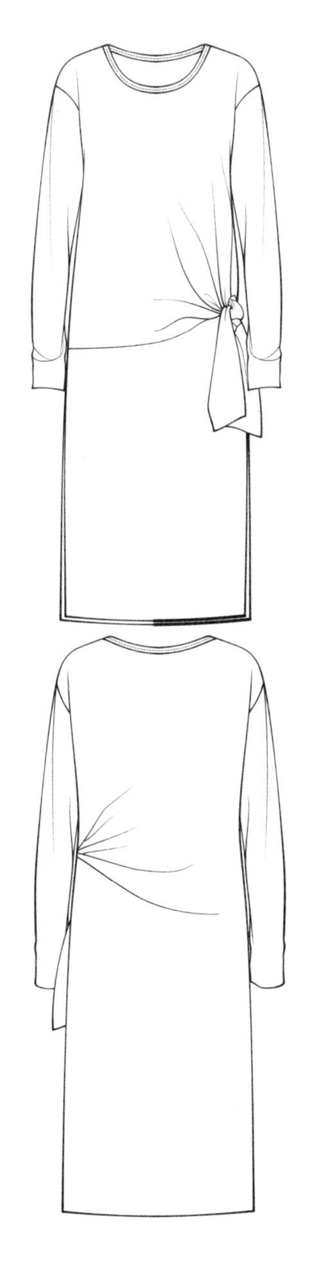

部位	规格（cm）
衣长（L）	41+69
前腰节长(FW)	41
胸围（B）	94
肩宽（S）	39
腰围（W）	94
臀围（H）	100
袖长（SL）	62
袖肥（SW）	-
袖口（CW）	-
领围（N）	39
落肩	8

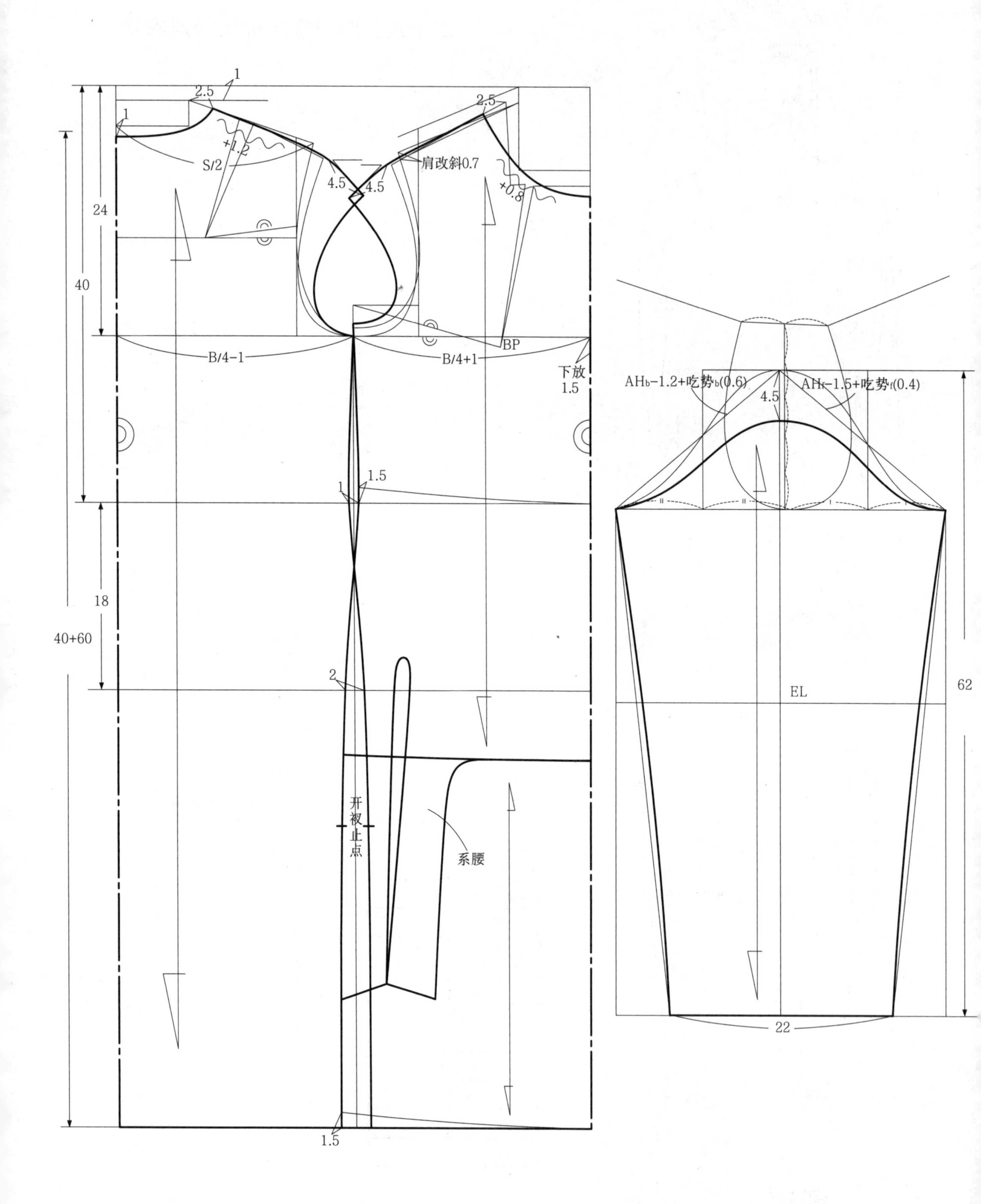
1
2.5
1
+1.2
S/2
2.5
4.5
4.5
肩改斜0.7
+0.8
24
40
B/4−1
B/4+1
BP
下放
1.5
1.5
1
18
40+60
2
开衩止点
系腰
1.5
AHb−1.2+吃势b(0.6)
AHf−1.5+吃势f(0.4)
4.5
EL
62
22

二十七、圆口领短连袖波浪连衣裙

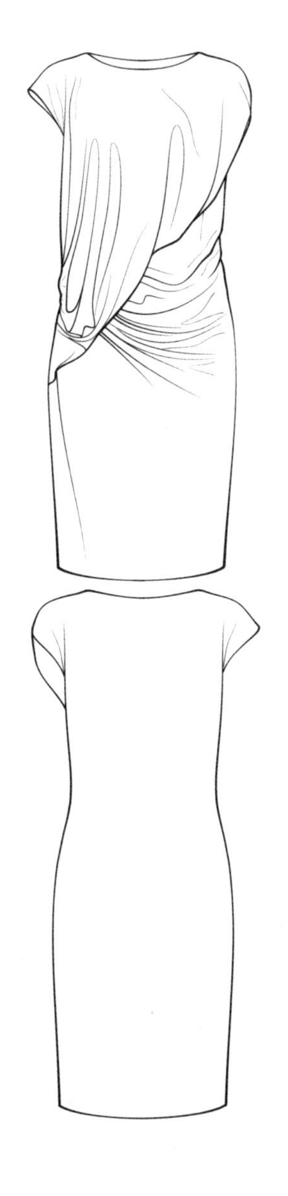

部位	规格（cm）
衣长（L）	41+59
前腰节长(FW)	41
胸围（B）	95
肩宽（S）	39
腰围（W）	90
臀围（H）	100
袖长（SL）	8
袖肥（SW）	-
袖口（CW）	14
领围（N）	39
袖窿深	24

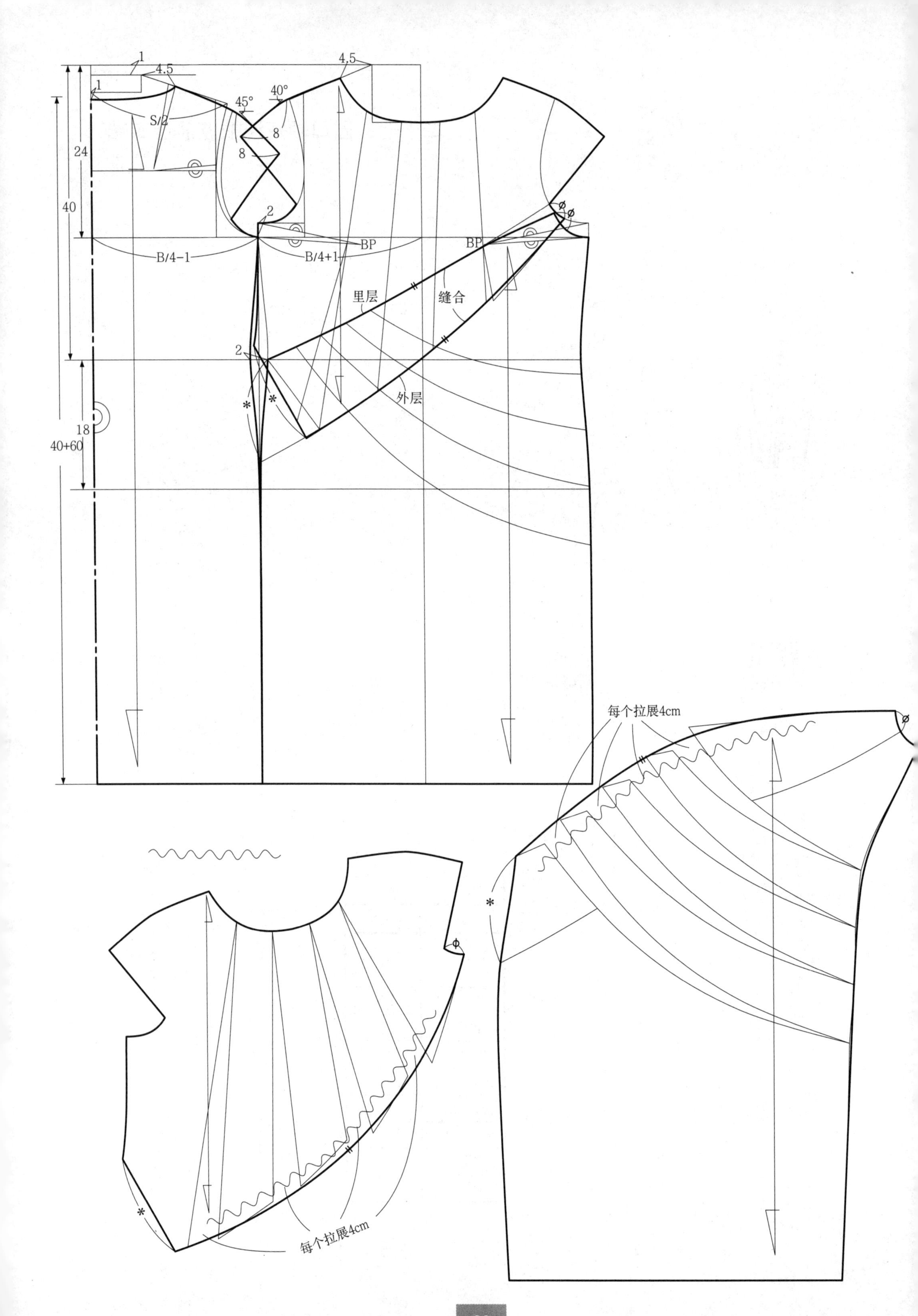

1
4.5
1
S/2
45°
40°
4.5
8
8
24
40
2
BP
BP
B/4-1
B/4+1
里层
缝合
2
外层
*
*
18
40+60
每个拉展4cm
*
*
每个拉展4cm

二十八、翻折领无袖连衣裙

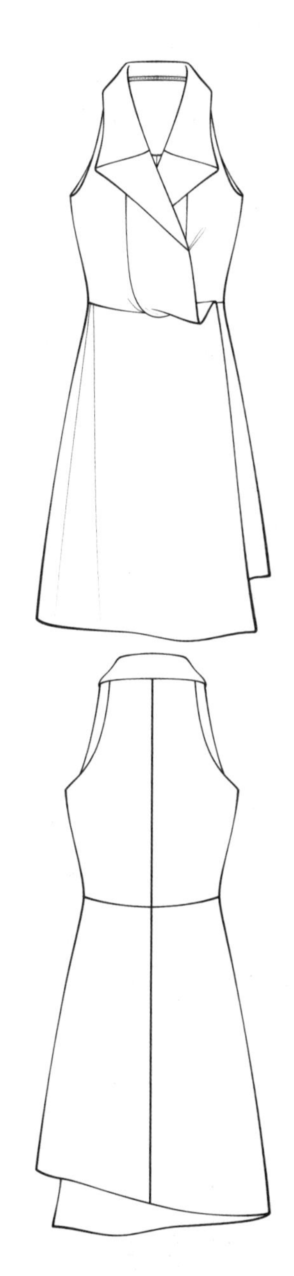

部位	规格（cm）
衣长（L）	40+62
前腰节长(FW)	40
胸围（B）	90
肩宽（S）	28
腰围（W）	72
臀围（H）	98
袖长（SL）	–
袖肥（SW）	–
袖口（CW）	–
领围（N）	39
袖窿深	22

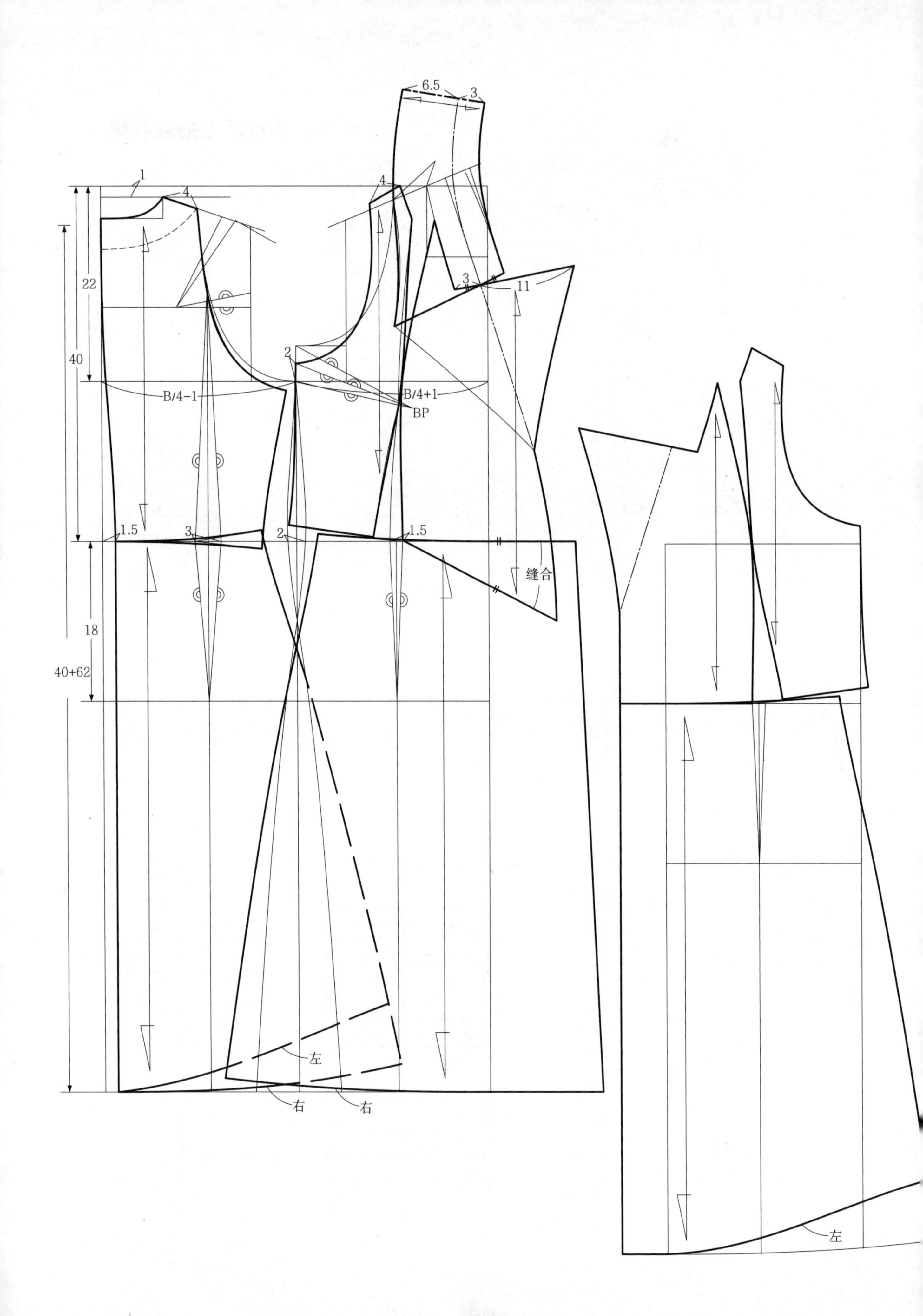
6.5
3
1
4
4
22
40
3
11
2
B/4-1
B/4+1
BP
1.5
3
2
1.5
缝合
18
40+62
左
右
右
左

二十九、圆口领无袖分割连衣裙

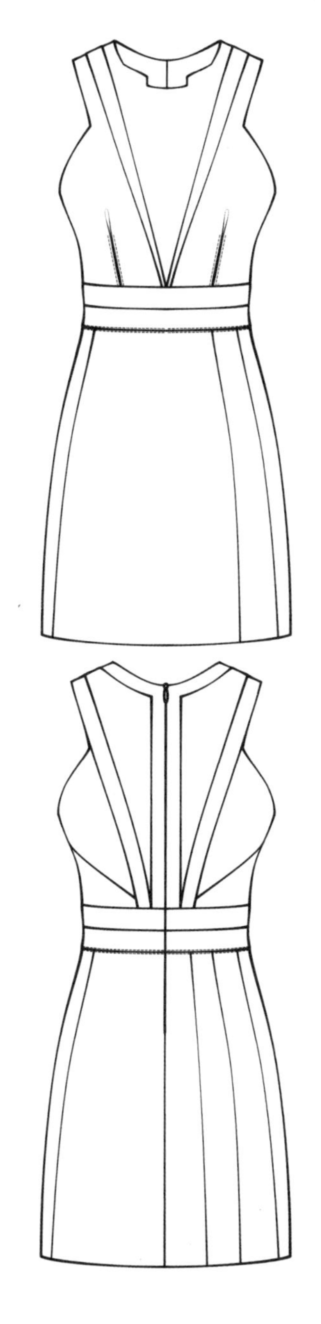

部位	规格（cm）
衣长（L）	40+58
前腰节长(FW)	40
胸围（B）	88
肩宽（S）	34
腰围（W）	72
臀围（H）	95
袖长（SL）	-
袖肥（SW）	-
袖口（CW）	-
领围（N）	39
袖窿深	22

1
2
2.5
2
S/2
23
40
2
B/4-1
B/4+1
BP
2.5
1.5
3
18
40+58
拉链止点
1.5

三十、垂荡领无袖连衣裙

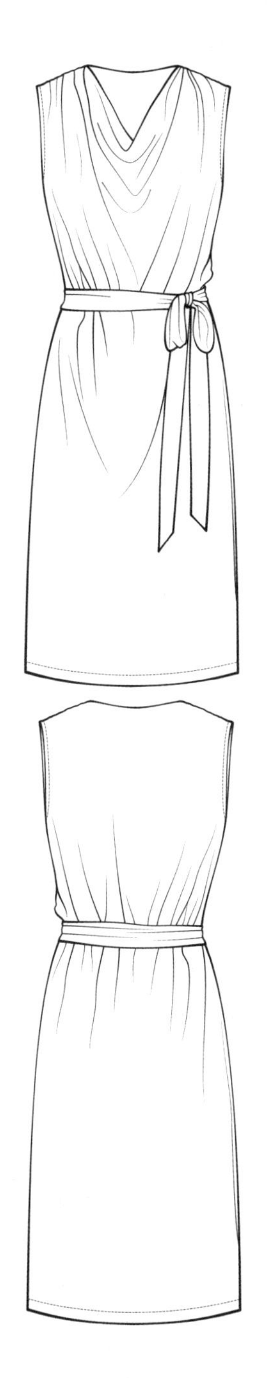

部位	规格（cm）
衣长（L）	41+69
前腰节长(FW)	41
胸围（B）	92
肩宽（S）	36
腰围（W）	86
臀围（H）	100
袖长（SL）	-
袖肥（SW）	-
袖口（CW）	-
领围（N）	39
袖窿深	22

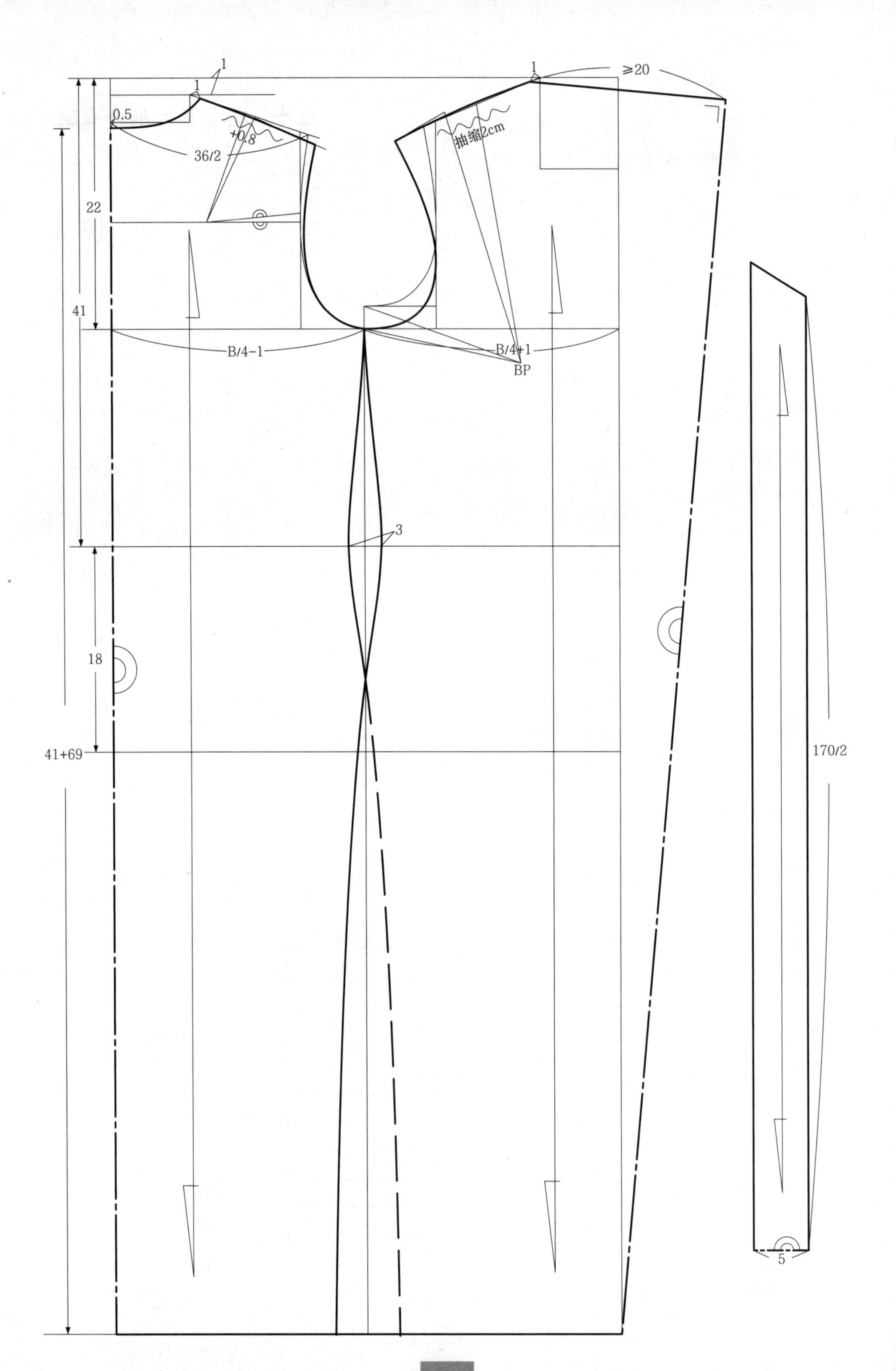

1
1
0.5
+0.8
36/2
22
41
1
≥20
抽缩2cm
B/4−1
B/4+1
BP
3
18
41+69
170/2
5

三十一、圆口领短袖连衣裙

部位	规格（cm）
衣长（L）	40+70
前腰节长(FW)	40
胸围（B）	90
肩宽（S）	38
腰围（W）	78
臀围（H）	95
袖长（SL）	25
袖肥（SW）	-
袖口（CW）	13
领围（N）	39
袖窿深	23.5

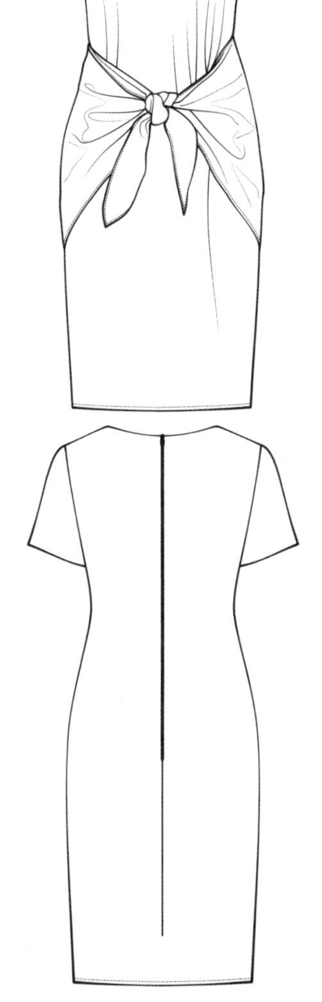

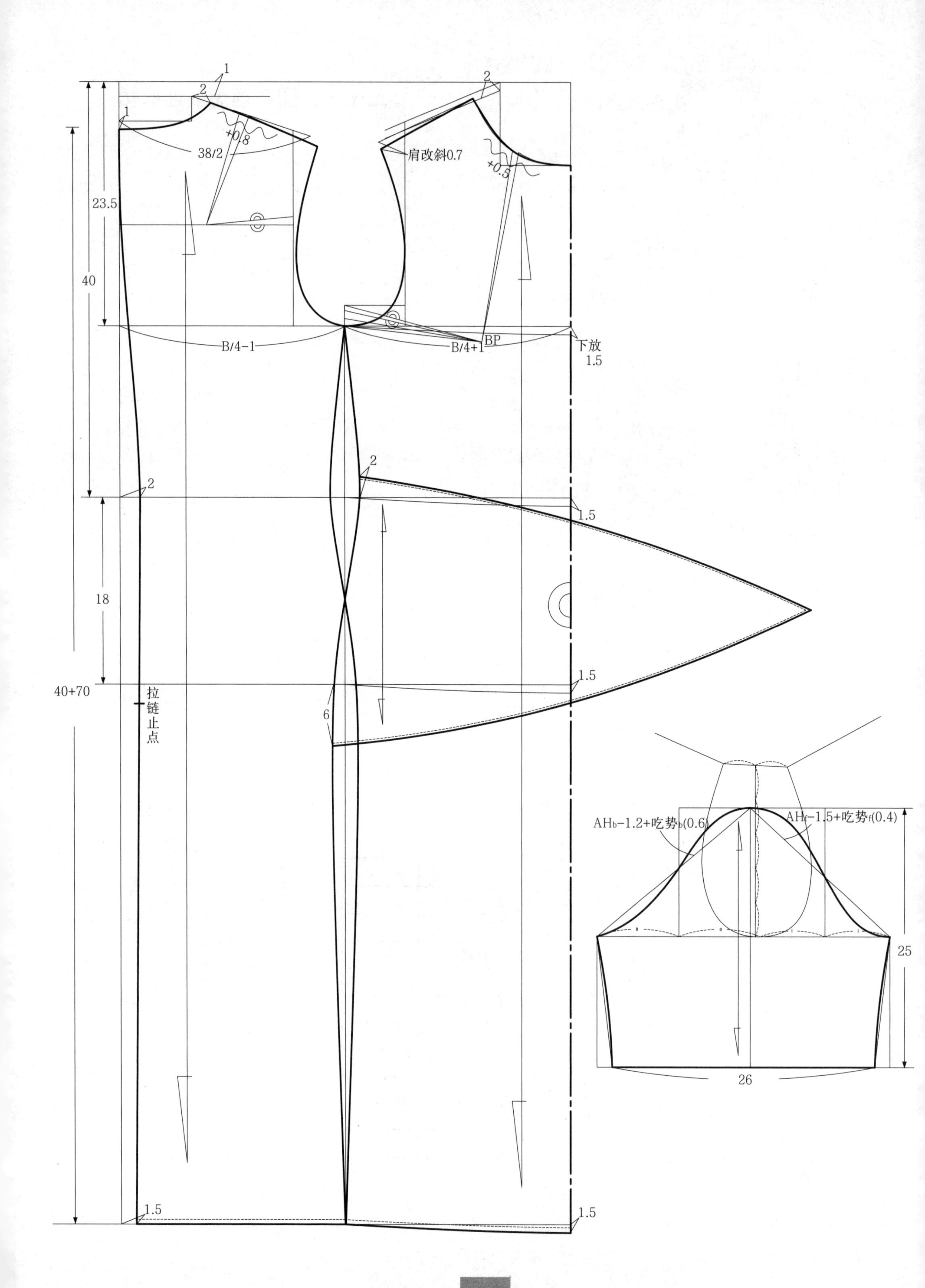

1
2
2
1
+0.8
38/2
肩改斜0.7
+0.5
23.5
40
B/4-1
B/4+1
BP
下放
1.5
2
2
1.5
18
1.5
40+70
拉链止点
6
AHb-1.2+吃势b(0.6)
AHf-1.5+吃势f(0.4)
25
26
1.5
1.5

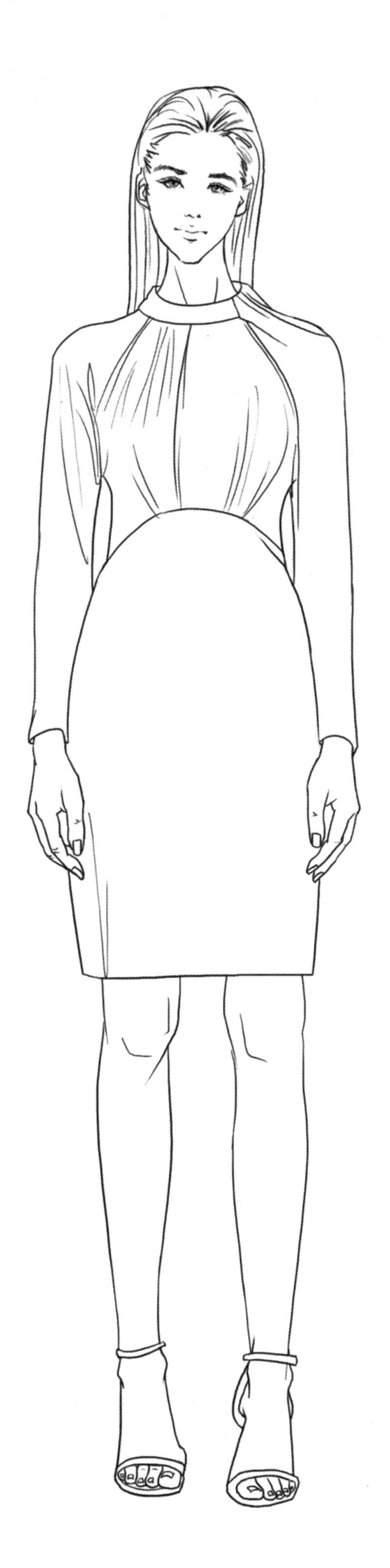

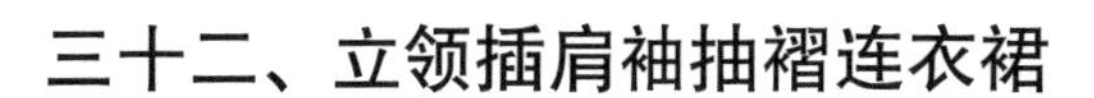

三十二、立领插肩袖抽褶连衣裙

部位	规格（cm）
衣长（L）	40+60
前腰节长(FW)	40
胸围（B）	90
肩宽（S）	39
腰围（W）	72
臀围（H）	96
袖长（SL）	60
袖肥（SW）	-
袖口（CW）	11
领围（N）	39
袖窿深	24

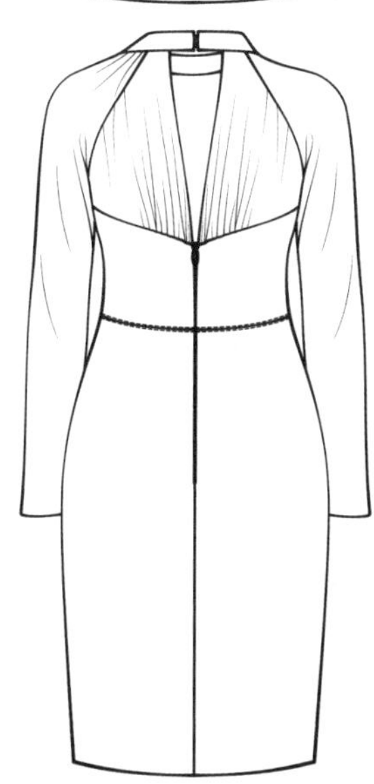

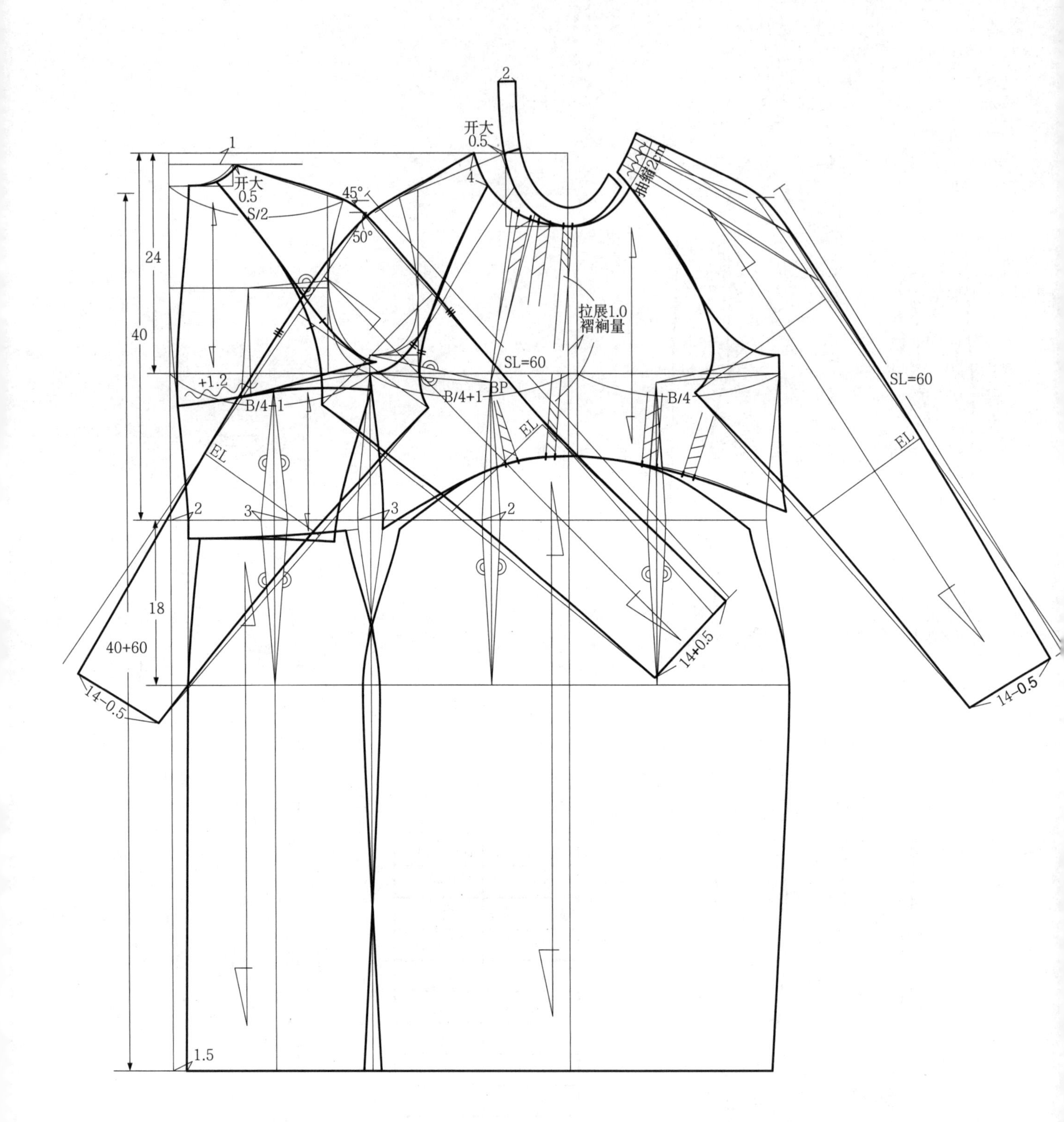

2
开大
0.5
4
1
开大
0.5
S/2
45°
50°
24
40
拉展1.0
褶裥量
SL=60
+1.2
B/4-1
B/4+1
BP
B/4
EL
2
3
3
2
18
40+60
14-0.5
14+0.5
14-0.5
SL=60
EL
1.5

三十三、翻立领短袖分割连衣裙

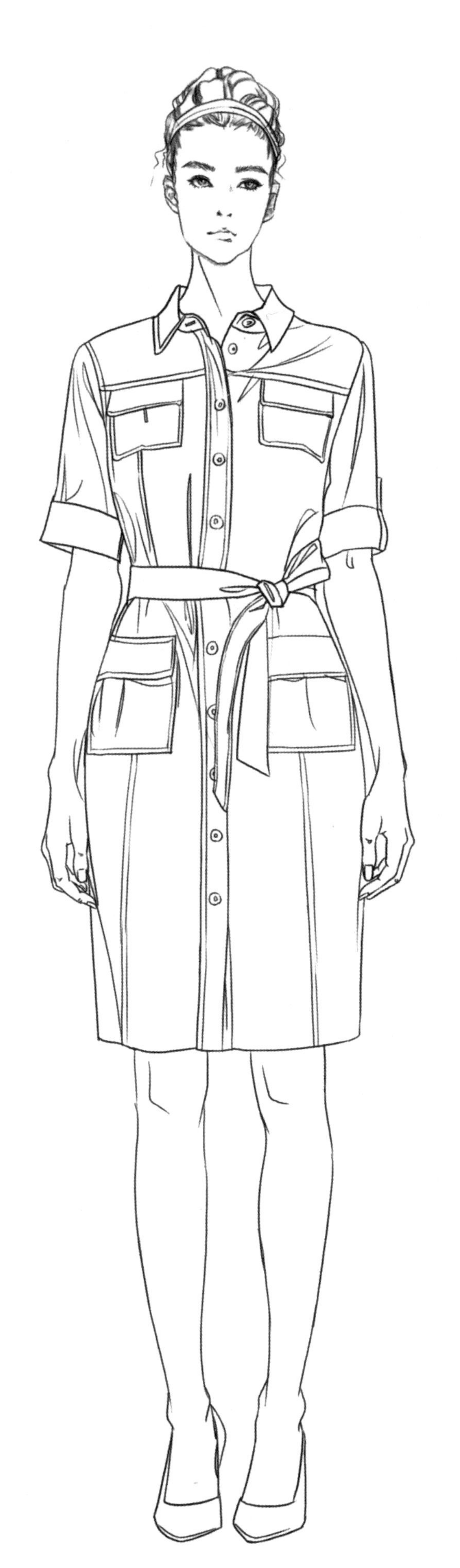

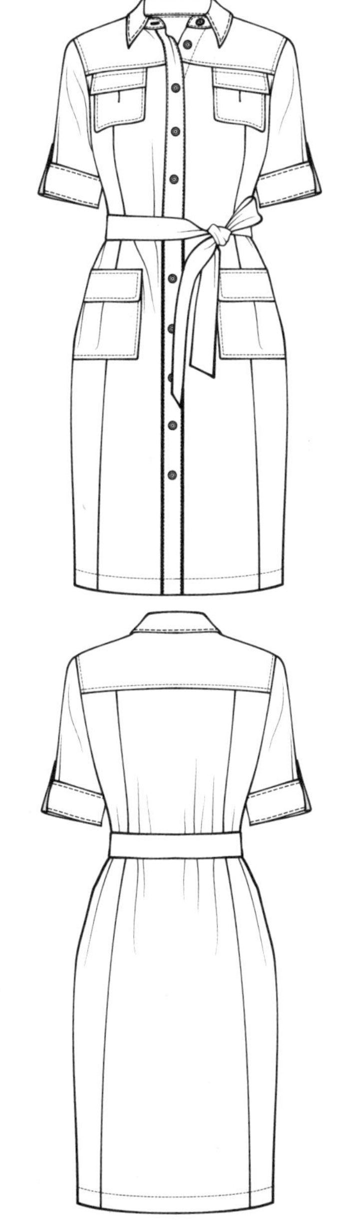

部位	规格（cm）
衣长（L）	41+69
前腰节长(FW)	41
胸围（B）	92
肩宽（S）	39.5
腰围（W）	87
臀围（H）	100
袖长（SL）	30
袖肥（SW）	-
袖口（CW）	14
领围（N）	39
袖窿深	24

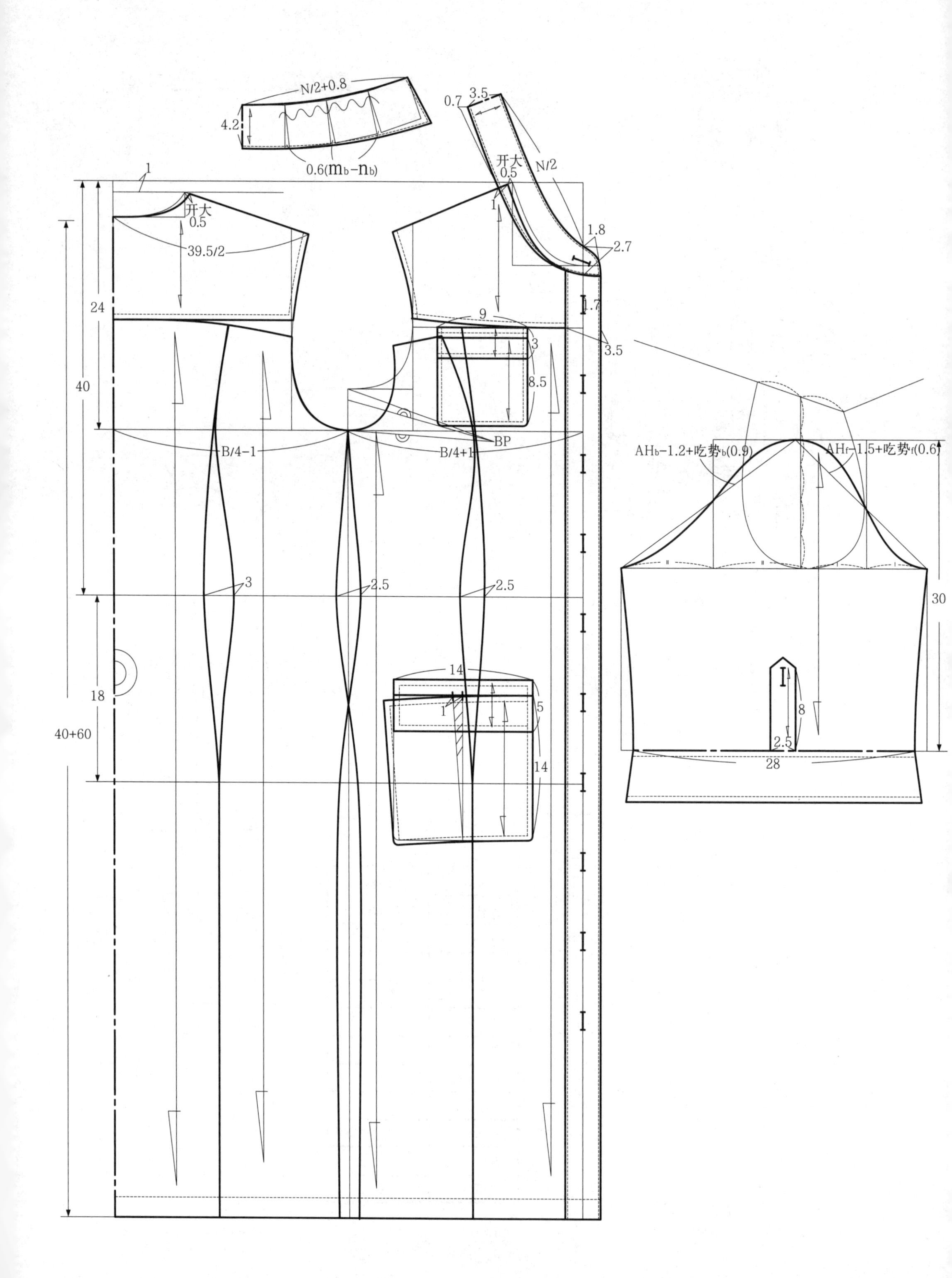

N/2+0.8
4.2
0.6(mb-nb)
0.7
3.5
开大
0.5
N/2
1
开大
0.5
39.5/2
1
1.8
2.7
24
1.7
9
3.5
3
40
8.5
BP
B/4-1
B/4+1
AHb-1.2+吃势b(0.9)
AHf-1.5+吃势f(0.6)
3
2.5
2.5
30
18
14
1
5
8
40+60
14
2.5
28

三十四、飘带领无袖连衣裙

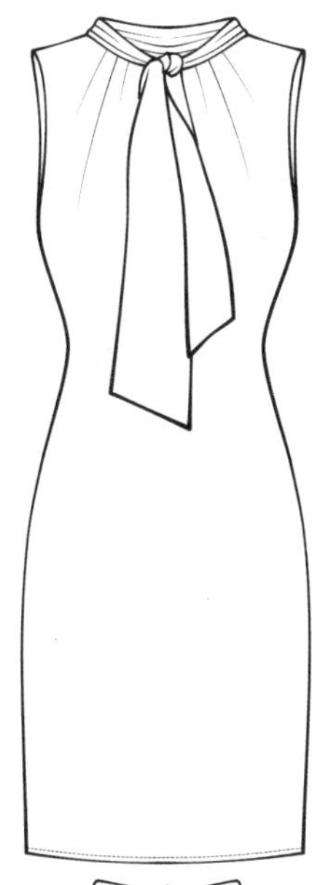

部位	规格（cm）
衣长（L）	41+69
前腰节长(FW)	41
胸围（B）	88
肩宽（S）	36
腰围（W）	72
臀围（H）	96
袖长（SL）	-
袖肥（SW）	-
袖口（CW）	-
领围（N）	39
袖窿深	22

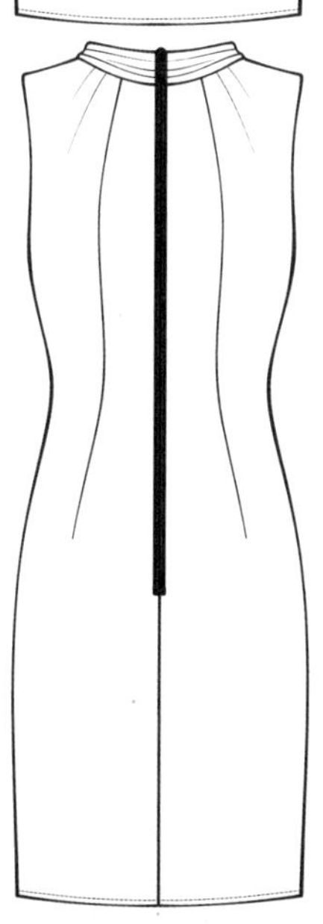

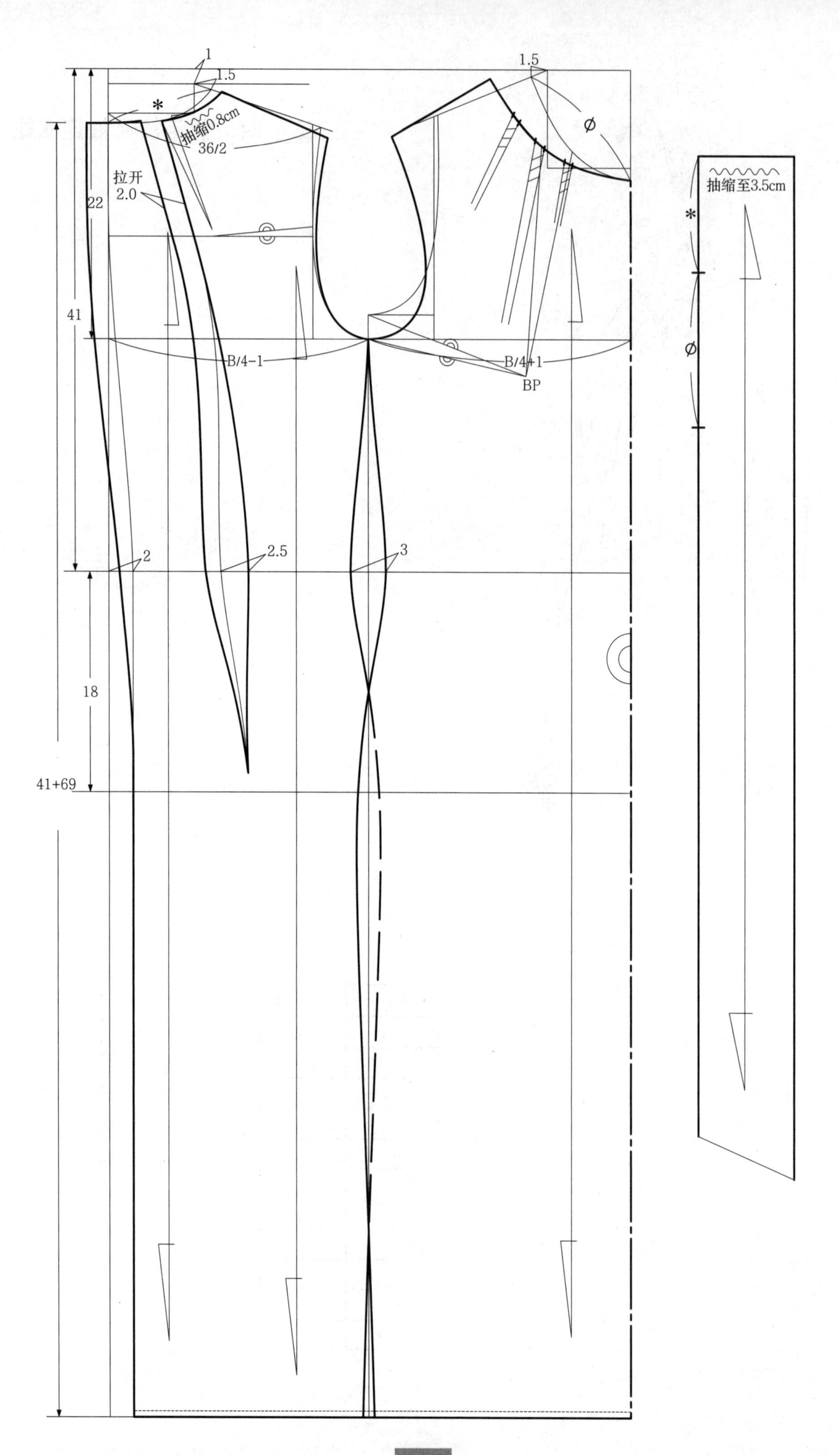
1
1.5
*
抽缩0.8cm
36/2
拉开
2.0
22
41
B/4-1
1.5
∅
B/4+1
BP
抽缩至3.5cm
*
∅
2
2.5
3
18
41+69

三十五、V 口领无袖抽褶连衣裙

部位	规格（cm）
衣长（L）	40+90
前腰节长(FW)	40
胸围（B）	88
肩宽（S）	37
腰围（W）	72
臀围（H）	100
袖长（SL）	–
袖肥（SW）	–
袖口（CW）	–
领围（N）	39
袖窿深	23

3
125
1
1.5
0.8
0.8
37/2
22
40
1.5
1.1
+0.7
B/4-1
B/4+1
BP
2
3
3
18
40+90
1.5
+0.7
抽缩6cm
共拉展18cm
共拉展18cm

三十六、圆口领连袖斜浪连衣裙

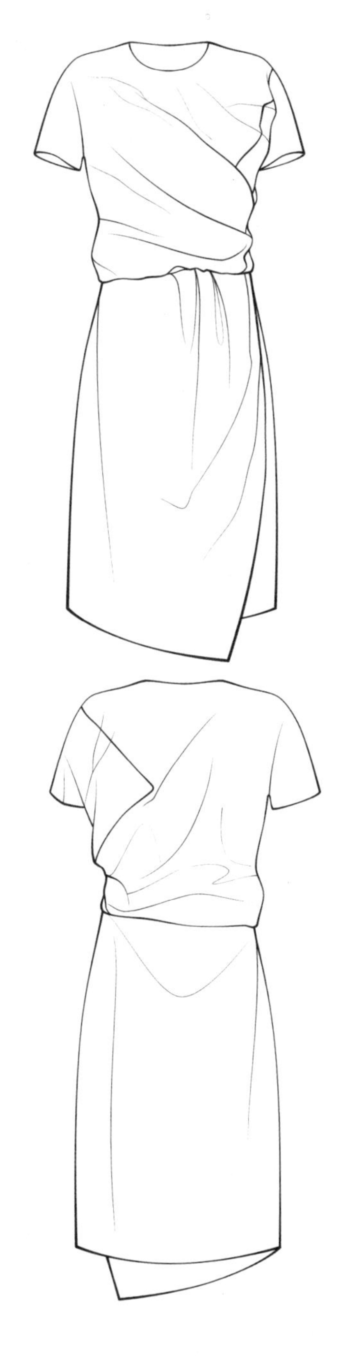

部位	规格（cm）
衣长（L）	41+59
前腰节长(FW)	41
胸围（B）	92
肩宽（S）	39
腰围（W）	74
臀围（H）	102
袖长（SL）	12
袖肥（SW）	-
袖口（CW）	-
领围（N）	39
袖窿深	-

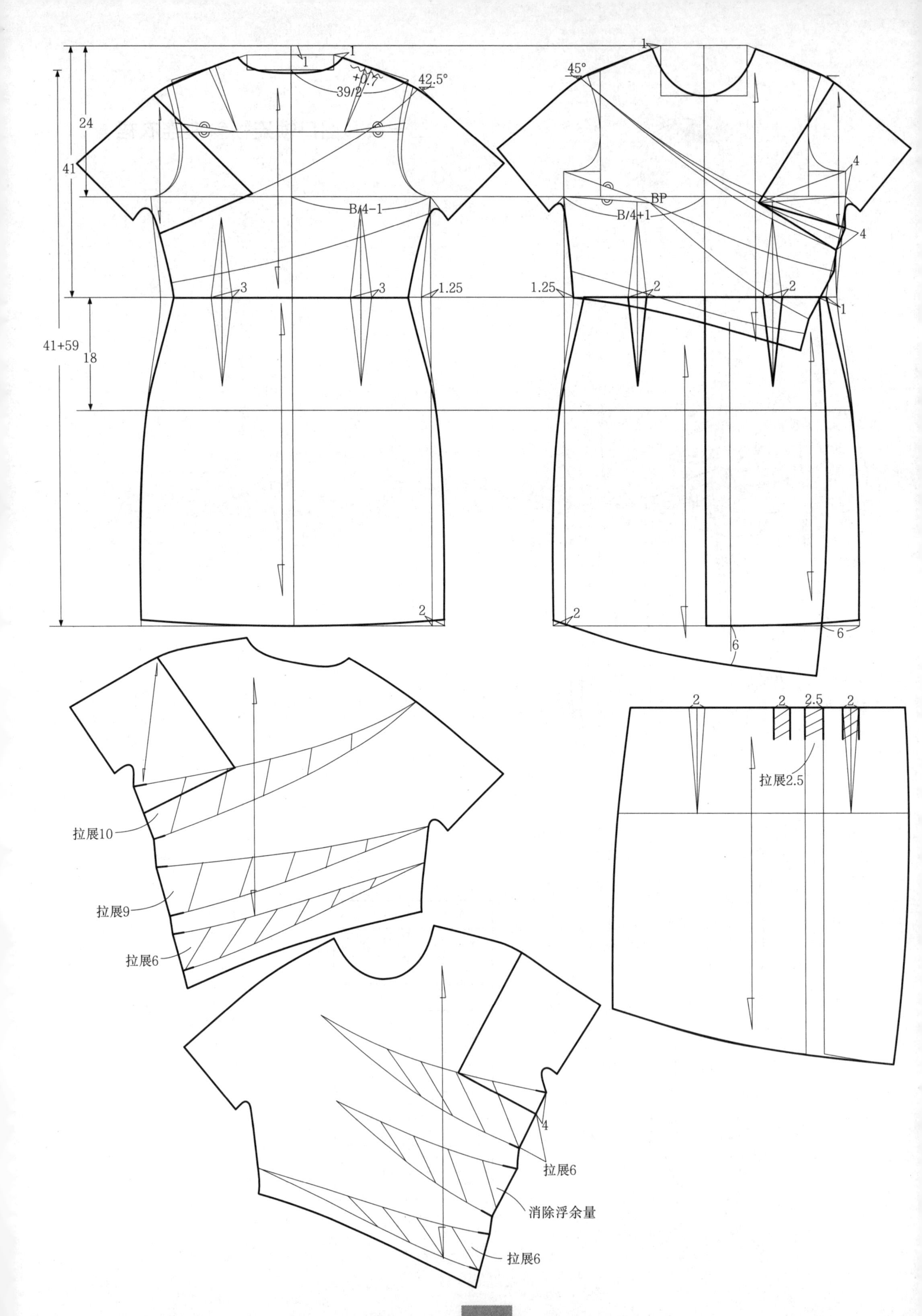

1
1
+0.7
42.5°
39/2
24
41
B/4−1
3
3
1.25
41+59
18
2
1
45°
BP
B/4+1
4
4
1.25
2
2
1
2
6
6
拉展10
拉展9
拉展6
2
2
2.5
2
拉展2.5
4
拉展6
消除浮余量
拉展6

三十七、抽褶领无袖连衣裙

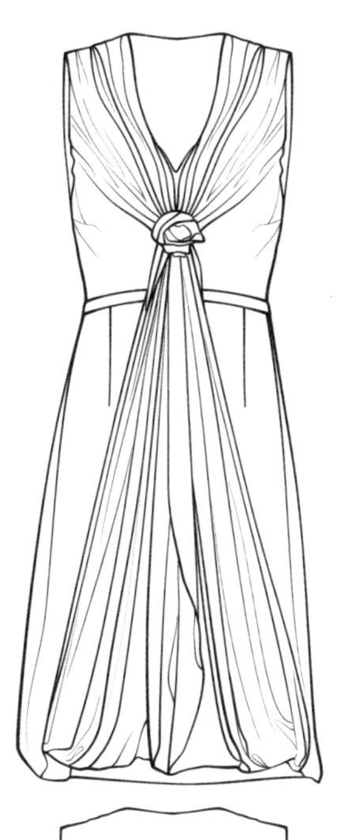

部位	规格（cm）
衣长（L）	40+70
前腰节长(FW)	40
胸围（B）	88
肩宽（S）	36
腰围（W）	72
臀围（H）	98
袖长（SL）	-
袖肥（SW）	-
袖口（CW）	-
领围（N）	39
袖窿深	22

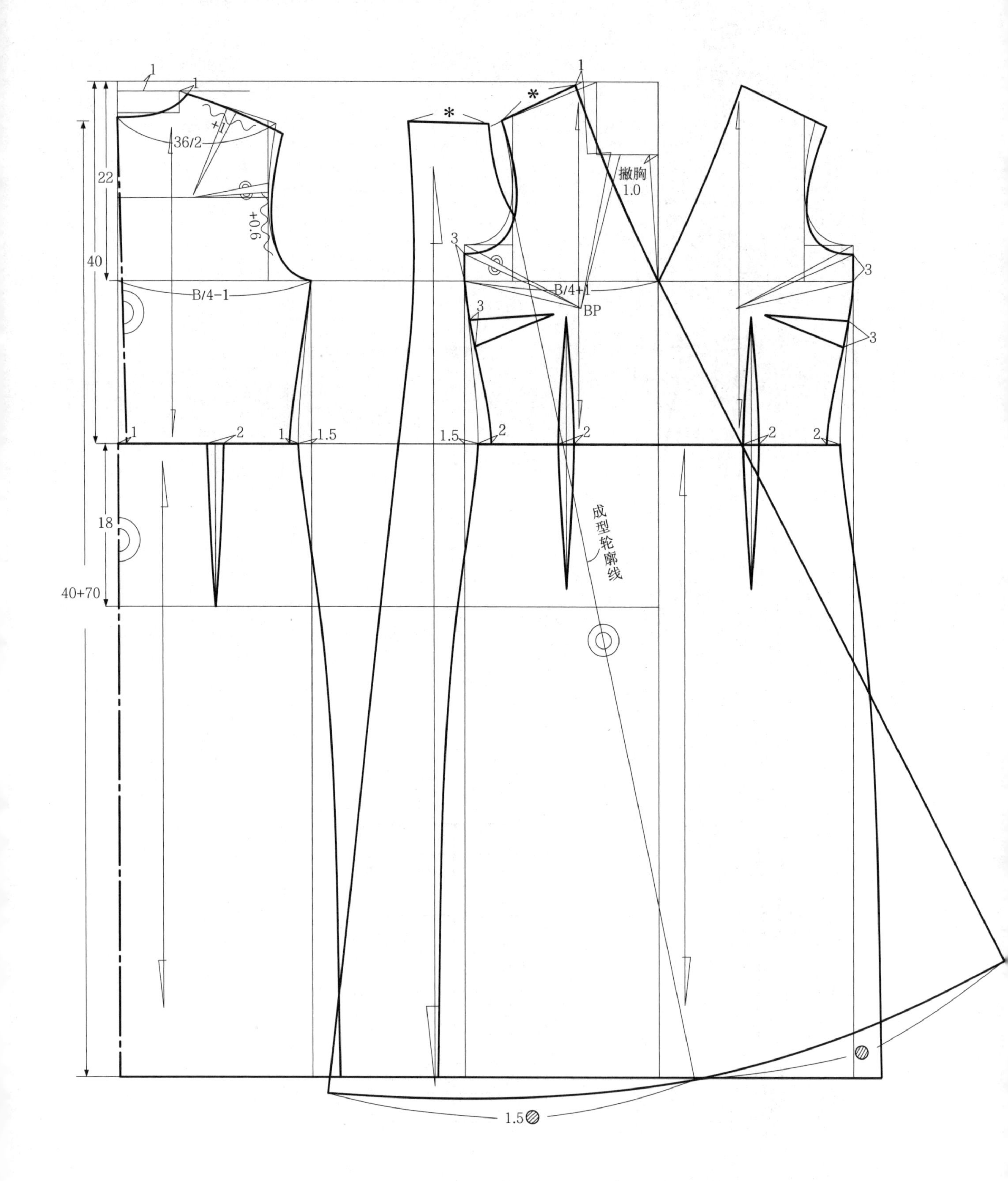

1
1
36/2
+1
22
+0.6
40
B/4−1
1
2
1
1.5
18
40+70
*
*
1
撇胸
1.0
3
B/4+1
BP
3
1.5
2
2
成型轮廓线
3
3
2
2
1.5

三十八、平口领连袖分割连衣裙

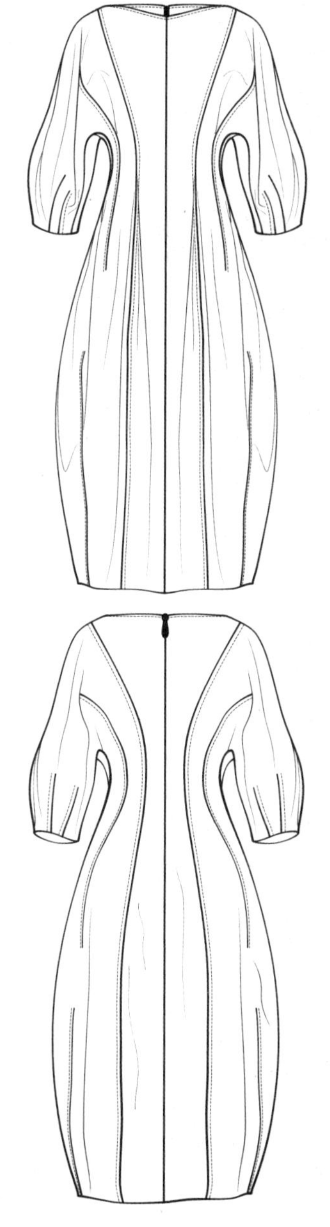

部位	规格（cm）
衣长（L）	40+70
前腰节长(FW)	40
胸围（B）	90
肩宽（S）	39
腰围（W）	72
下摆	105
袖长（SL）	55
臂围（H）	98
袖口（CW）	12
领围（N）	39
袖窿深	25

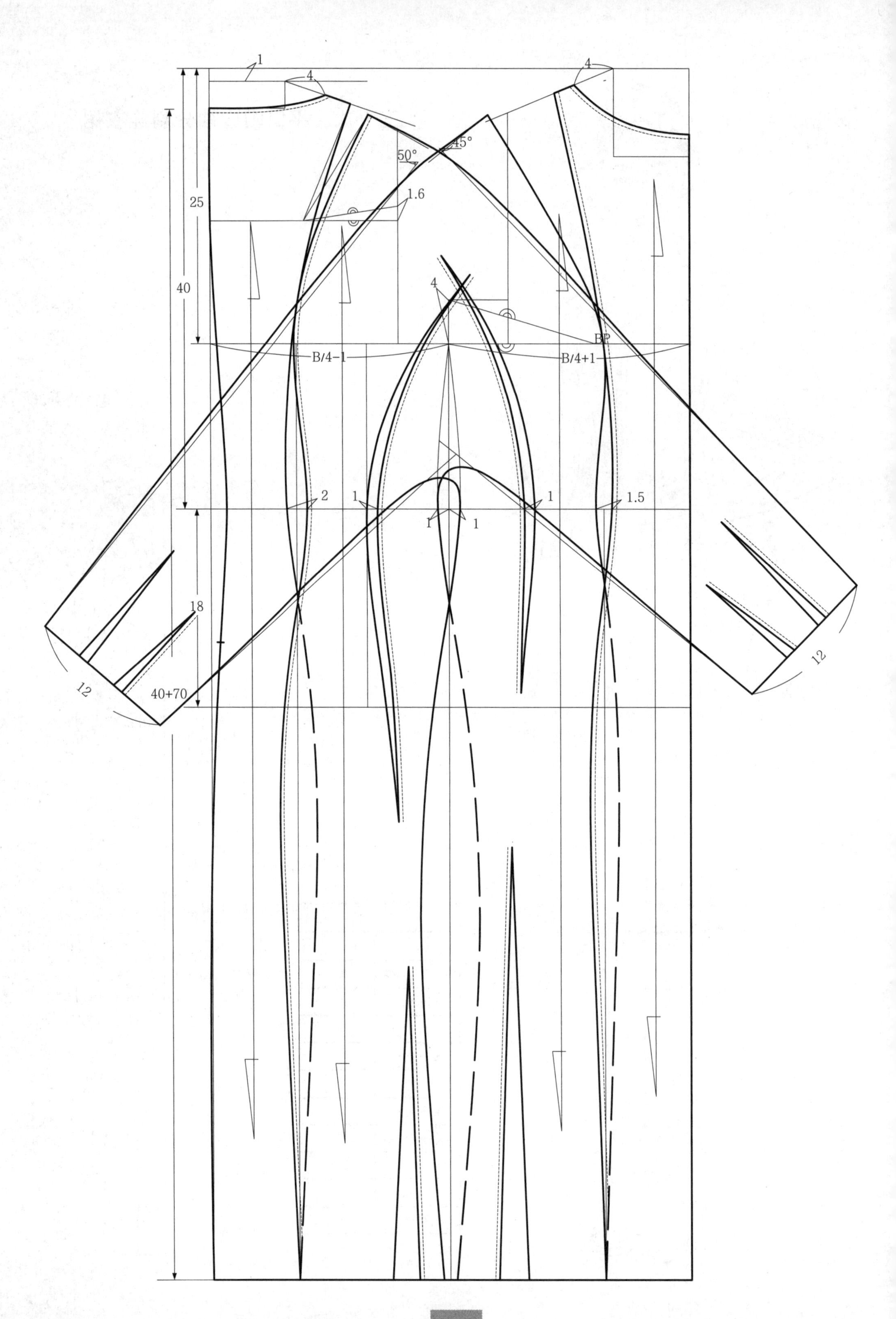
1
4
4
50°
45°
1.6
25
40
4
BP
B/4−1
B/4+1
2
1
1
1
1
1.5
18
12
40+70
12

三十九、圆口领无袖斜浪连衣裙

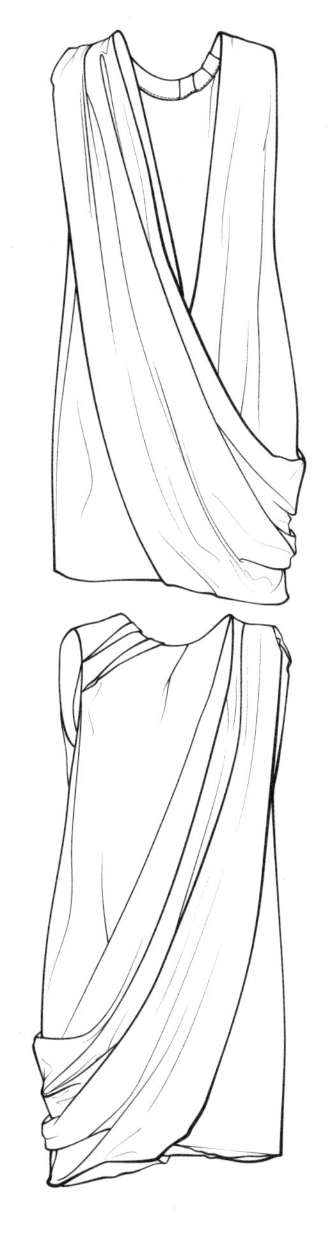

部位	规格（cm）
衣长（L）	40+55
前腰节长(FW)	40
胸围（B）	92
肩宽（S）	34
腰围（W）	74
臀围（H）	98
袖长（SL）	-
袖肥（SW）	-
袖口（CW）	-
领围（N）	39
袖窿深	23

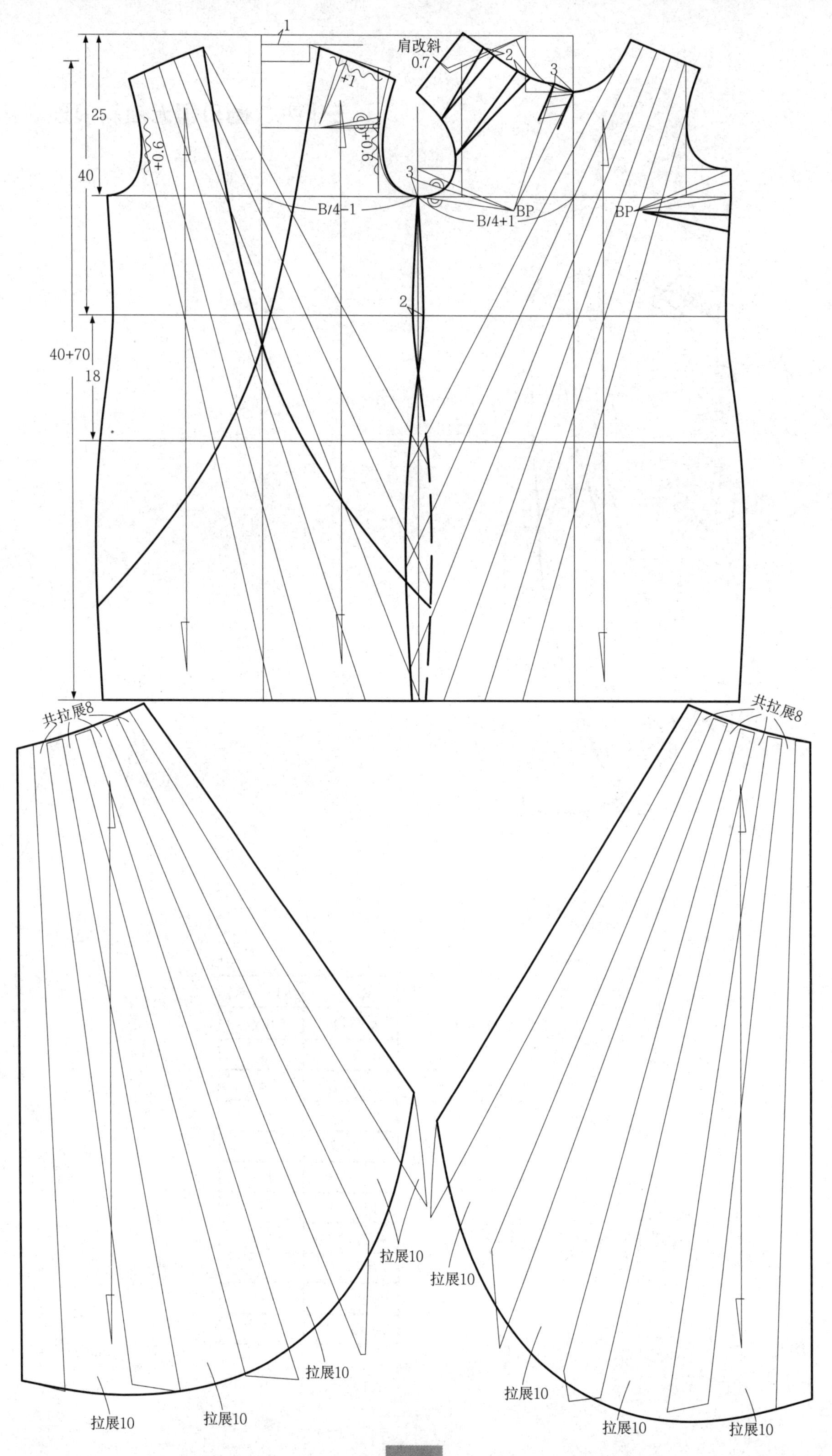
1
肩改斜
0.7
2
3
+1
25
40
+0.6
+0.6
3
B/4-1
BP
B/4+1
BP
2
40+70
18
共拉展8
共拉展8
拉展10
拉展10
拉展10
拉展10
拉展10
拉展10
拉展10
拉展10

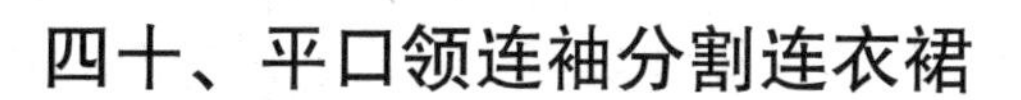

四十、平口领连袖分割连衣裙

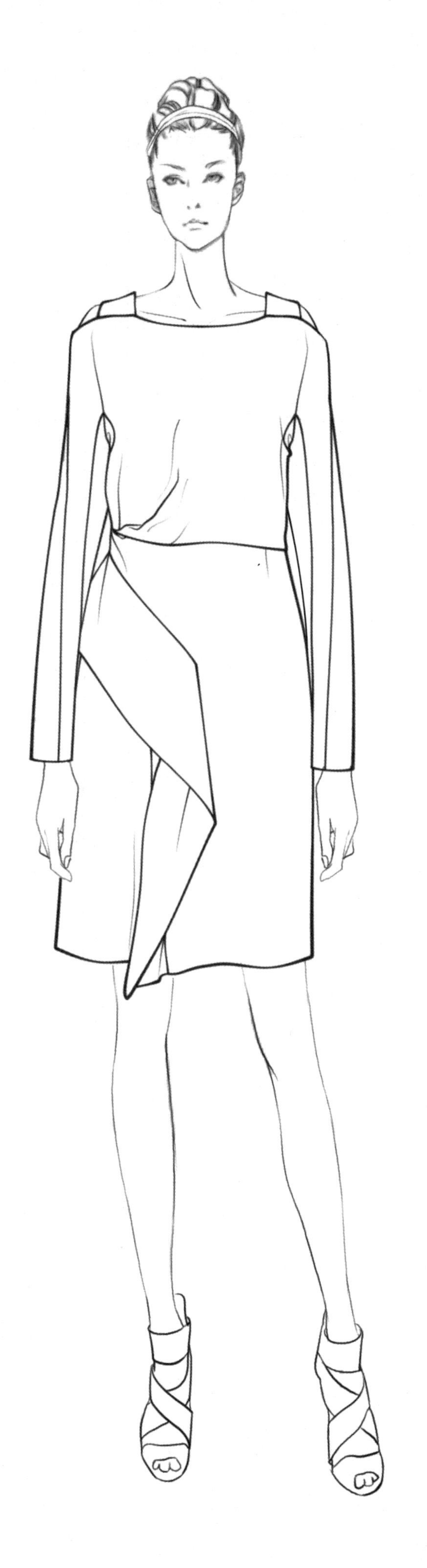

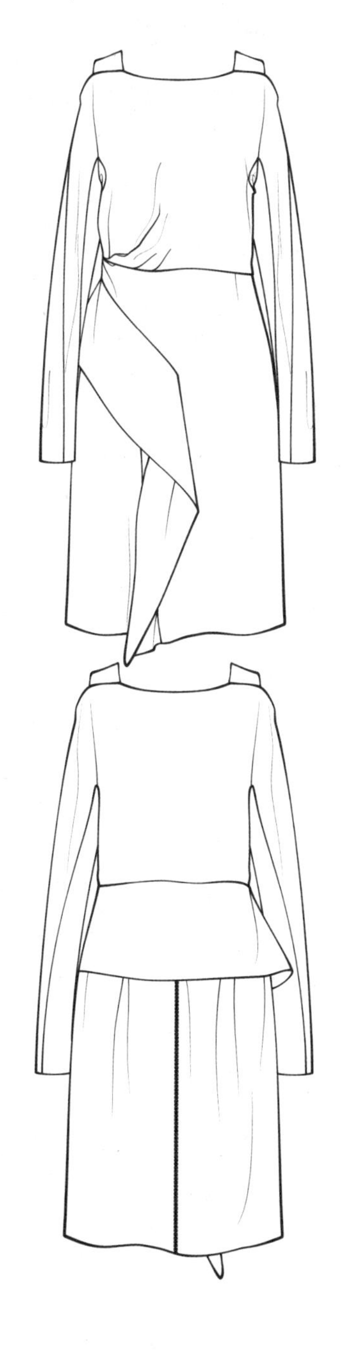

部位	规格（cm）
衣长（L）	40+55
前腰节长(FW)	40
胸围（B）	92
肩宽（S）	39
腰围（W）	74
臀围（H）	100
袖长（SL）	62
袖肥（SW）	–
袖口（CW）	11
领围（N）	39
袖窿深	24

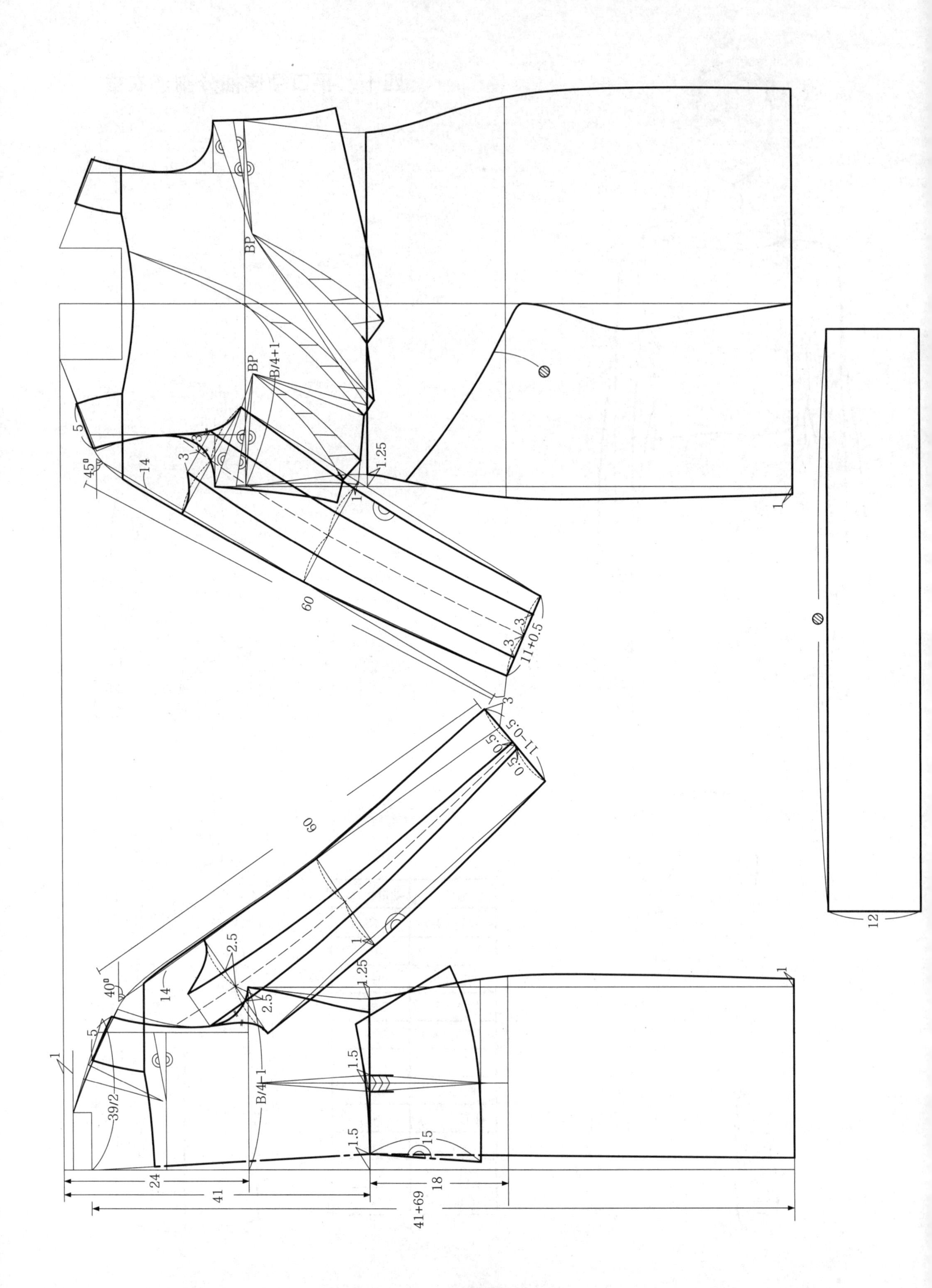
BP
BP
B/4+1
5
45°
14
3
3
1.25
1
60
3
3
11+0.5
3
11−0.5
0.5
0.5
60
1
40°
14
2.5
2.5
1.25
5
1
39/2
B/4−1
1.5
1.5
15
1
24
41
18
41+69
12

四十一、V口领中袖分割连衣裙

部位	规格（cm）
衣长（L）	41+79
前腰节长(FW)	41
胸围（B）	90
肩宽（S）	39
腰围（W）	72
臀围（H）	98
袖长（SL）	57
袖肥（SW）	-
袖口（CW）	12.5
领围（N）	39
袖窿深	-

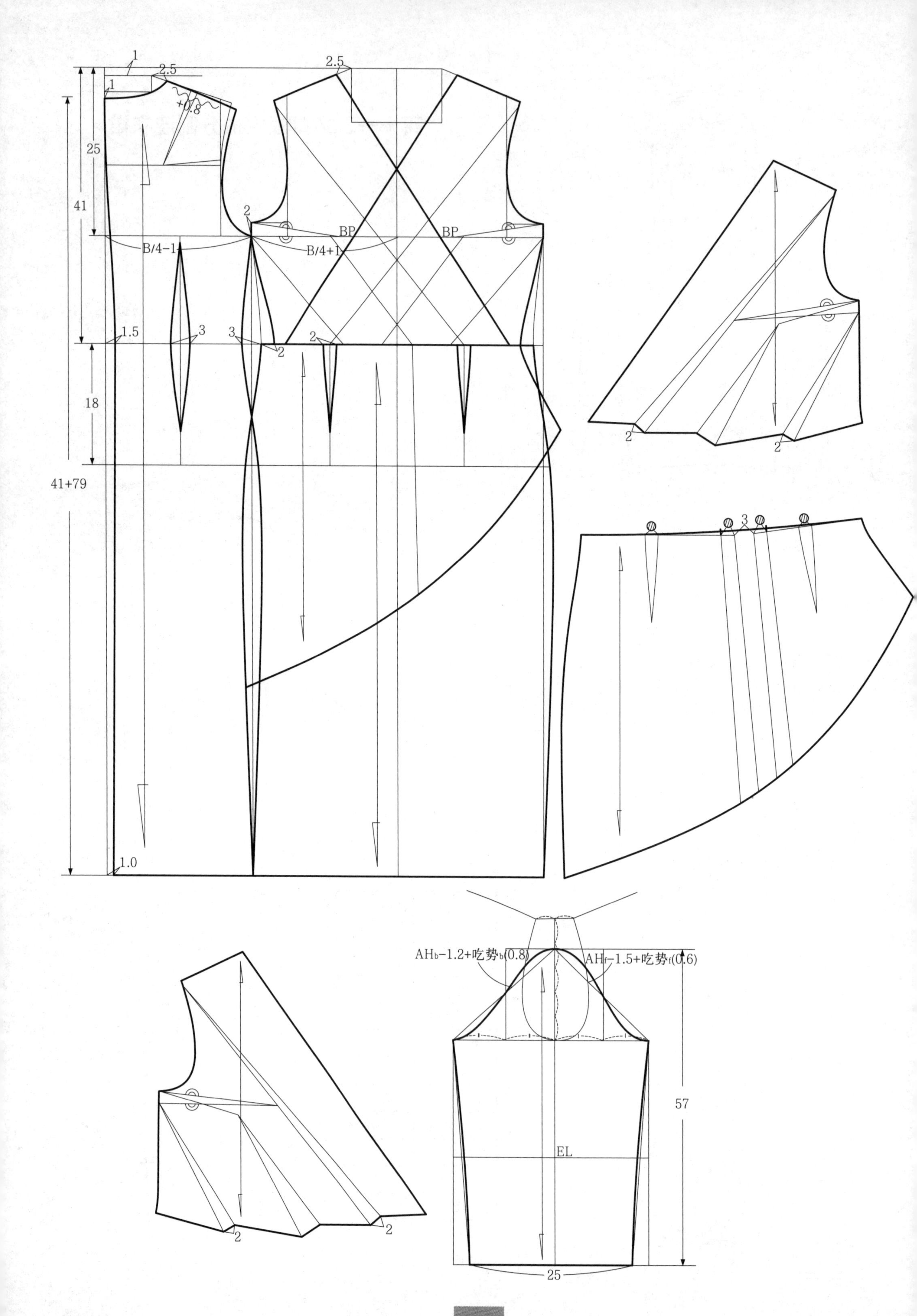

1
2.5
1
+0.8
25
41
B/4−1
BP
B/4+1
BP
2.5
2
1.5
3
3
2
2
18
41+79
1.0
2
2
3
AHb−1.2+吃势b(0.8)
AHf−1.5+吃势f(0.6)
57
EL
25
2
2

四十二、V口领无袖分割连衣裙

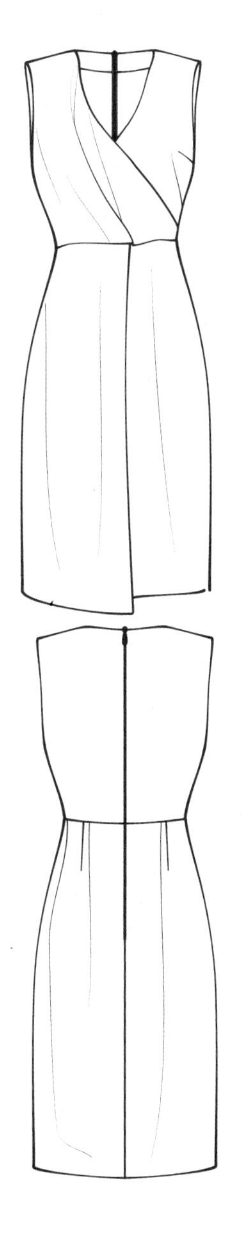

部位	规格（cm）
衣长（L）	40+60
前腰节长(FW)	40
胸围（B）	90
肩宽（S）	34
腰围（W）	72
臀围（H）	96
袖长（SL）	-
袖肥（SW）	-
袖口（CW）	-
领围（N）	39
袖窿深	22

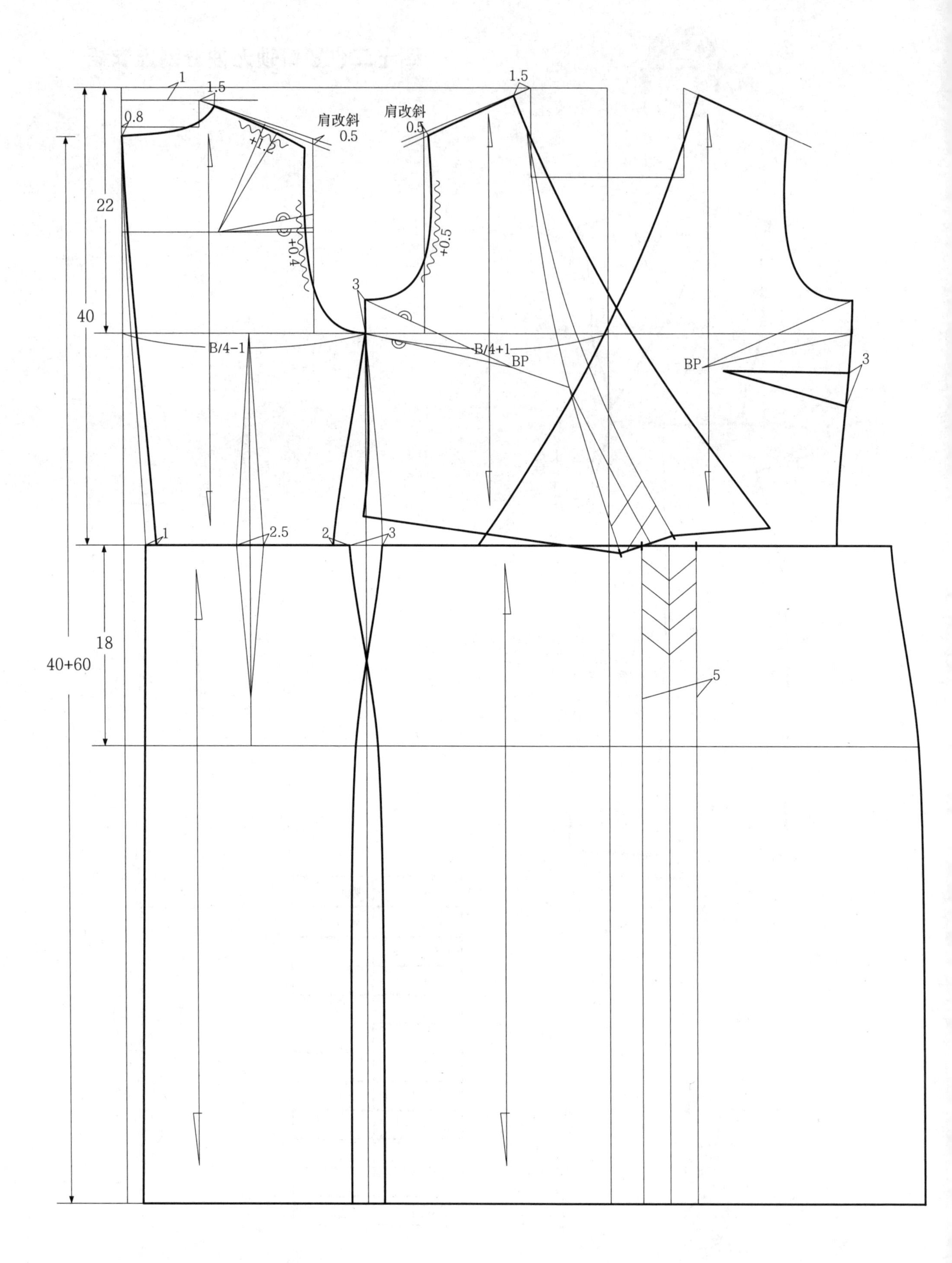

1
1.5
0.8
肩改斜
0.5
+1.2
22
+0.4
40
B/4−1
1
2.5
2
3
18
40+60
1.5
肩改斜
0.5
+0.5
3
B/4+1
BP
BP
3
5

四十三、圆口领无袖斜浪连衣裙

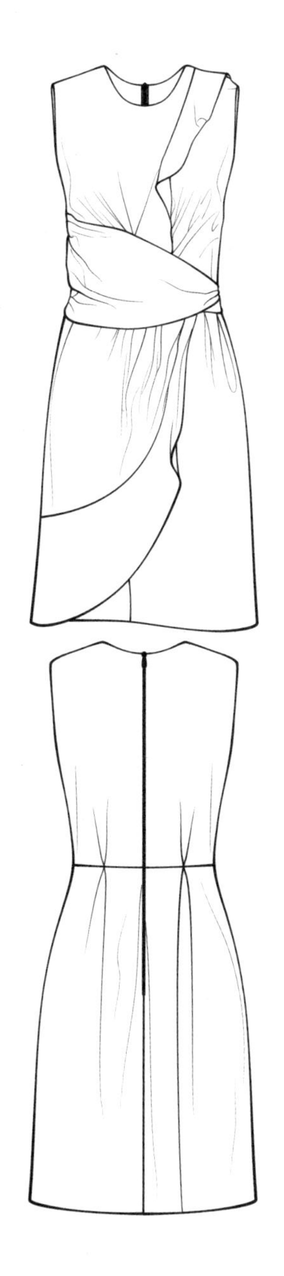

部位	规格（cm）
衣长（L）	40+70
前腰节长(FW)	40
胸围（B）	90
肩宽（S）	37
腰围（W）	74
臀围（H）	98
袖长（SL）	–
袖肥（SW）	–
袖口（CW）	–
领围（N）	39
袖窿深	22

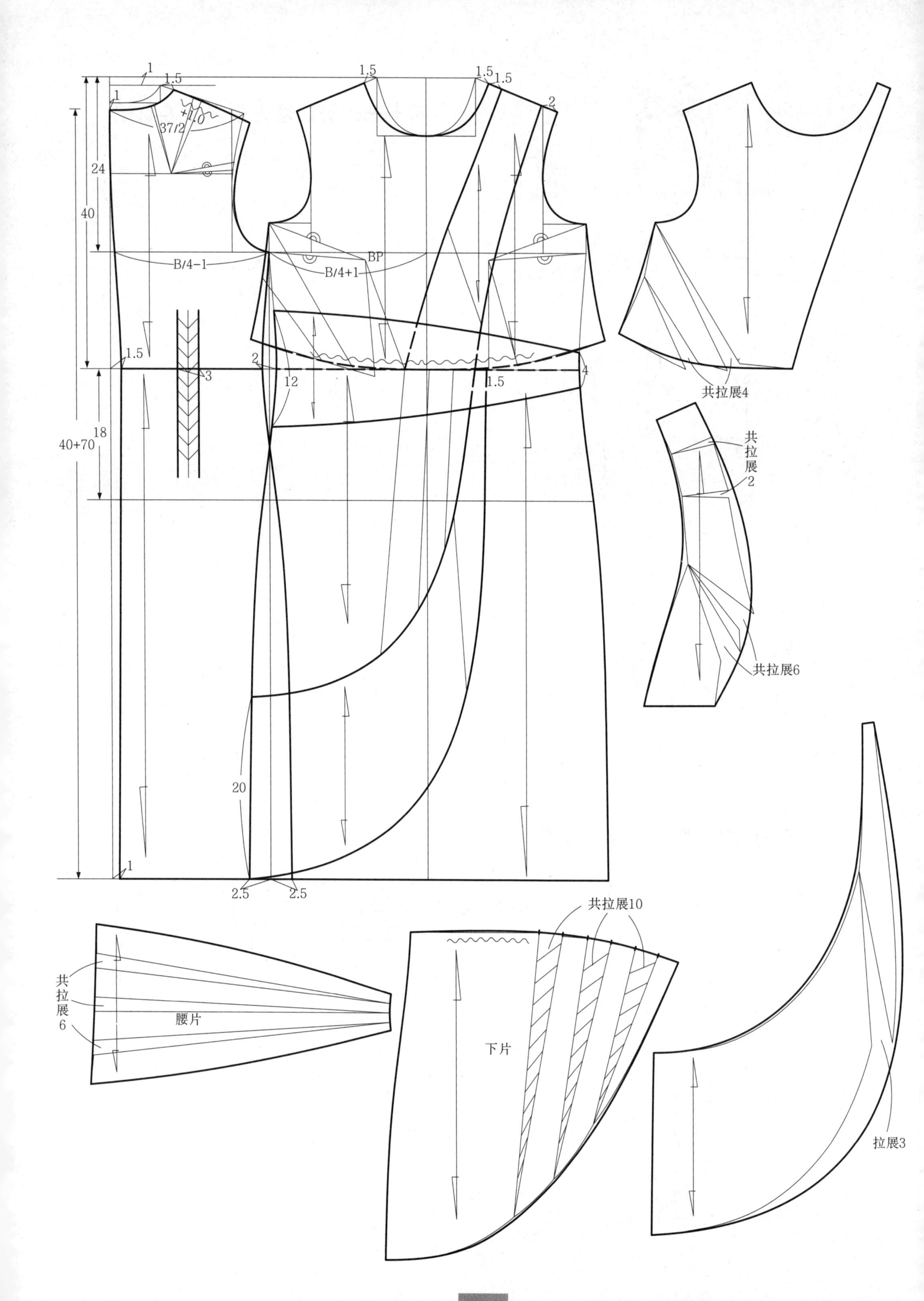

1
1.5
1
+1.0
37/2
24
40
B/4−1
B/4+1
BP
1.5
1.5
1.5
2
1.5
2
3
12
4
1.5
18
40+70
20
1
2.5
2.5
共拉展4
共拉展2
共拉展6
共拉展6
腰片
共拉展10
下片
拉展3

四十四、偏 V 领短连袖连衣裙

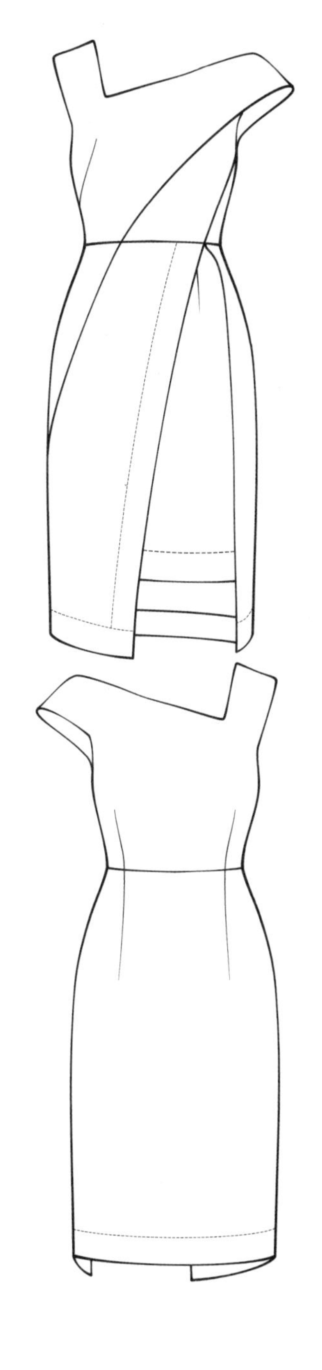

部位	规格（cm）
衣长（L）	40+70
前腰节长(FW)	40
胸围（B）	90
肩宽（S）	38
腰围（W）	73
臀围（H）	103
袖长（SL）	-
袖肥（SW）	-
袖口（CW）	-
领围（N）	39
袖窿深	-

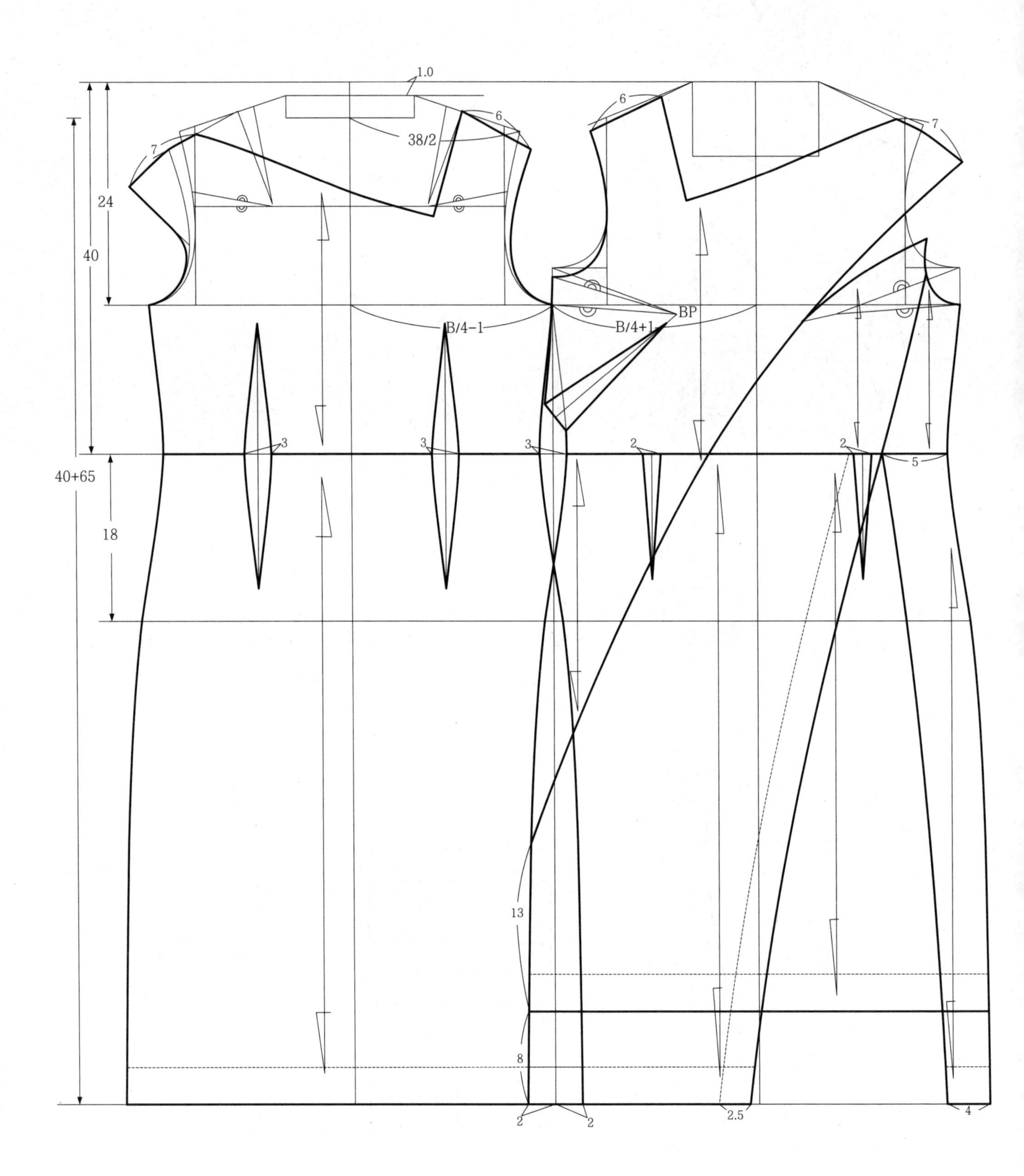
1.0
38/2
6
7
24
40
B/4−1
B/4+1
BP
3
2
5
40+65
18
13
8
2.5
4

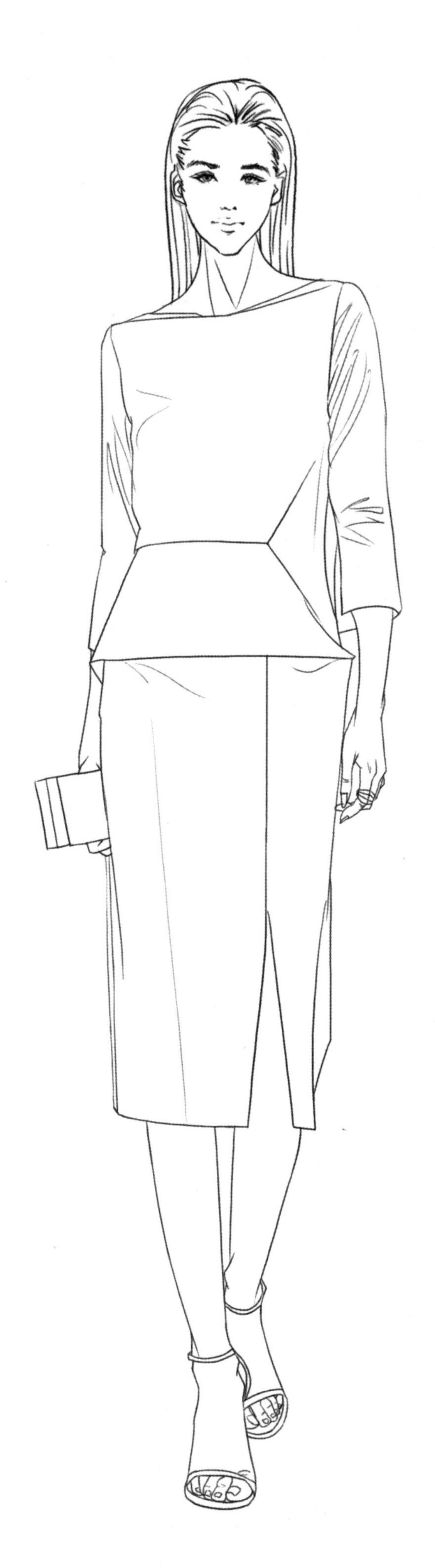

四十五、平口领中袖分割连衣裙

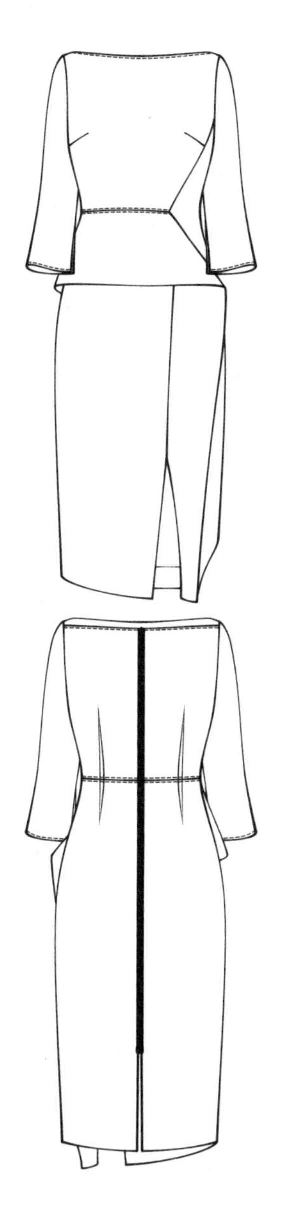

部位	规格（cm）
衣长（L）	40+70
前腰节长(FW)	40
胸围（B）	90
肩宽（S）	38
腰围（W）	72
臀围（H）	95
袖长（SL）	55
袖肥（SW）	-
袖口（CW）	14
领围（N）	39
袖窿深	24

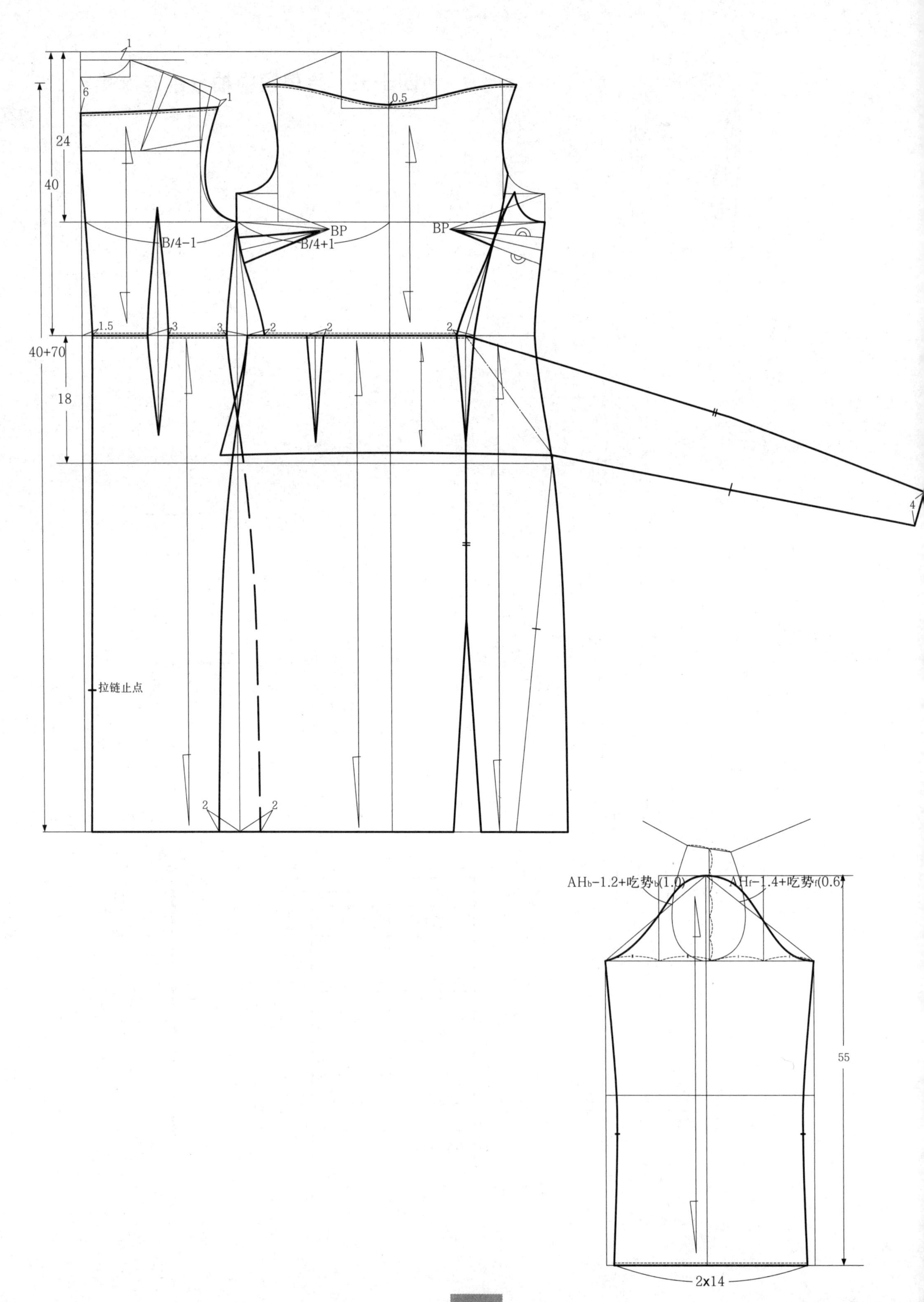

1
6
1
24
40
0.5
BP
BP
B/4-1
B/4+1
1.5
3
3
2
2
2
40+70
18
4
拉链止点
2
2
AHb-1.2+吃势b(1.0)
AHf-1.4+吃势f(0.6)
55
2x14

四十六、圆口领插肩袖分割连衣裙

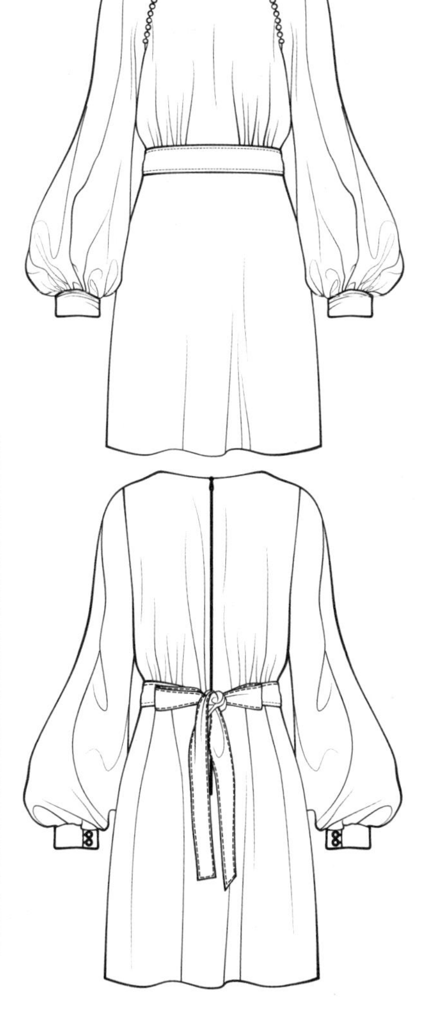

部位	规格（cm）
衣长（L）	41+59
前腰节长(FW)	41
胸围（B）	90
肩宽（S）	39
腰围（W）	95
臀围（H）	105
袖长（SL）	62
袖肥（SW）	-
袖口（CW）	10
领围（N）	39
袖窿深	25

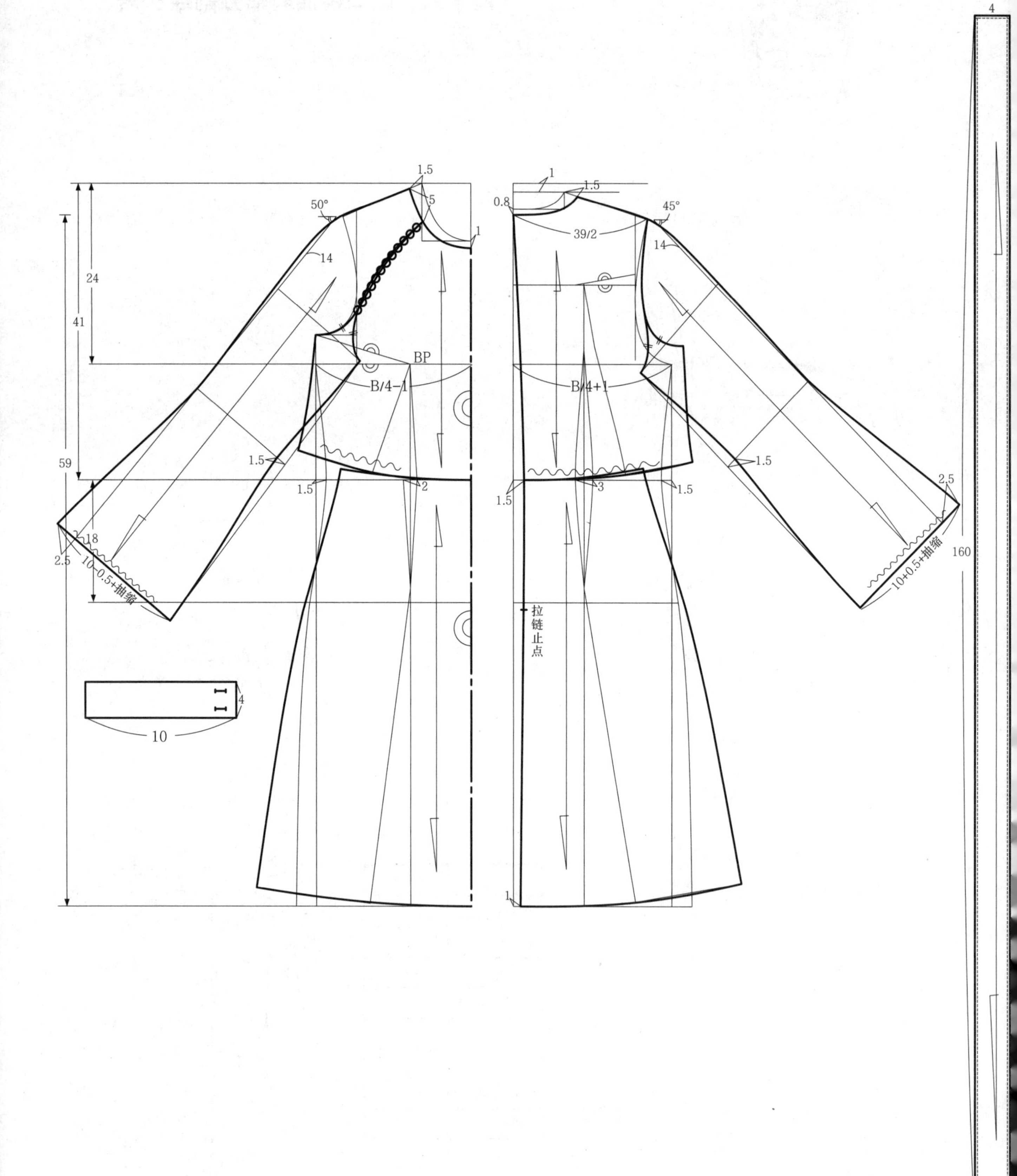

1.5
50°
5
1
24
41
14
BP
B/4−1
59
1.5
1.5
2
18
2.5
10−0.5+抽缩
4
10
1
1.5
0.8
39/2
45°
14
B/4+1
1.5
3
1.5
1.5
2.5
10+0.5+抽缩
拉链止点
1
4
160

四十七、连身领插肩袖抽褶连衣裙

部位	规格（cm）
衣长（L）	41+49
前腰节长(FW)	41
胸围（B）	92
肩宽（S）	39
腰围（拉伸）	100
腰围（缩后）	68
臀围（H）	100
袖长	62
袖口（CW）	10.5
领围（N）	39
袖窿深	24

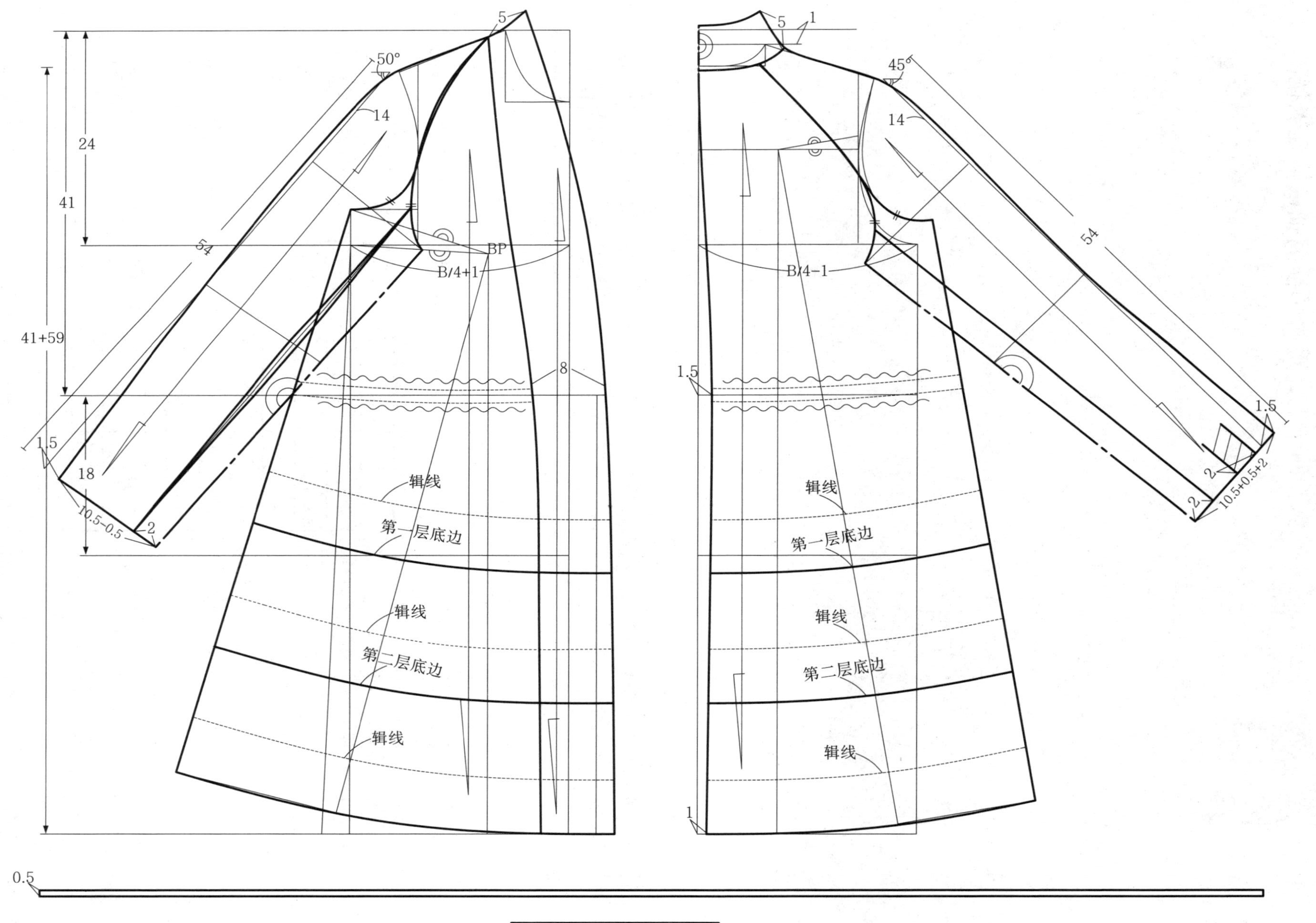
5
50°
14
24
41
54
BP
B/4+1
41+59
8
1.5
18
10.5-0.5
2
辑线
第一层底边
辑线
第二层底边
辑线
5
1
45°
14
54
B/4-1
1.5
1.5
2
10.5+0.5+2
2
辑线
第一层底边
辑线
第二层底边
辑线
1
0.5

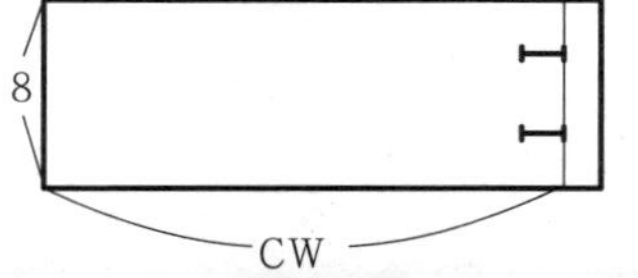
8
CW

四十八、斜口领抽褶袖斜抽褶连衣裙

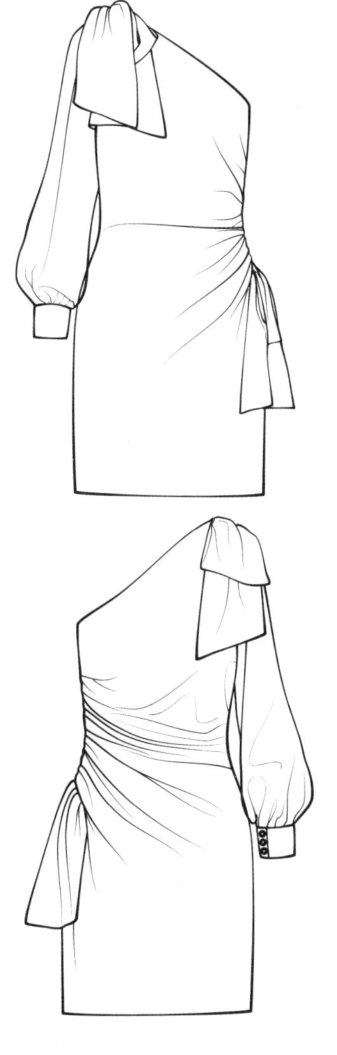

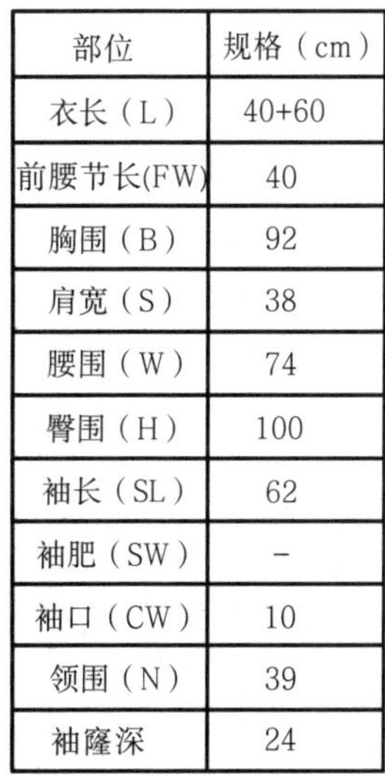

部位	规格（cm）
衣长（L）	40+60
前腰节长(FW)	40
胸围（B）	92
肩宽（S）	38
腰围（W）	74
臀围（H）	100
袖长（SL）	62
袖肥（SW）	-
袖口（CW）	10
领围（N）	39
袖窿深	24

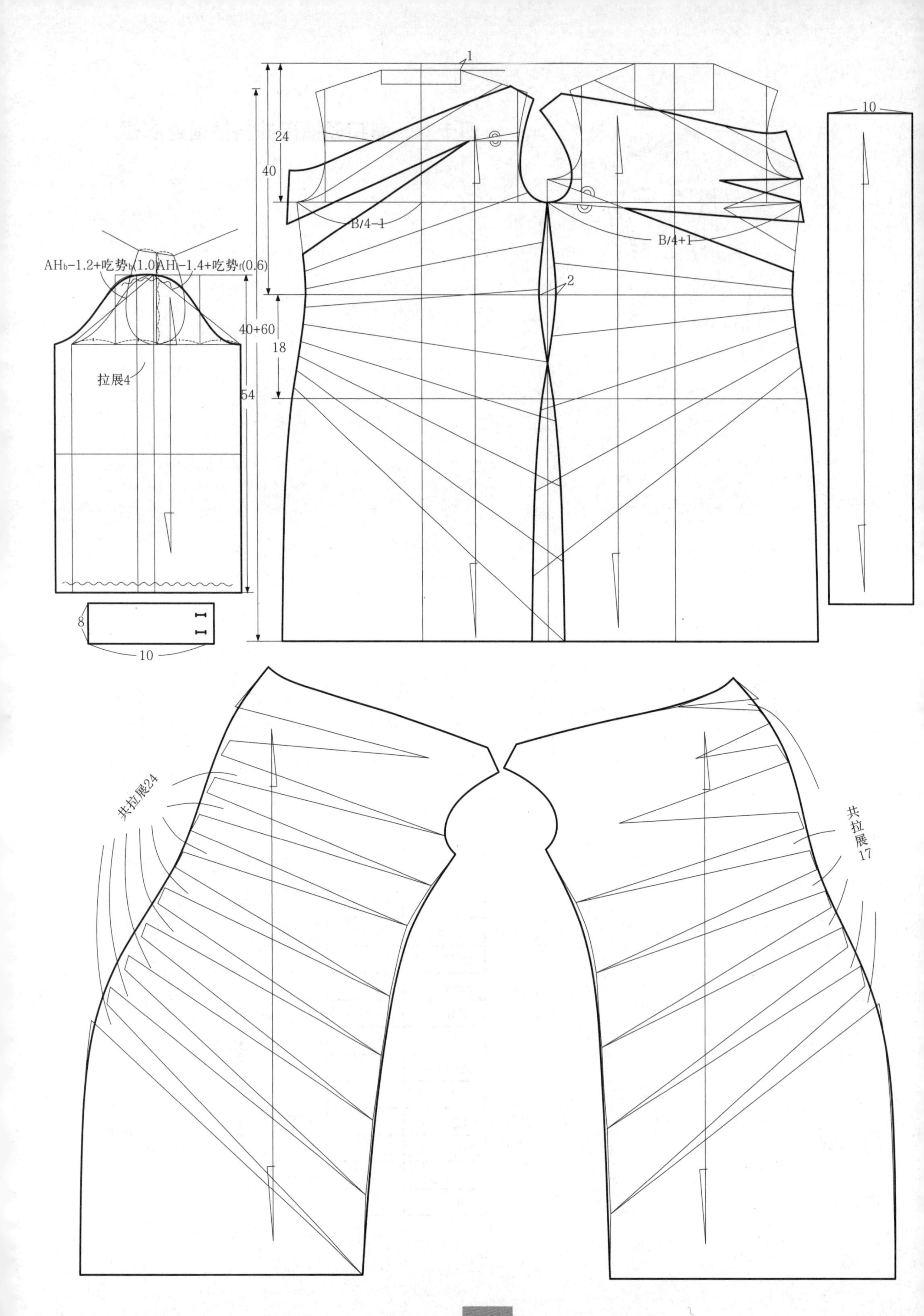

1
24
40
B/4-1
B/4+1
10
2
AHb-1.2+吃势b(1.0)
AHf-1.4+吃势f(0.6)
40+60
18
拉展4
54
8
10
共拉展24
共拉展17

四十九、V 口领束臂袖分割连衣裙

部位	规格（cm）
衣长（L）	40+60
前腰节长(FW)	40
胸围（B）	88
肩宽（S）	–
腰围（W）	72
臀围（H）	100
袖长（SL）	–
袖肥（SW）	–
袖口（CW）	–
领围（N）	–
袖窿深	22

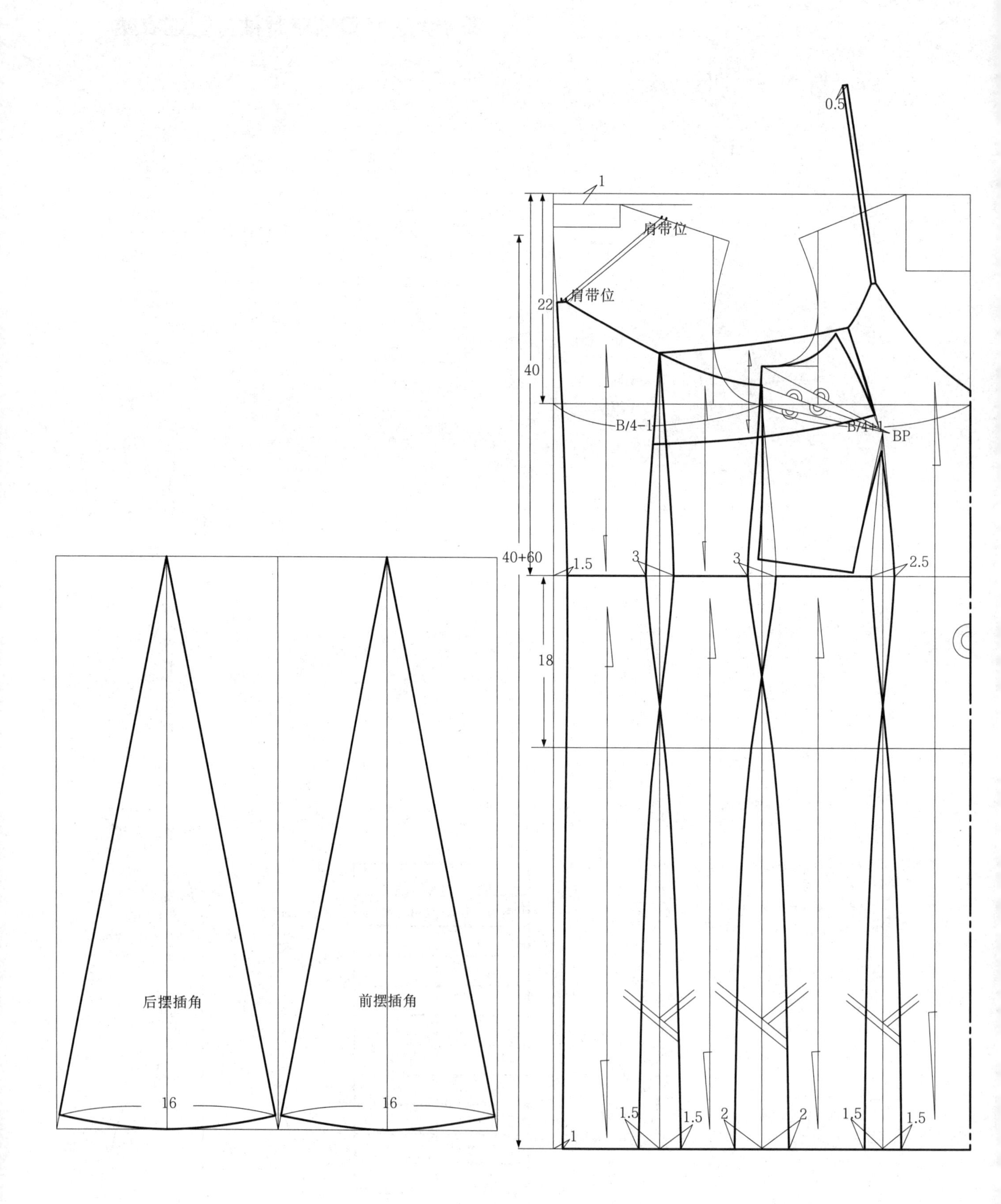
0.5
1
肩带位
肩带位
22
40
B/4-1
B/4+1
BP
40+60
1.5
3
3
2.5
18
后摆插角
前摆插角
16
16
1.5
1.5
2
2
1.5
1.5
1

五十、露肩横分割加波浪边连衣裙

部位	规格（cm）
衣长（L）	30+80
前腰节长(FW)	30
胸围（B）	88
肩宽（S）	38
腰围（W）	72
臀围（H）	98
袖长（SL）	-
袖肥（SW）	-
袖口（CW）	-
领围（N）	39
袖窿深	-

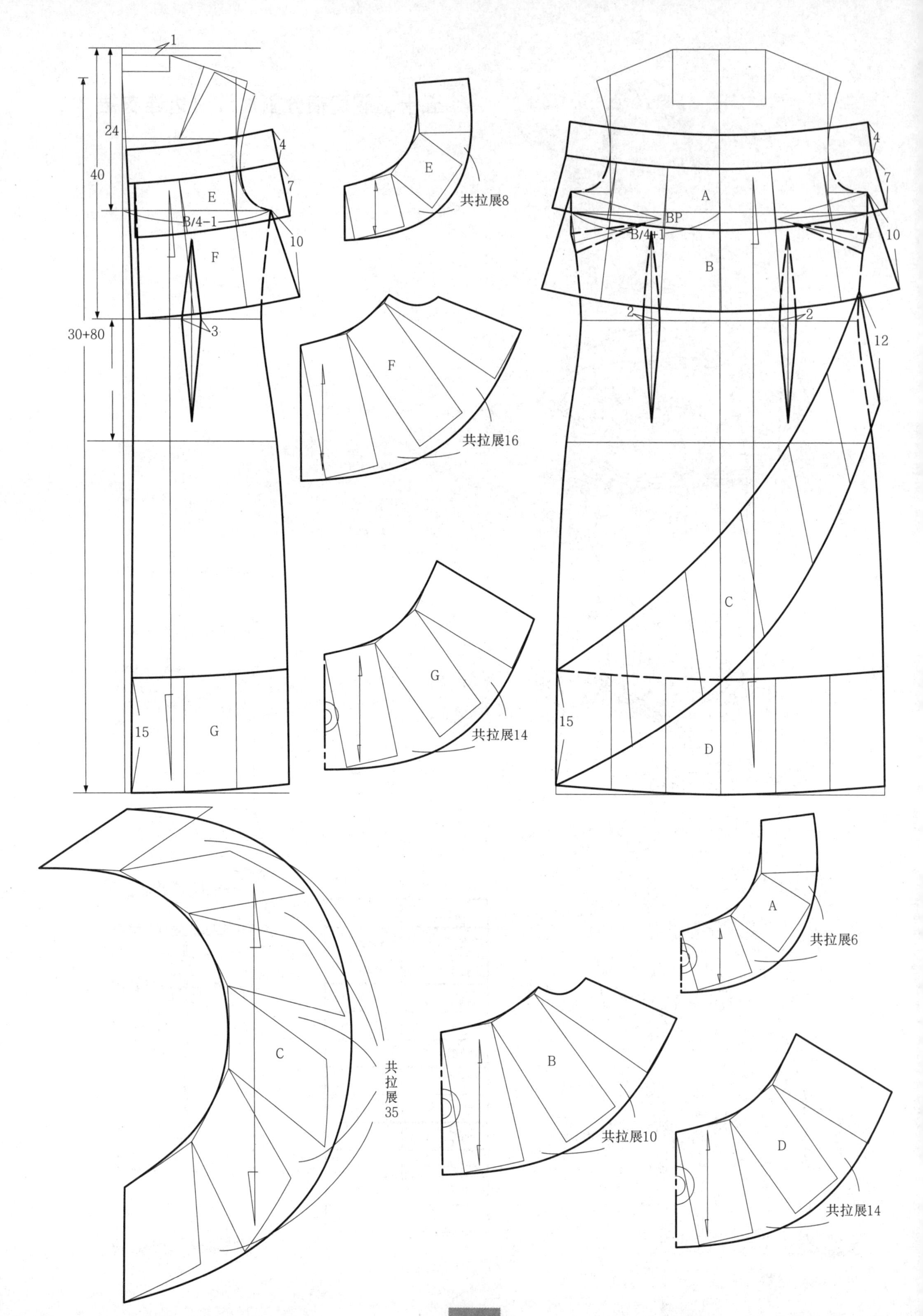

1
24
40
30+80
4
7
E
B/4−1
10
F
3
15
G
共拉展8
F
共拉展16
G
共拉展14
A
BP
B/4+1
B
2
2
12
C
D
15
C
共拉展35
A
共拉展6
B
共拉展10
D
共拉展14

五十一、圆口领无袖纵向分割连衣裙

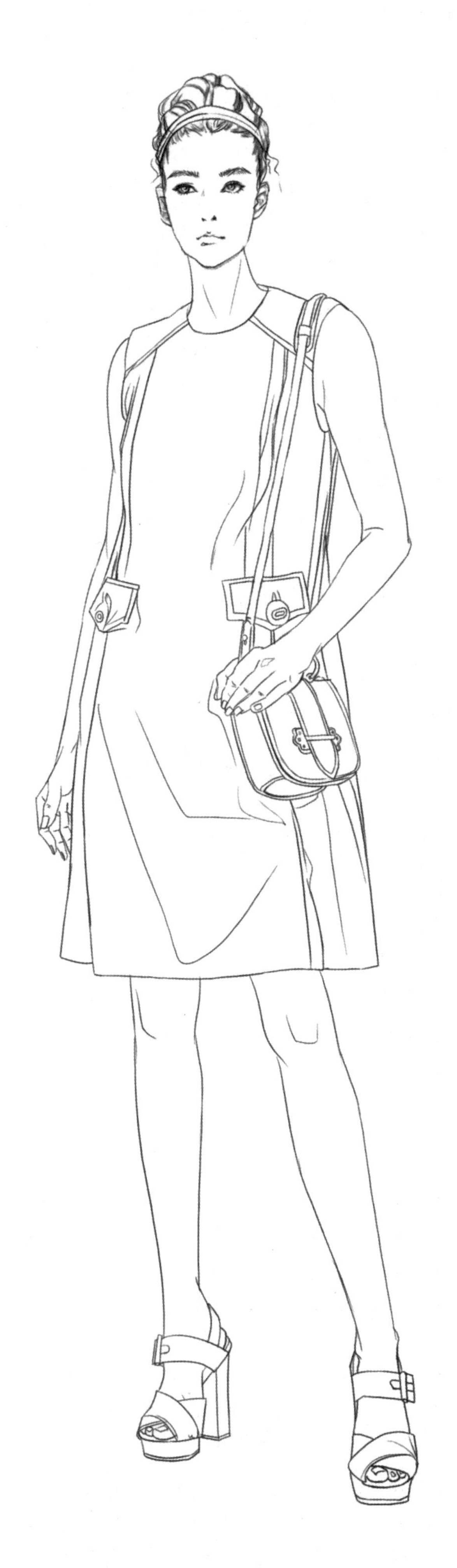

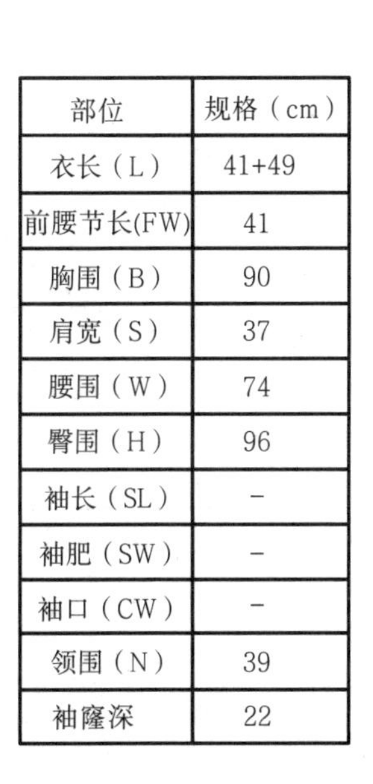

部位	规格（cm）
衣长（L）	41+49
前腰节长(FW)	41
胸围（B）	90
肩宽（S）	37
腰围（W）	74
臀围（H）	96
袖长（SL）	-
袖肥（SW）	-
袖口（CW）	-
领围（N）	39
袖窿深	22

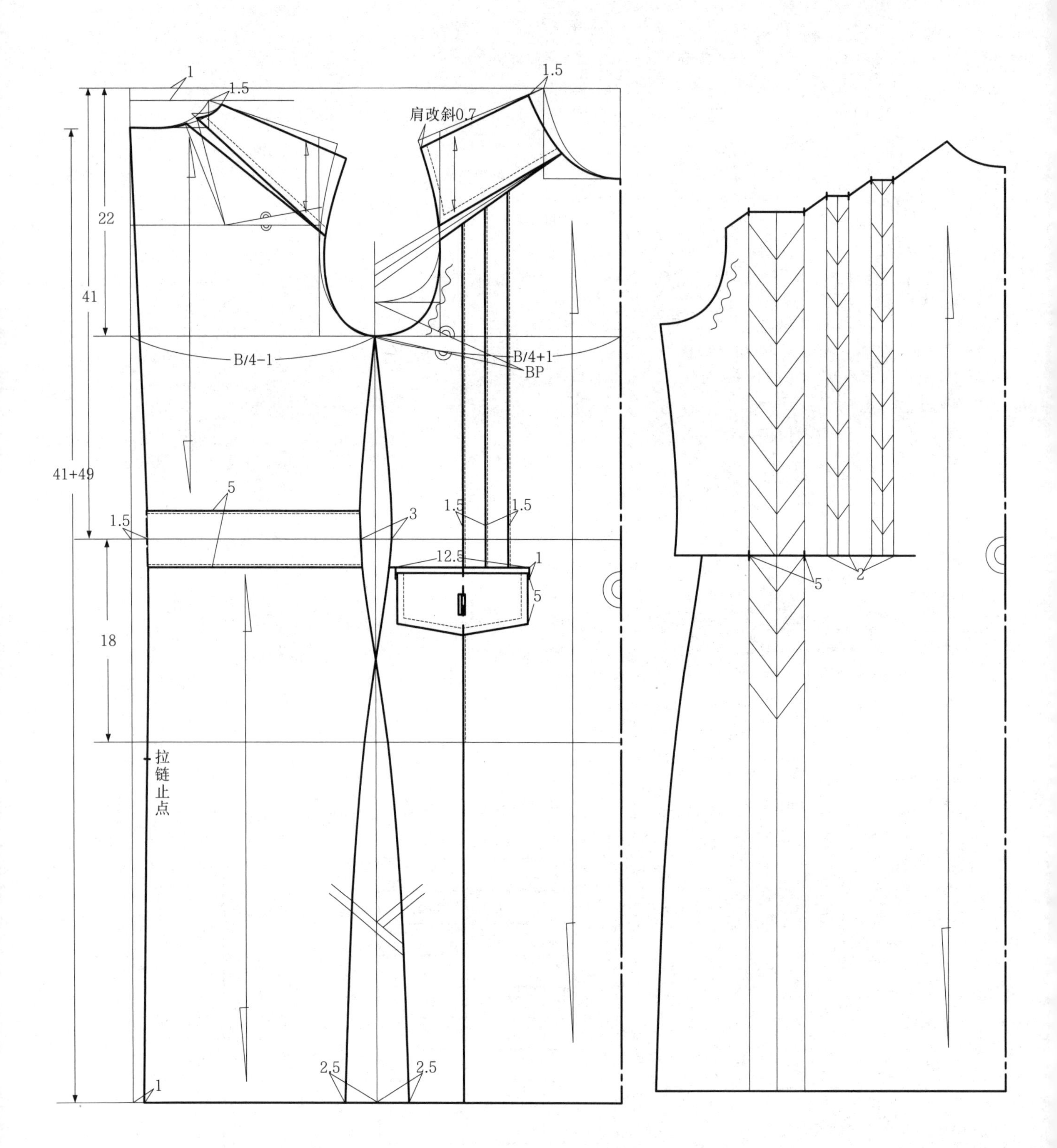
1
1.5
1.5
肩改斜0.7
22
41
41+49
B/4-1
B/4+1
BP
5
1.5
3
1.5
1.5
12.5
1
5
18
拉链止点
5
2
2.5
2.5
1

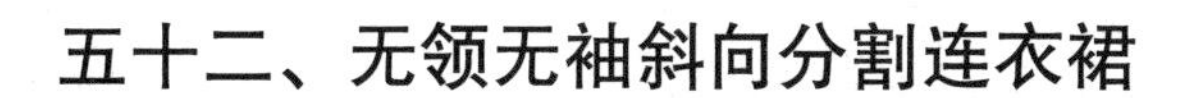

五十二、无领无袖斜向分割连衣裙

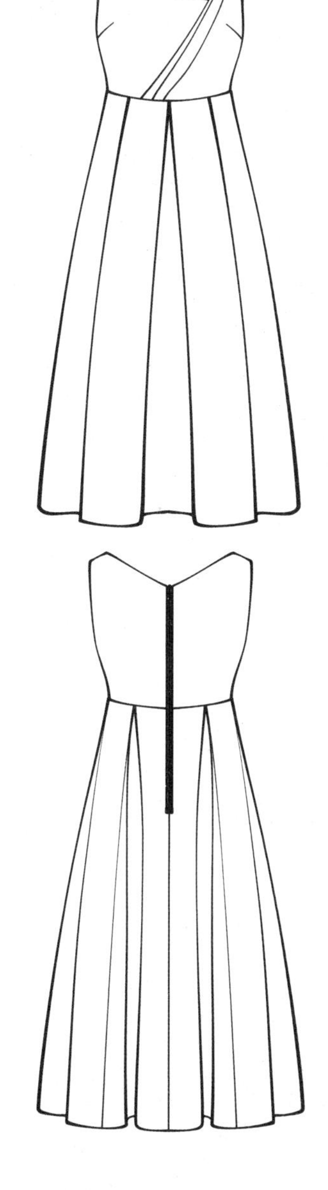

部位	规格（cm）
衣长（L）	38+102
前腰节长(FW)	38
胸围（B）	90
肩宽（S）	37
腰围（W）	72
臀围（H）	100
袖长（SL）	-
袖肥（SW）	-
袖口（CW）	-
领围（N）	39
袖窿深	21

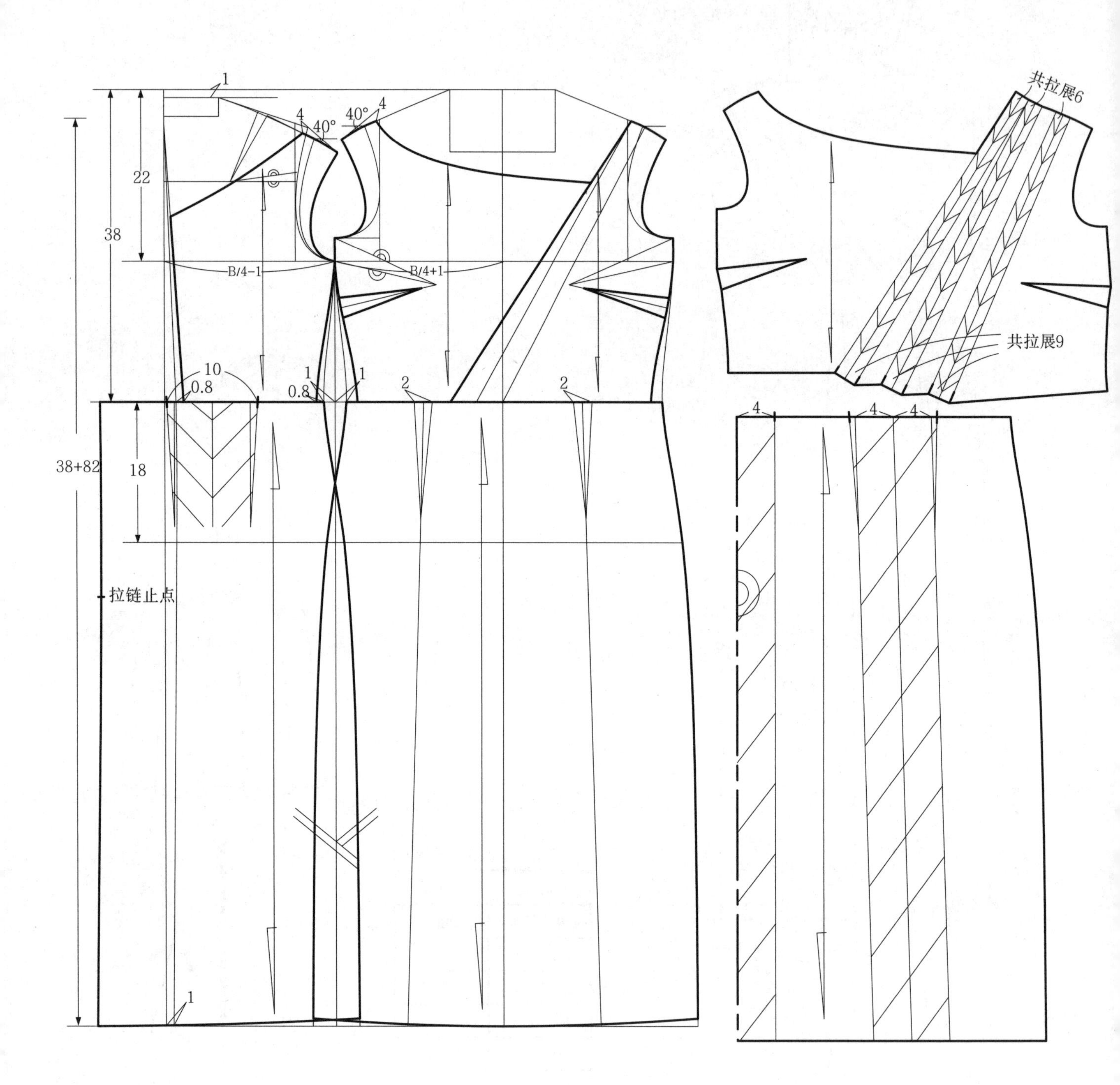
1
4
40°
40°
4
22
38
B/4-1
B/4+1
10
0.8
1
0.8
1
2
2
38+82
18
拉链止点
1
共拉展6
共拉展9
4
4
4

五十三、露肩波浪连衣裙

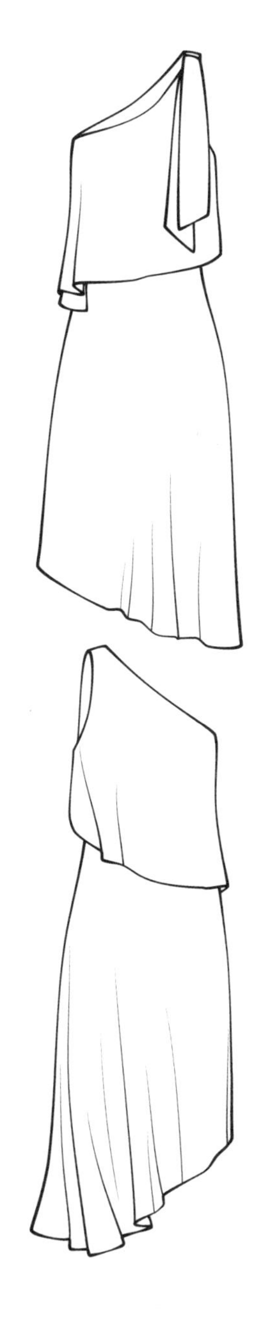

部位	规格（cm）
衣长（L）	40+60
前腰节长(FW)	40
胸围（B）	92
肩宽（S）	34
腰围（W）	74
臀围（H）	98
袖长（SL）	-
袖肥（SW）	-
袖口（CW）	-
领围（N）	39
袖窿深	23

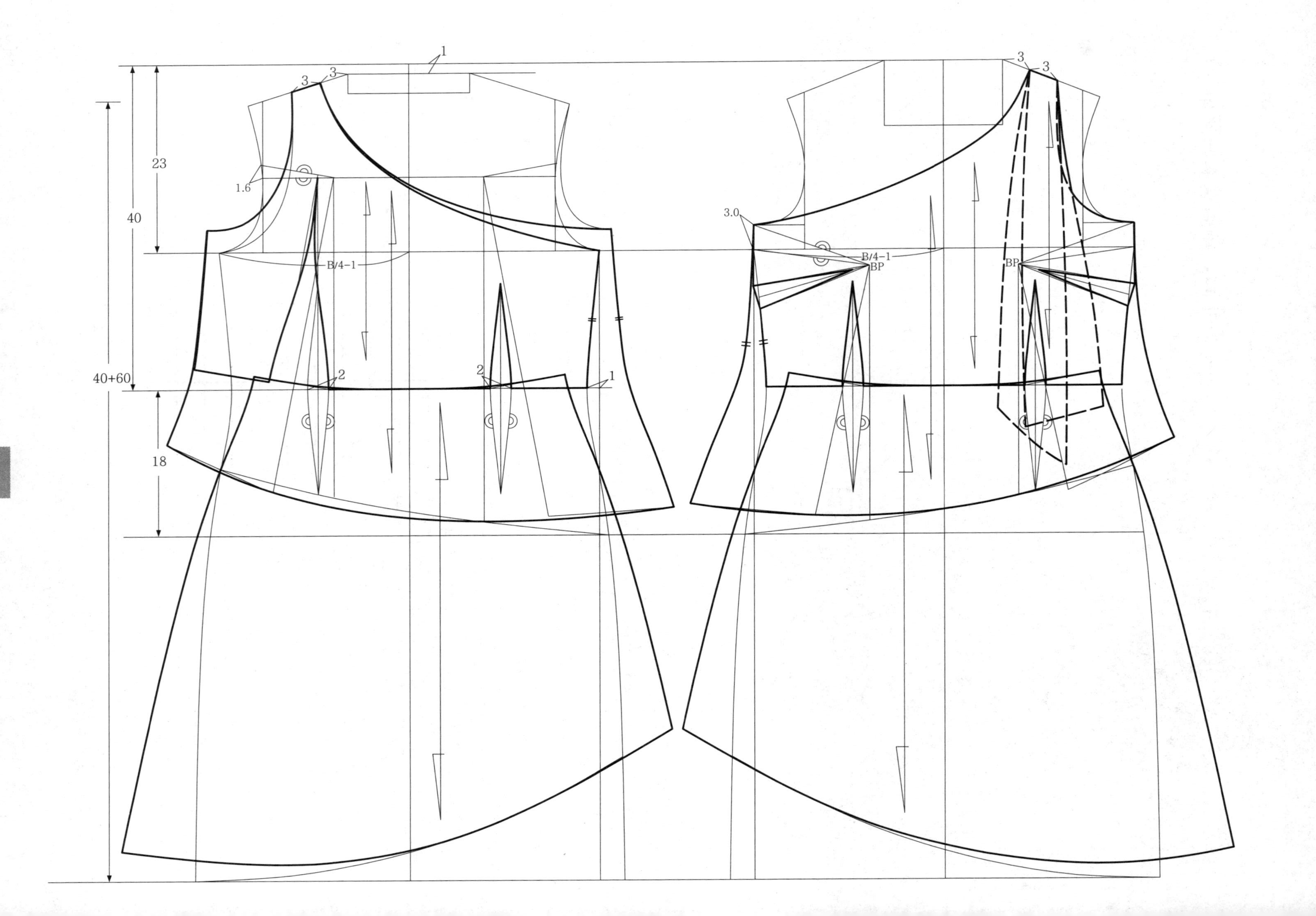
1
3
3
23
40
1.6
B/4-1
2
2
1
40+60
18
3
3
3.0
B/4-1
BP
BP

五十四、抽褶领插肩袖连衣裙

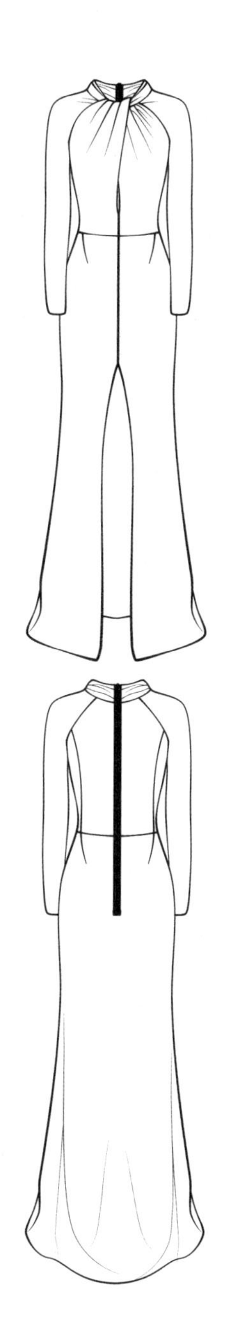

部位	规格（cm）
衣长（L）	40+110
前腰节长(FW)	40
胸围（B）	90
肩宽（S）	39.5
腰围（W）	72
臀围（H）	96
袖长（SL）	58
袖肥（SW）	-
袖口（CW）	11
领围（N）	39
袖窿深	24

1
50°
25
40
B/4+1
1.5
2
2
1
18
40+110
H/4+1
11-0.5
5
3
3
1
1
39.5/2
45°
B/4-1
1.5
3
H/4-1
11+0.5
4
4
2
5
1
2
拉展15

五十五、翻领泡袖分割连衣裙

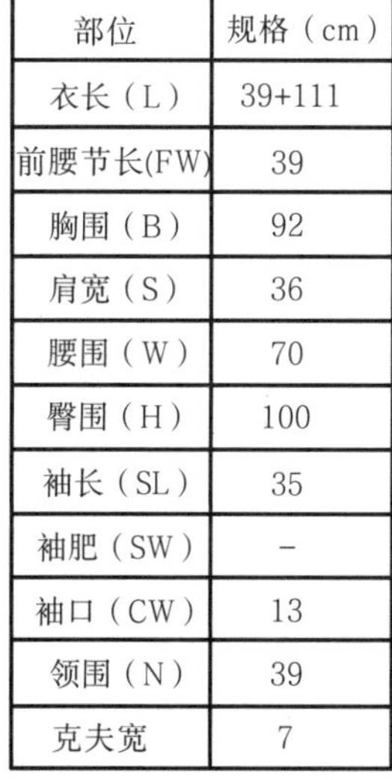

部位	规格（cm）
衣长（L）	39+111
前腰节长(FW)	39
胸围（B）	92
肩宽（S）	36
腰围（W）	70
臀围（H）	100
袖长（SL）	35
袖肥（SW）	-
袖口（CW）	13
领围（N）	39
克夫宽	7

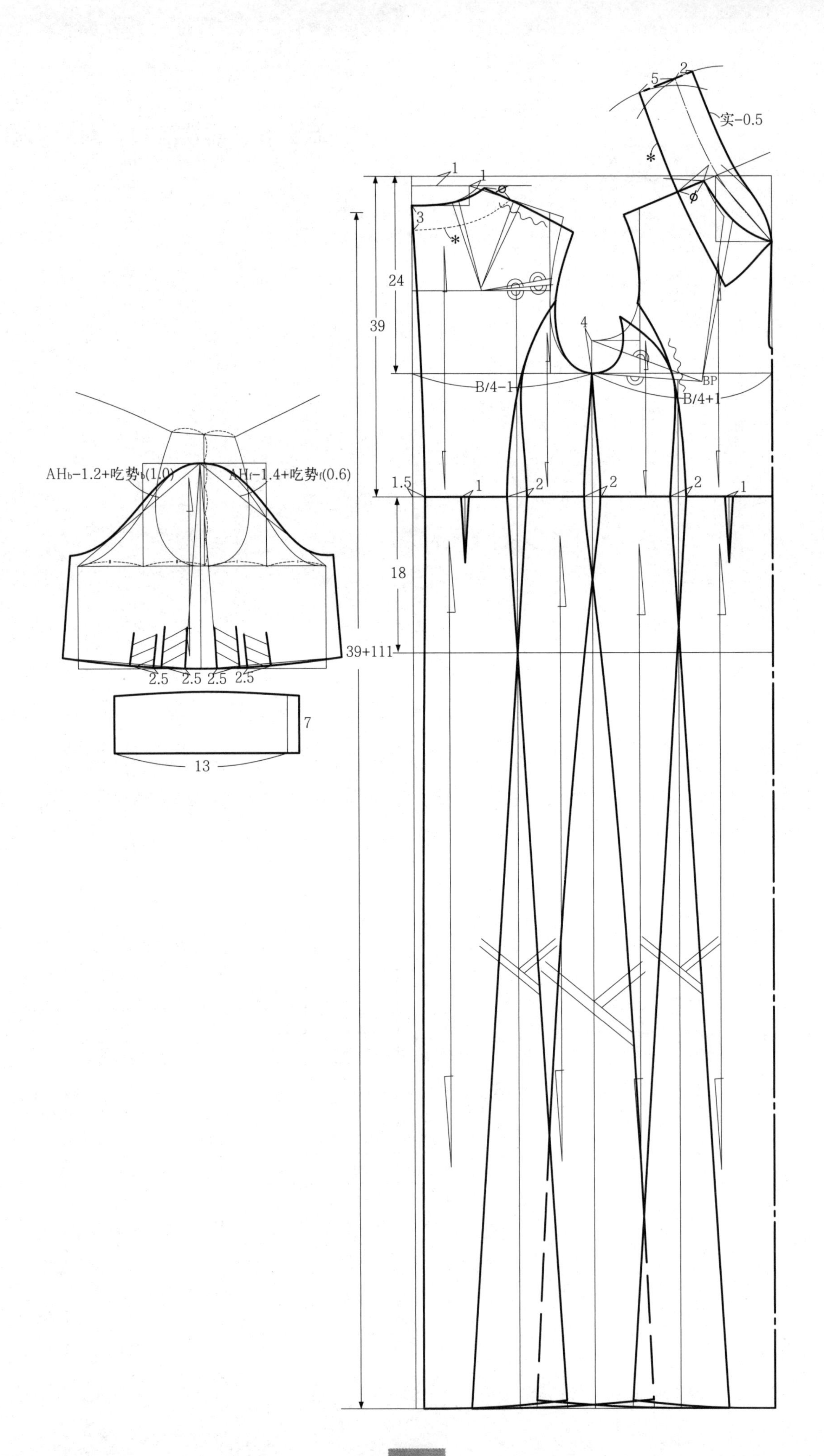
5
2
实-0.5
*
1
1
3
*
24
39
4
B/4-1
BP
B/4+1
AHb-1.2+吃势b(1.0)
AHf-1.4+吃势f(0.6)
1.5
1
2
2
2
1
18
39+111
2.5
2.5
2.5
2.5
7
13

五十六、连身立领连袖连衣裙

部位	规格（cm）
衣长（L）	41+64
前腰节长(FW)	41
胸围（B）	92
肩宽（S）	39
腰围（W）	80
臀围（H）	98
袖长（SL）	60
袖肥（SW）	-
袖口（CW）	12.5
领围（N）	39
袖窿深	26

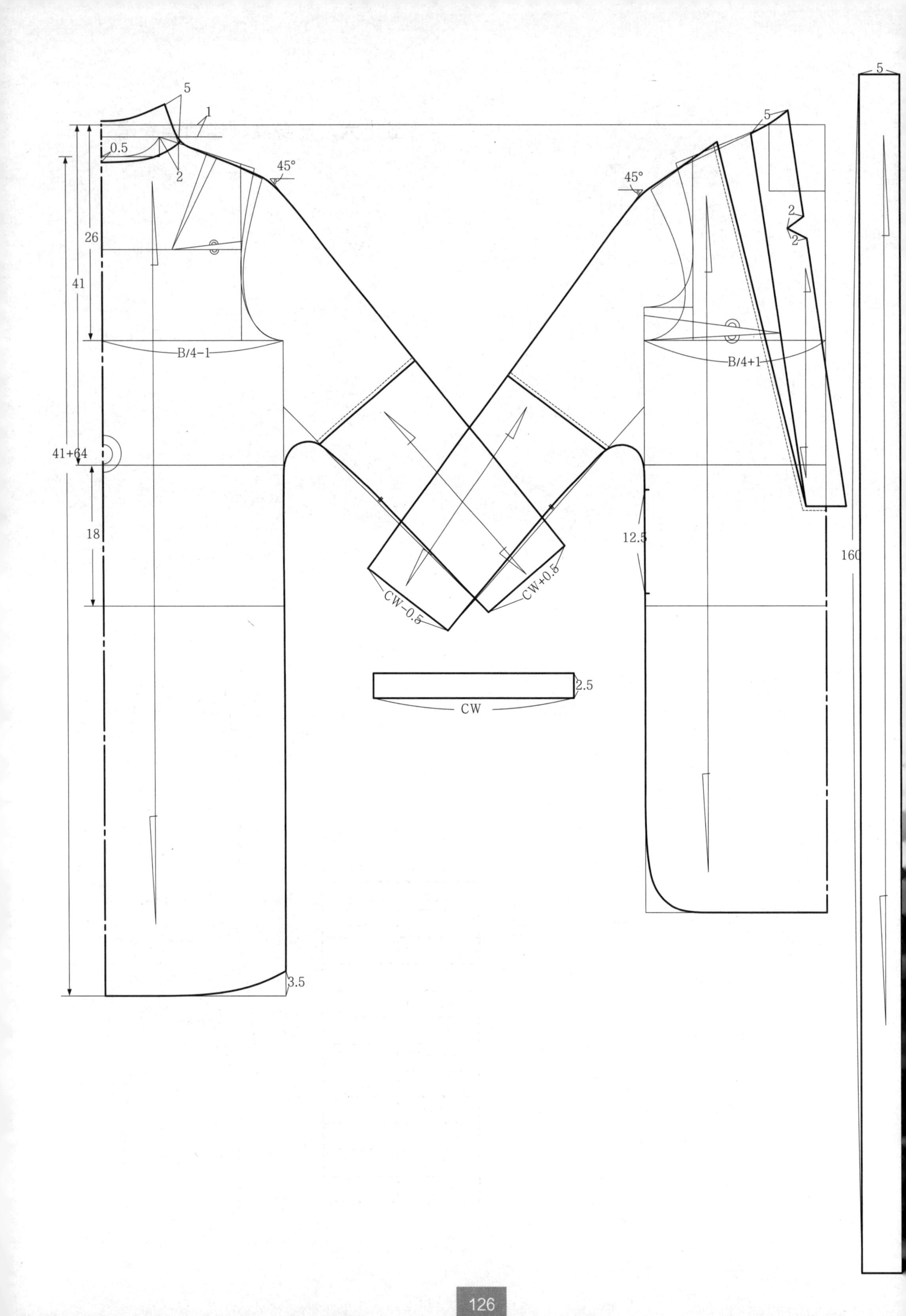
5
1
0.5
2
45°
26
41
B/4−1
41+64
18
CW−0.5
CW+0.5
2.5
CW
3.5
5
45°
2
2
B/4+1
12.5
160
5

五十七、无领无袖分割连衣裙

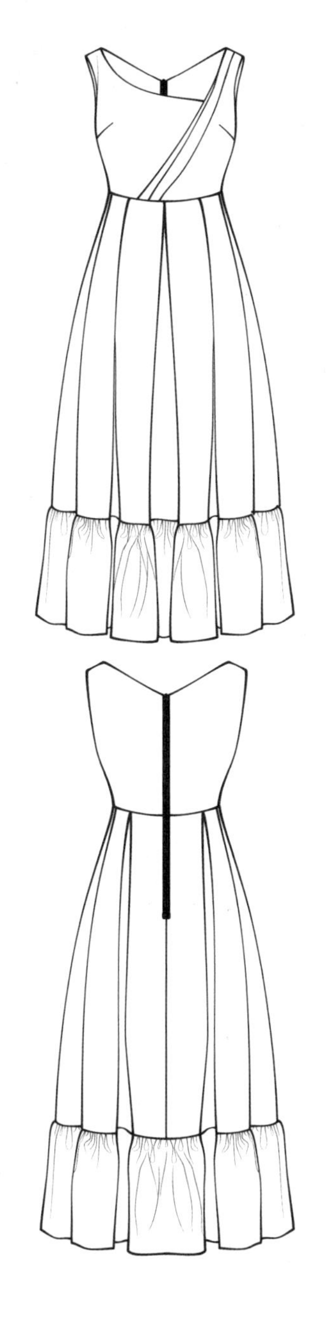

部位	规格（cm）
衣长（L）	38+102
前腰节长(FW)	38
胸围（B）	88
肩宽（S）	37
腰围（W）	72
臀围（H）	100
领围（N）	39
袖长（SL）	-
袖口（CW）	-
荷叶宽	20
袖窿深	20

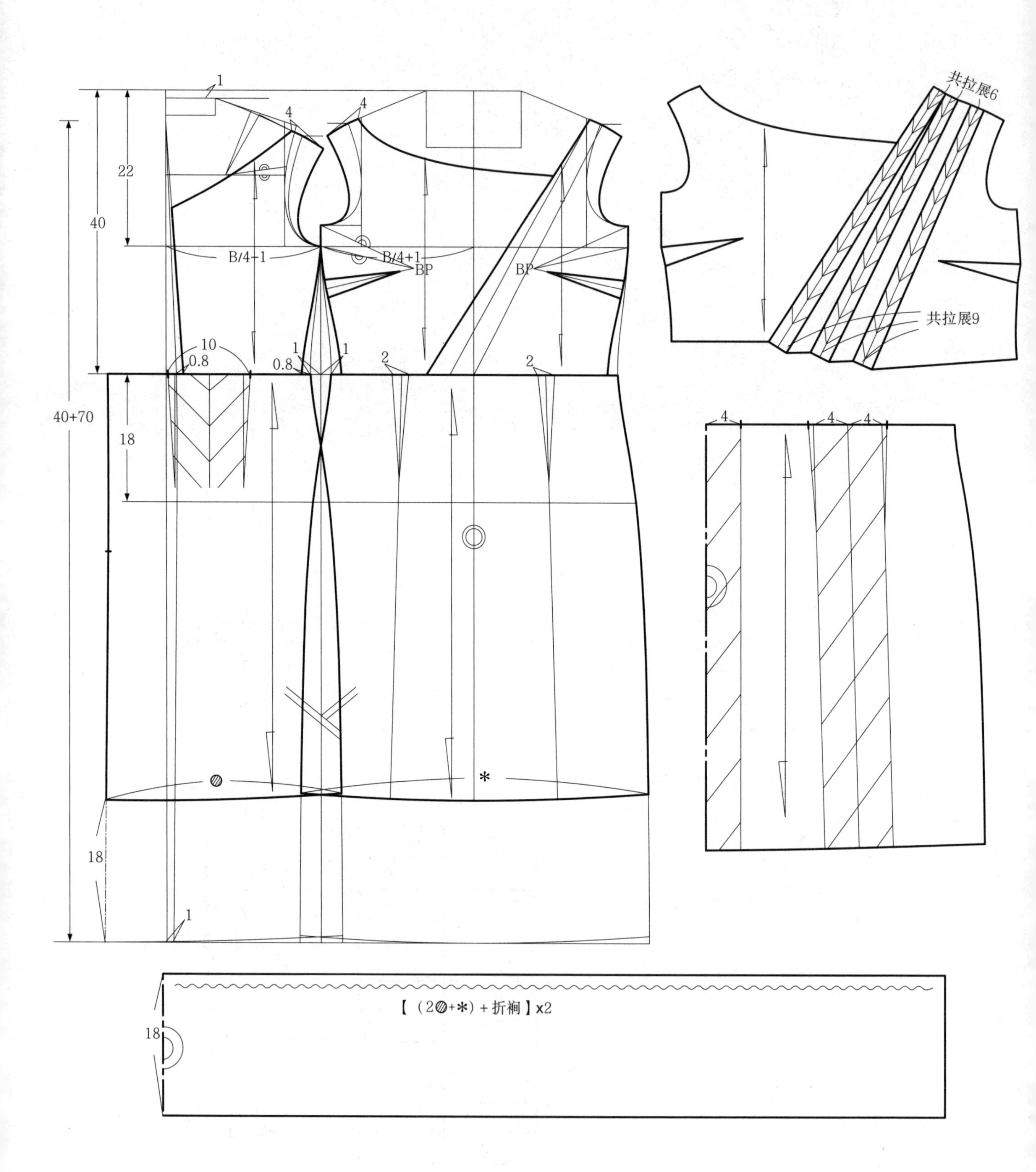

1
4
4
22
40
B/4-1
B/4+1
BP
BP
40+70
10
0.8
0.8
1
1
2
2
18
18
1
共拉展6
共拉展9
4
4
4
*
【（2◎+*）+折裥】x2
18

五十八、圆口领抽褶短袖分割连衣裙

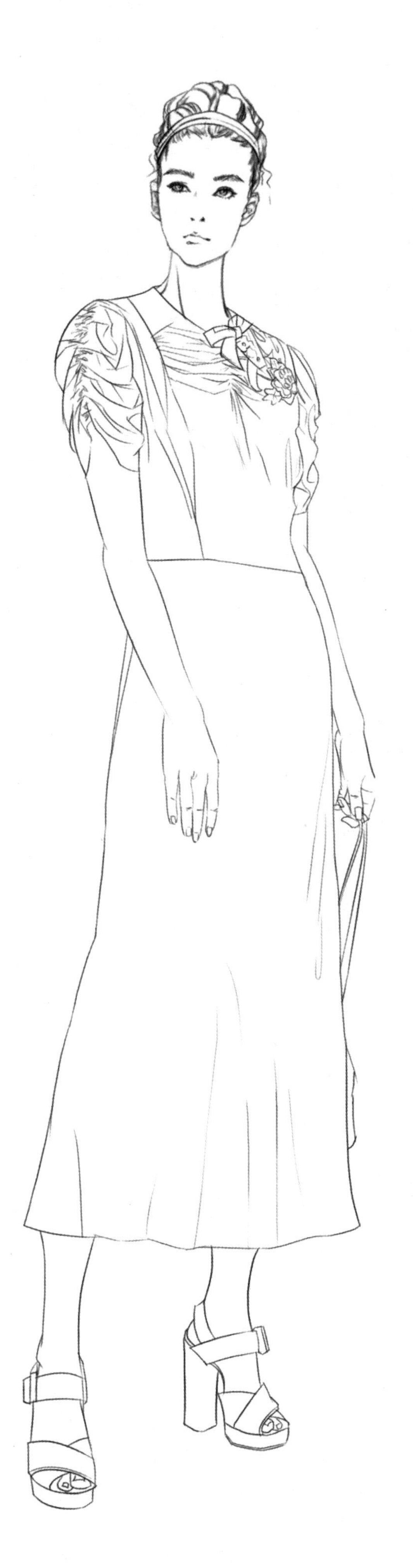

部位	规格（cm）
衣长（L）	39+91
前腰节长(FW)	39
胸围（B）	90
肩宽（S）	38
腰围（W）	72
臀围（H）	95
袖长（SL）	25
袖肥（SW）	-
袖口（CW）	14
领围（N）	39
袖窿深	-

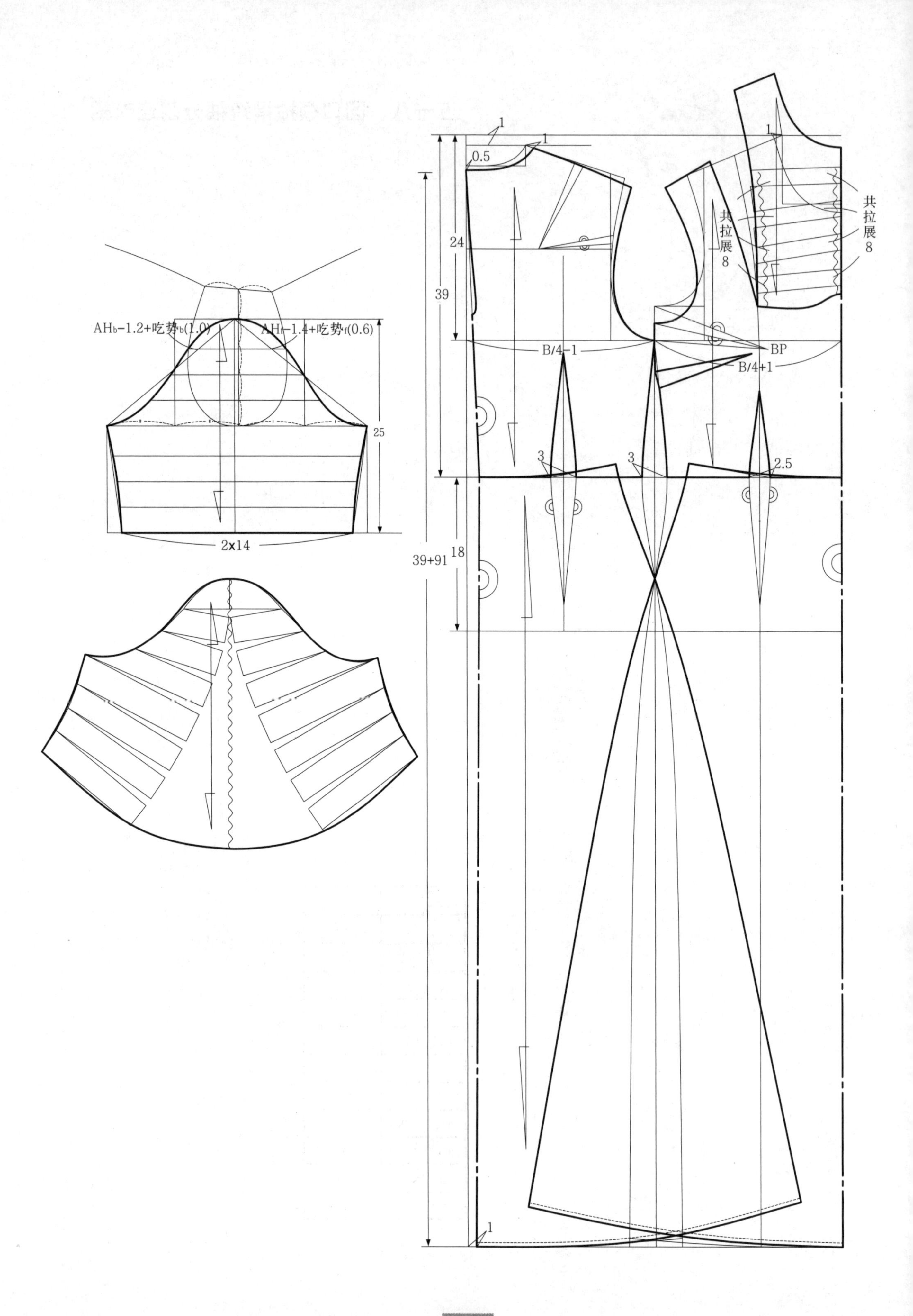

AHb-1.2+吃势b(1.0)
AHf-1.4+吃势f(0.6)
25
2x14
1
1
0.5
24
39
39+91
18
B/4-1
B/4+1
BP
3
3
2.5
共拉展8
共拉展8
1

五十九、无领折浪袖分割连衣裙

部位	规格（cm）
衣长（L）	40+60
后腰节长	40
胸围（B）	92
肩宽（S）	36
腰围（W）	76
臀围（H）	96
袖长（SL）	–
袖肥（SW）	–
袖口（CW）	–
领围（N）	39
袖窿深	24

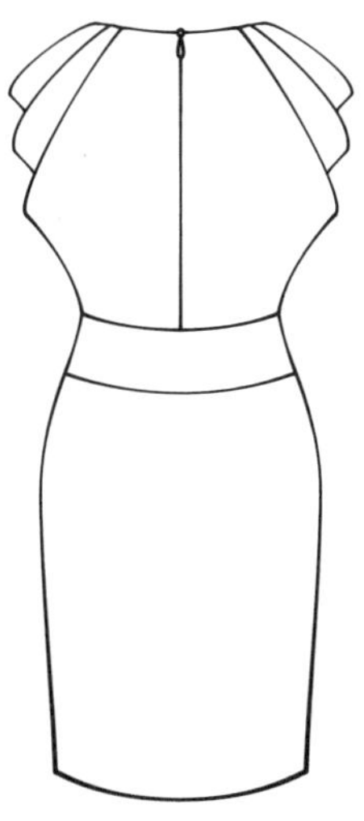

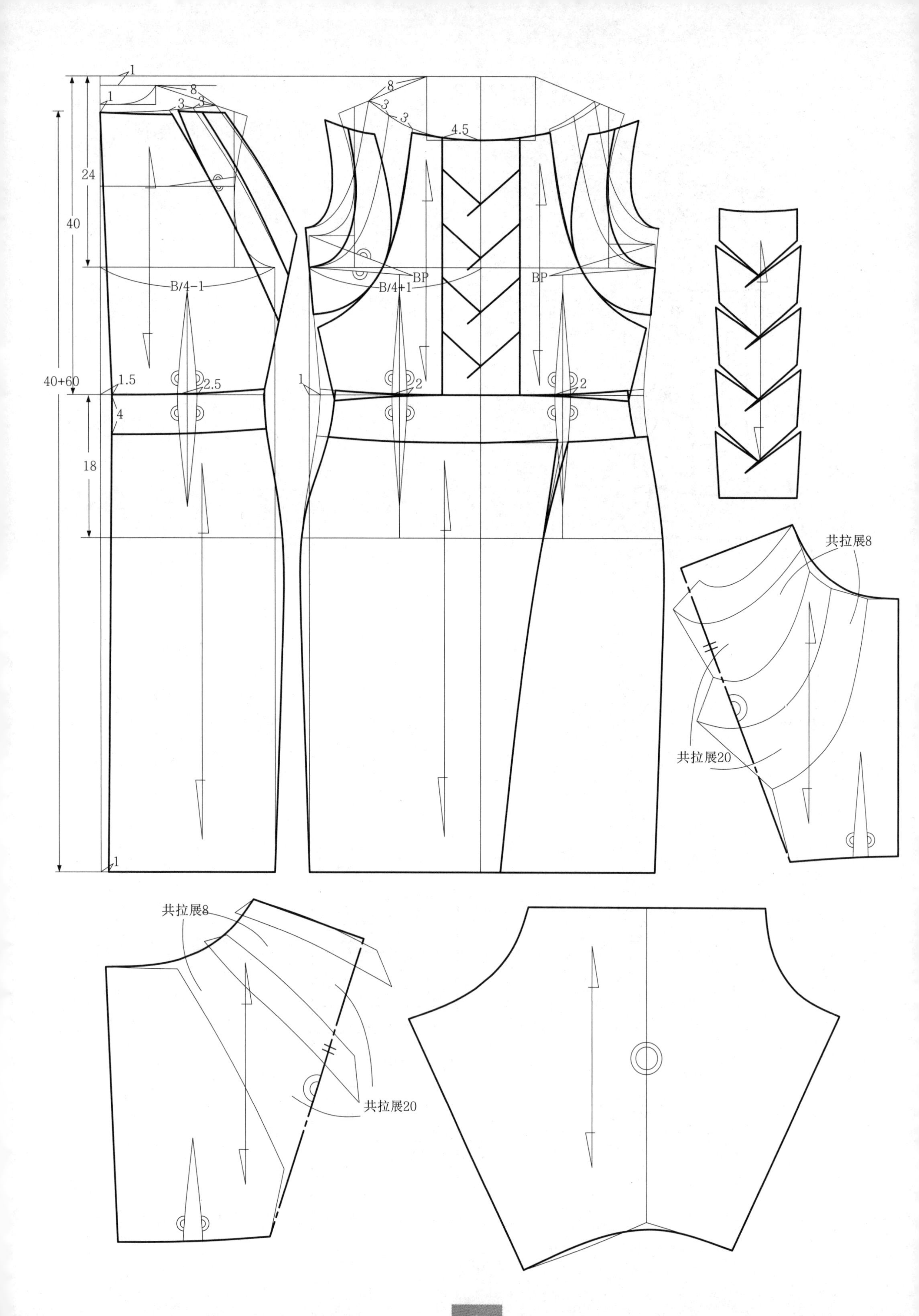
1
1
8
3
3
24
40
40+60
B/4−1
1.5
2.5
4
18
1
8
3
3
4.5
BP
B/4+1
BP
1
2
2
共拉展8
共拉展20
共拉展8
共拉展20

六十、立领抽褶袖抽褶衬衫

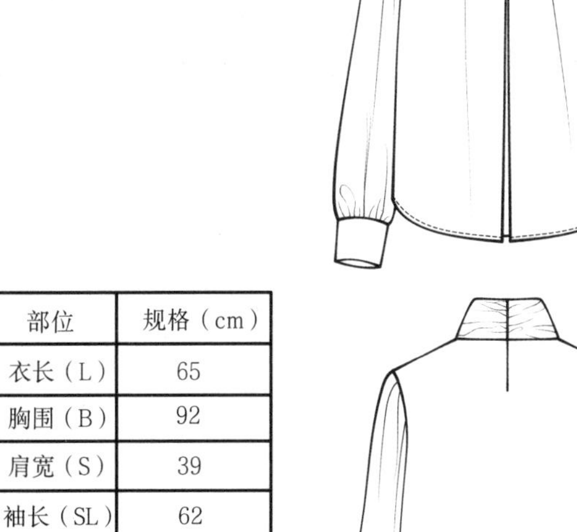

部位	规格（cm）
衣长（L）	65
胸围（B）	92
肩宽（S）	39
袖长（SL）	62
下摆	100
袖口（CW）	10.5
领围（N）	39
袖窿深	24

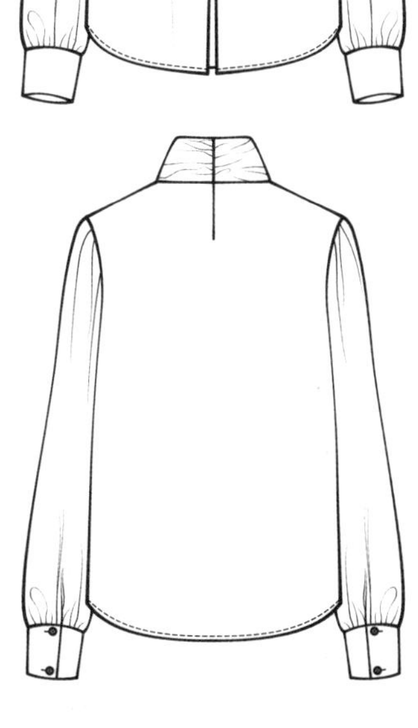

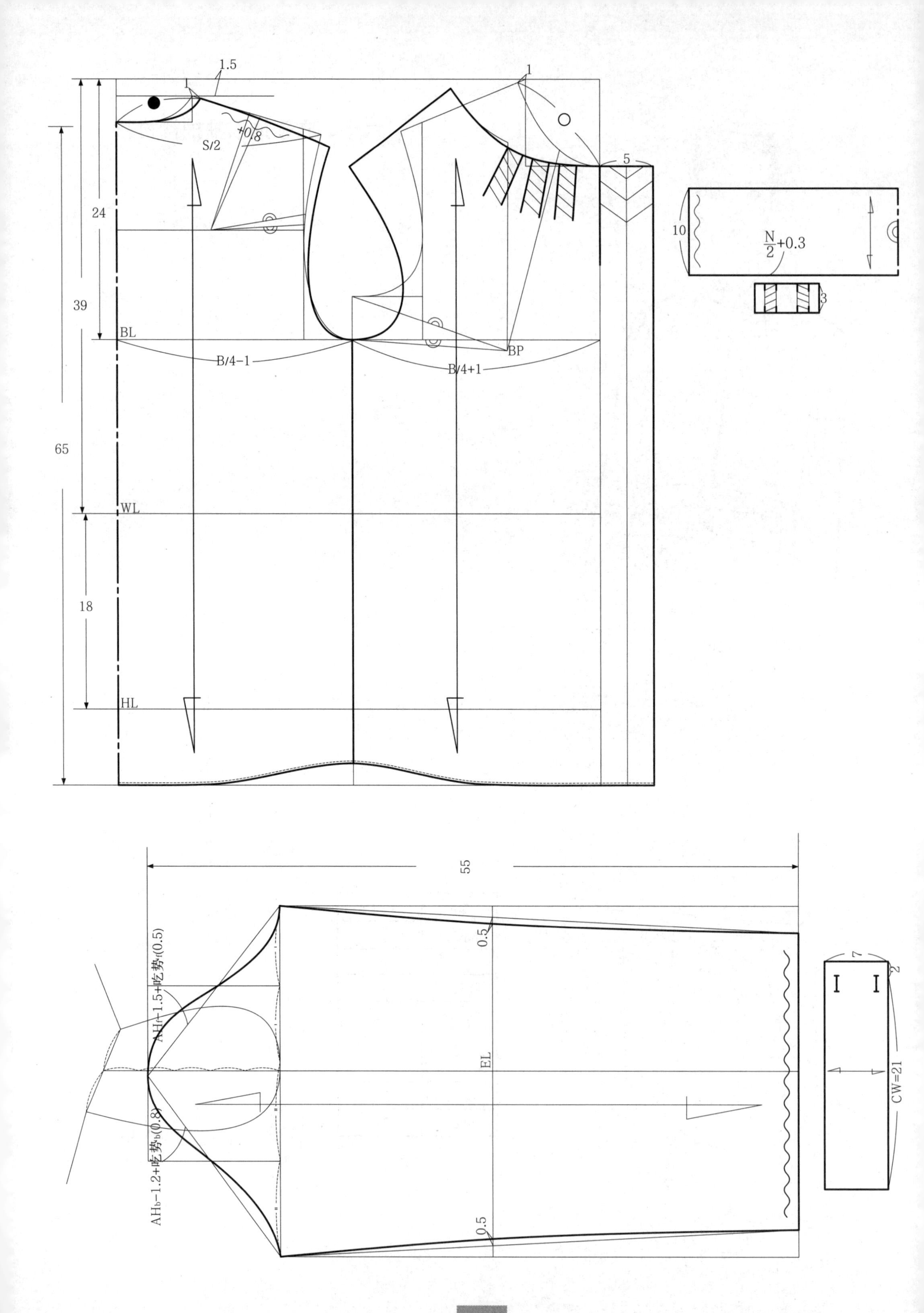

1.5
1
S/2
+0.8
24
39
65
BL
B/4−1
B/4+1
BP
WL
18
HL
5
10
$\frac{N}{2}$+0.3
3
55
0.5
AHf−1.5+吃势f(0.5)
EL
AHb−1.2+吃势b(0.8)
0.5
7
2
CW=21

六十一、翻领长袖横分割衬衫

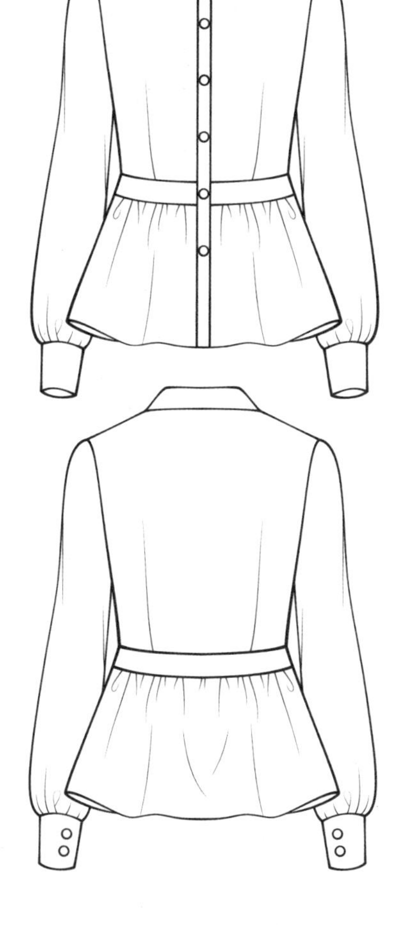

部位	规格（cm）
衣长（L）	60
胸围（B）	90
肩宽（S）	38
袖长（SL）	60
下摆	102
袖口（CW）	10.5
领围（N）	39
袖窿深	23.5
腰围（W）	75

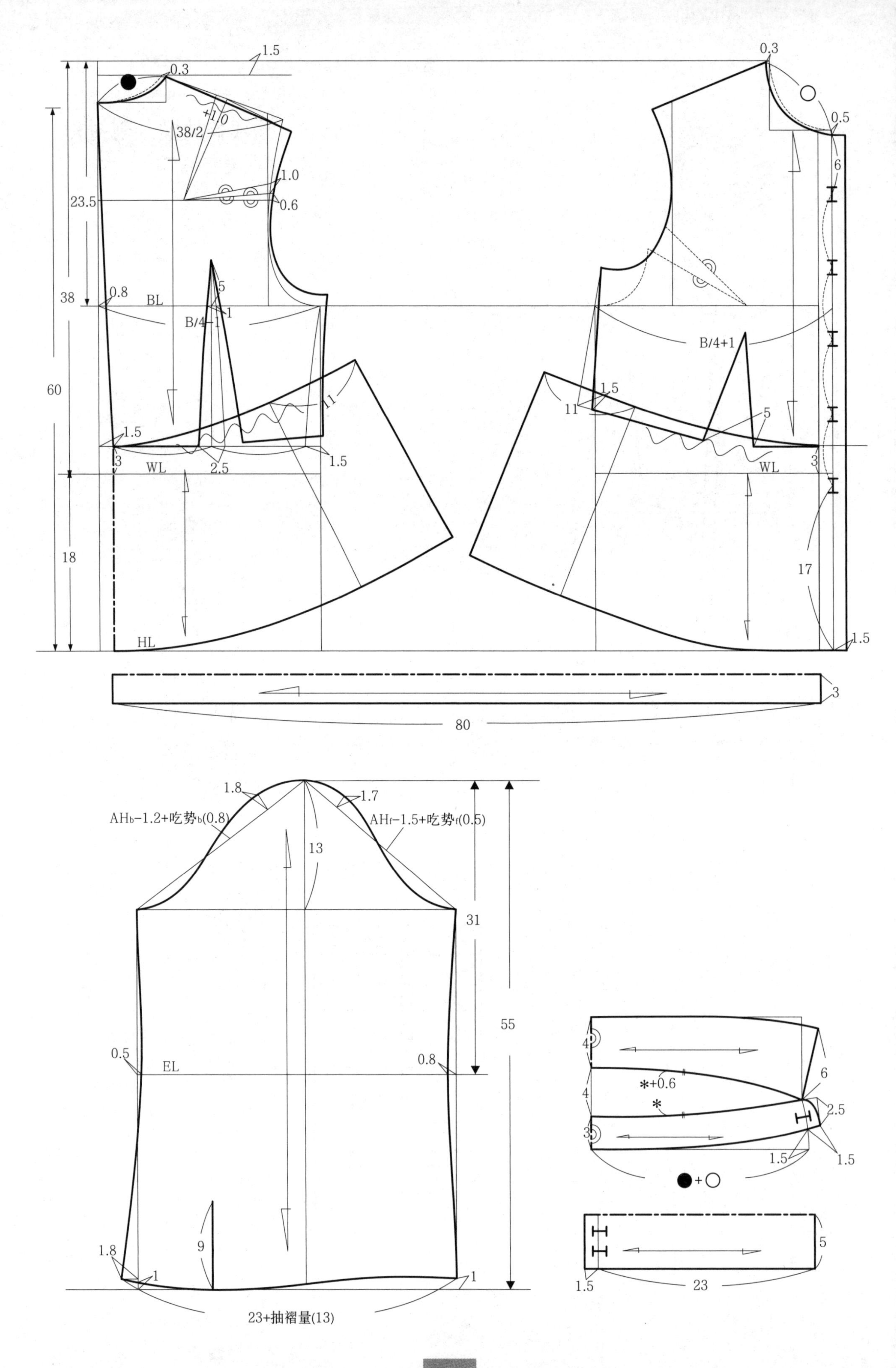
1.5
0.3
0.3
+1.0
38/2
0.5
6
1.0
23.5
0.6
38
0.8
BL
5
1
B/4−1
B/4+1
60
1.5
11
11
1.5
5
1.5
3
WL
2.5
1.5
WL
3
18
17
HL
1.5
3
80
1.8
1.7
AHb−1.2+吃势b(0.8)
AHf−1.5+吃势f(0.5)
13
31
55
0.5
EL
0.8
4
6
*+0.6
4
*
2.5
3
1.5
1.5
●+○
9
1.8
1
1
5
1.5
23
23+抽褶量(13)

六十二、坦领抽褶袖衬衫

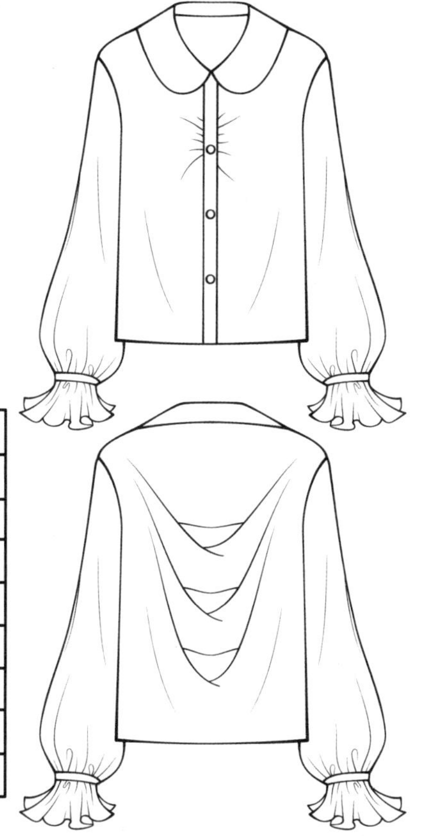

部位	规格（cm）
衣长（L）	55
胸围（B）	92
肩宽（S）	39
袖长（SL）	60
下摆	95
袖口（CW）	10
领围（N）	39
袖窿深	24

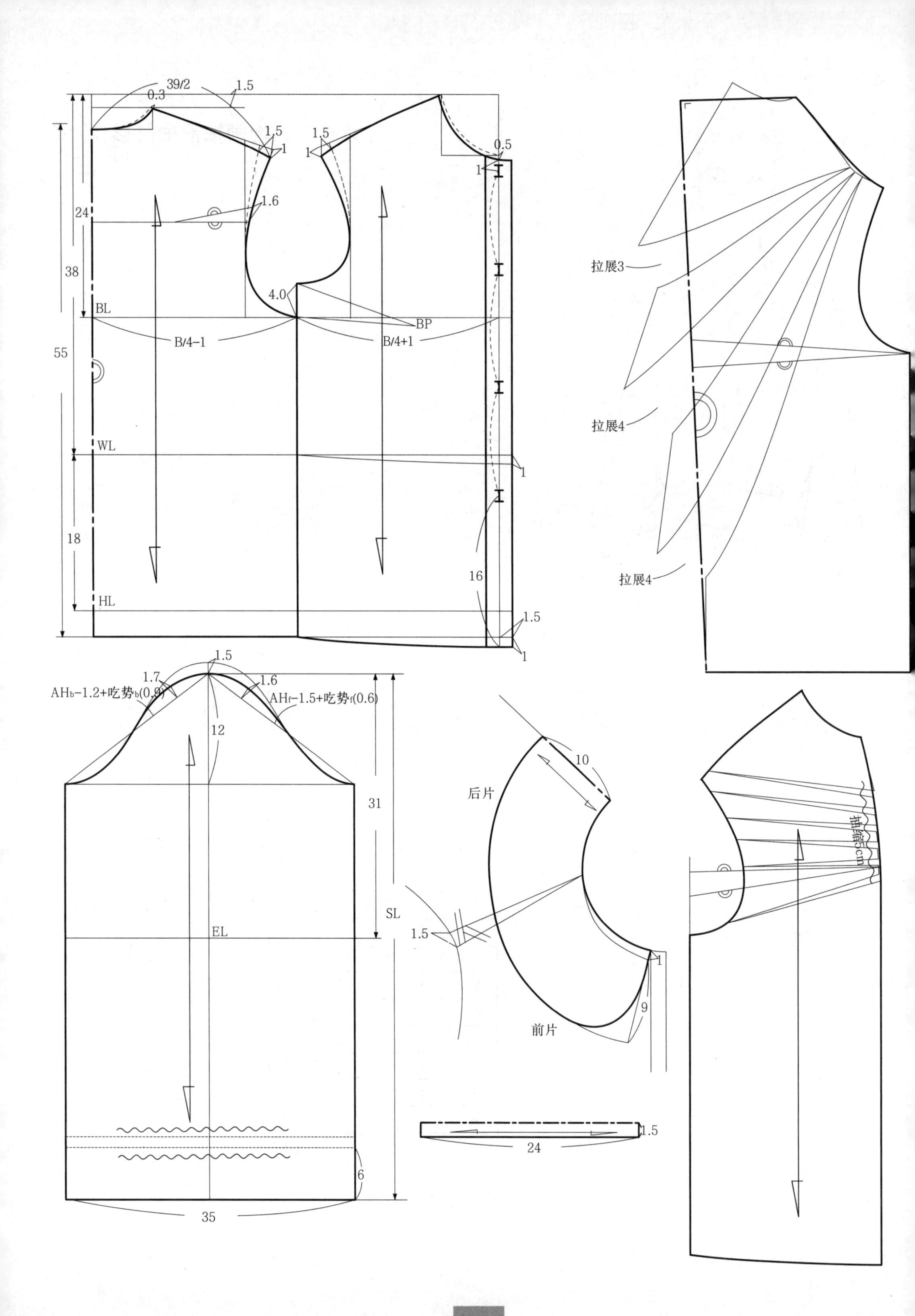

39/2
0.3
1.5
1.5
1
1.5
1
0.5
1
24
1.6
38
4.0
BL
BP
B/4-1
B/4+1
55
WL
1
18
16
HL
1.5
1
拉展3
拉展4
拉展4
1.5
1.7
1.6
AHb-1.2+吃势b(0.9)
AHf-1.5+吃势f(0.6)
12
31
SL
EL
6
35
10
后片
1.5
1
9
前片
1.5
24
抽缩5cm

六十三、立领圆袖分割镶拼衬衫

部位	规格（cm）
衣长（L）	65
胸围（B）	92
肩宽（S）	39
袖长（SL）	60
下摆	100
袖口（CW）	12.5
领围（N）	39
袖窿深	23.5

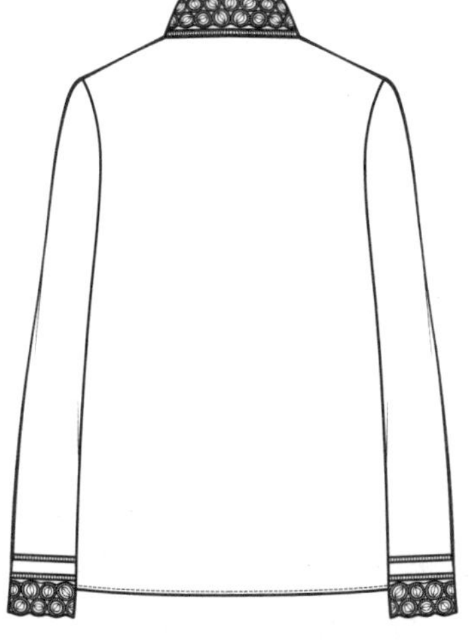

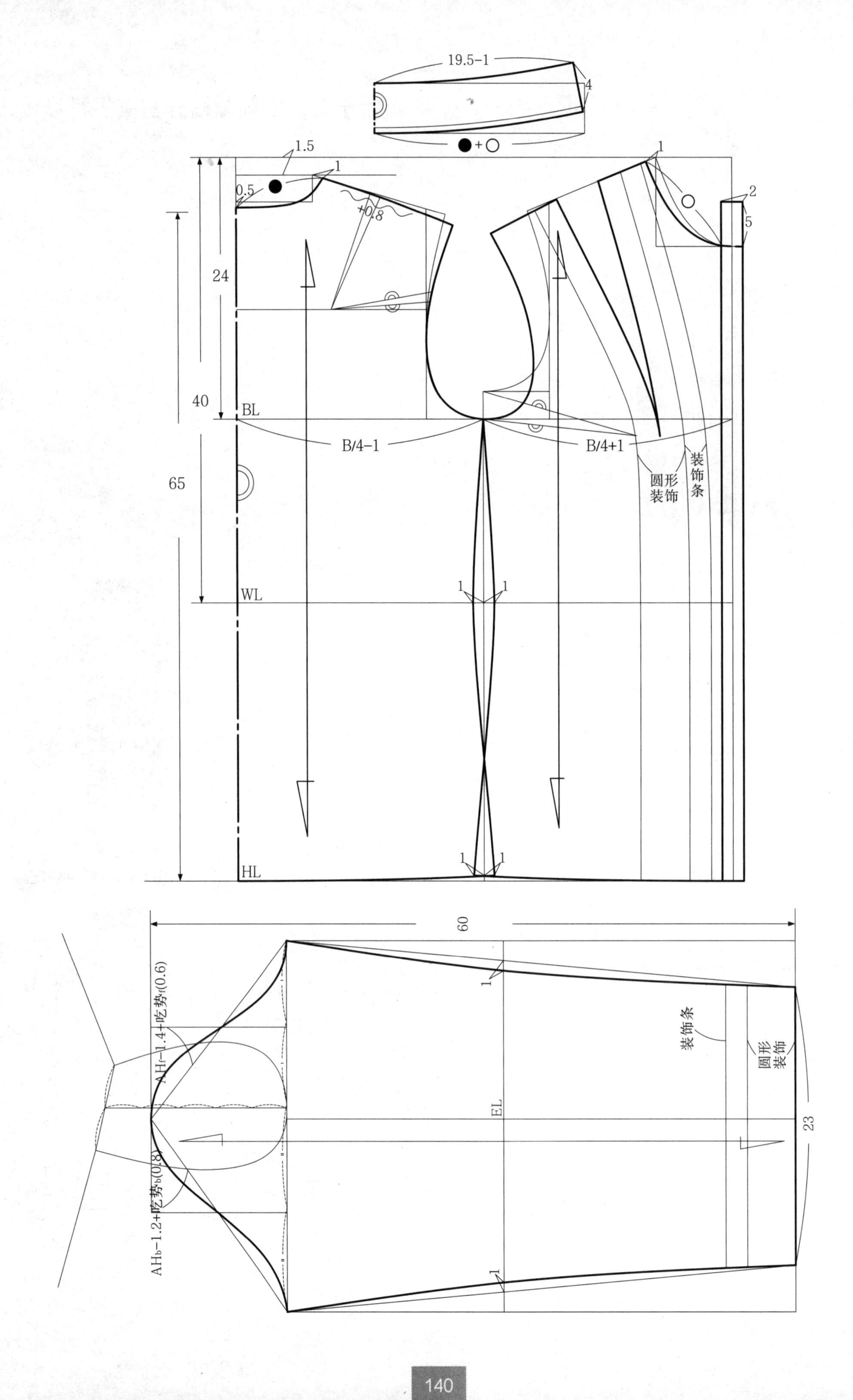

19.5−1
4
●+○
1.5
1
0.5
+0.8
1
2
5
24
40
65
BL
B/4−1
B/4+1
圆形
装饰
装饰条
WL
1
1
HL
1
1
60
AHf−1.4+吃势f(0.6)
AHb−1.2+吃势b(0.8)
EL
装饰条
圆形
装饰
23

六十四、荷叶边领圆袖衬衫

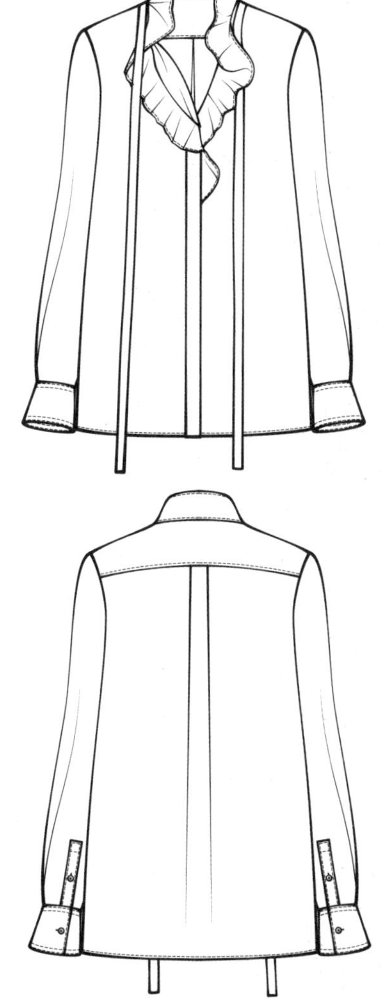

部位	规格（cm）
衣长（L）	68
胸围（B）	92
肩宽（S）	39
袖长（SL）	60
下摆	100
袖口（CW）	10.5
领围（N）	39
袖窿深	24

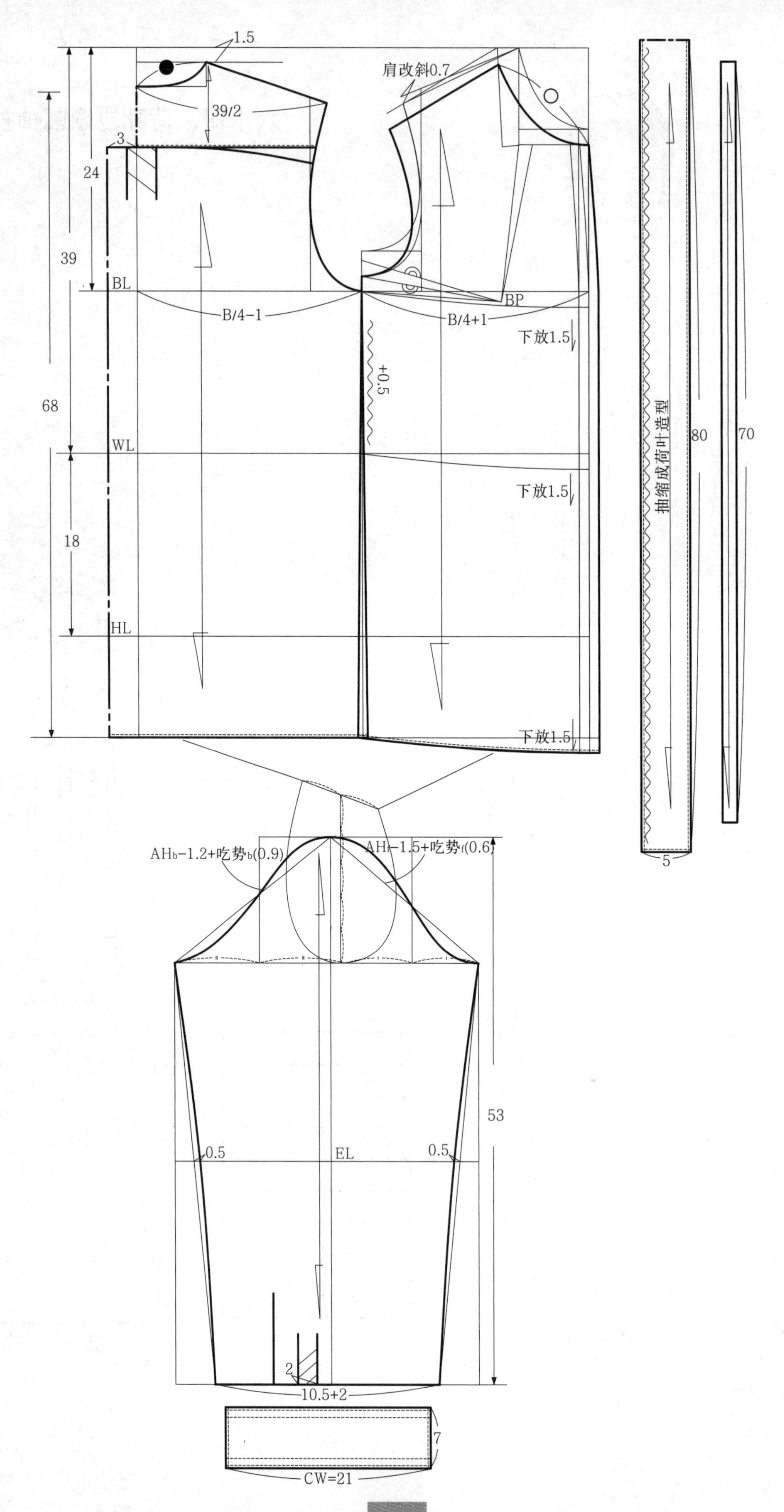

1.5
肩改斜0.7
39/2
3
24
39
BL
B/4−1
B/4+1
BP
下放1.5
+0.5
68
WL
下放1.5
18
HL
下放1.5
抽缩成荷叶造型
80
70
5
AHb−1.2+吃势b(0.9)
AHf−1.5+吃势f(0.6)
53
0.5
EL
0.5
2
10.5+2
7
CW=21

六十五、立领垂荡袖抽褶衬衫

部位	规格（cm）
衣长（L）	60
胸围（B）	94
肩宽（S）	39
袖长（SL）	25
下摆	98
袖口（CW）	14.5
领围（N）	39
袖窿深	23.5

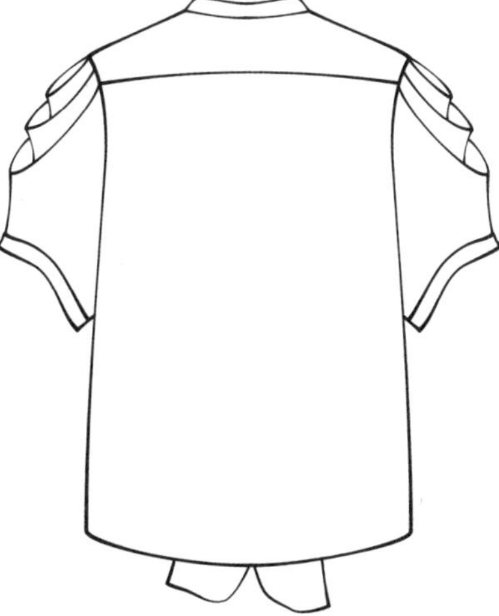

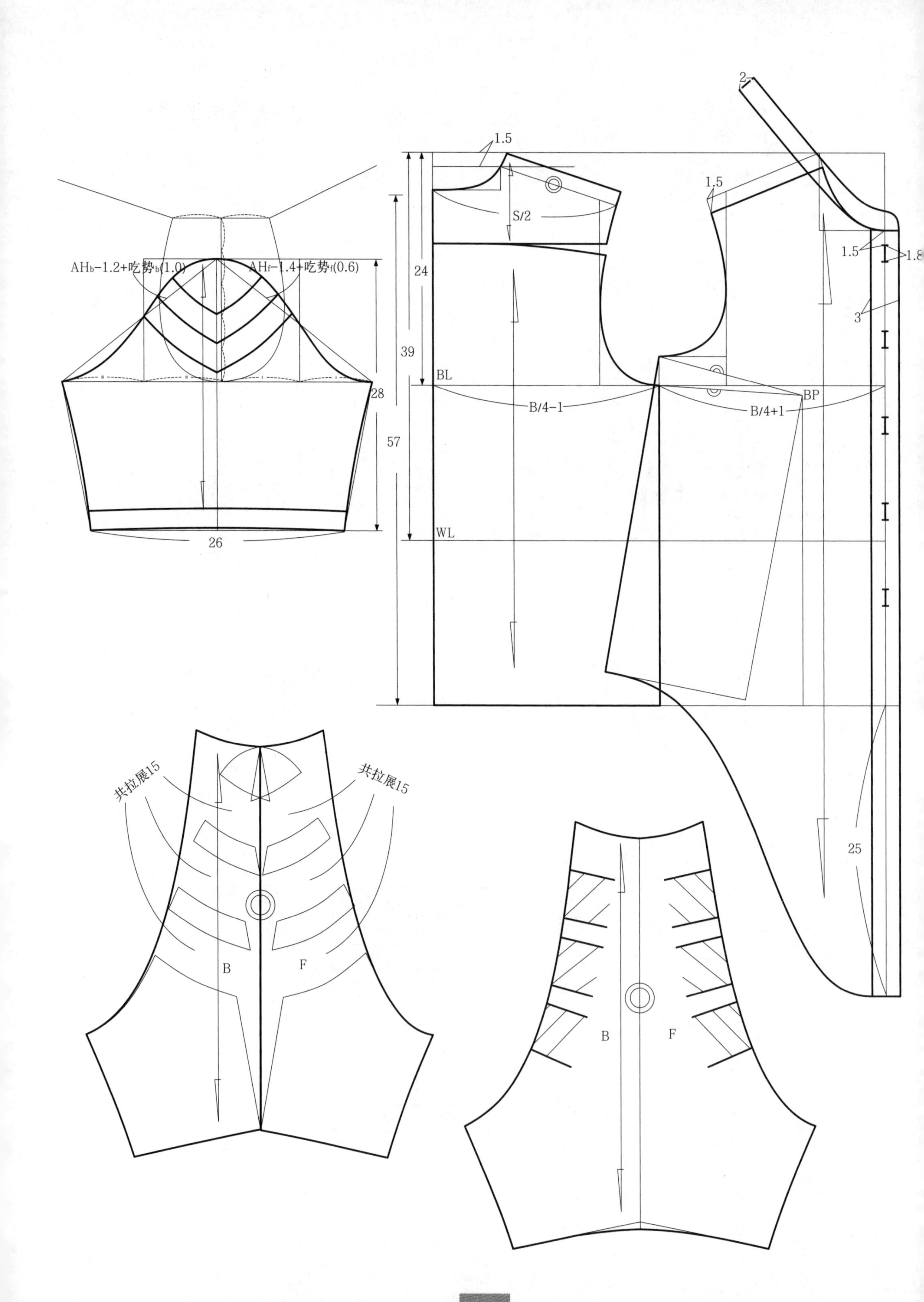

AHb-1.2+吃势b(1.0)
AHf-1.4+吃势f(0.6)
28
26
1.5
S/2
24
39
57
BL
WL
B/4-1
B/4+1
BP
2
1.5
1.5
1.8
3
25
共拉展15
共拉展15
B
F
B
F

六十六、翻立领圆袖抽褶衬衫

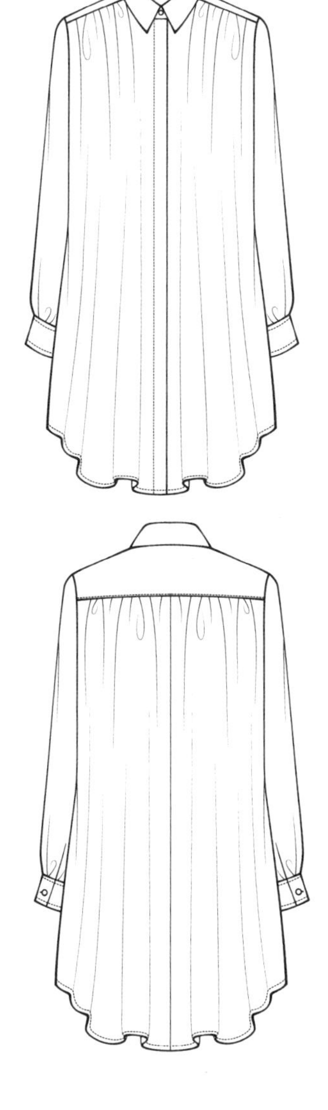

部位	规格（cm）
衣长（L）	75
胸围（B）	90
肩宽（S）	39
袖长（SL）	60
下摆	100
袖口（CW）	12
领围（N）	39
袖窿深	24

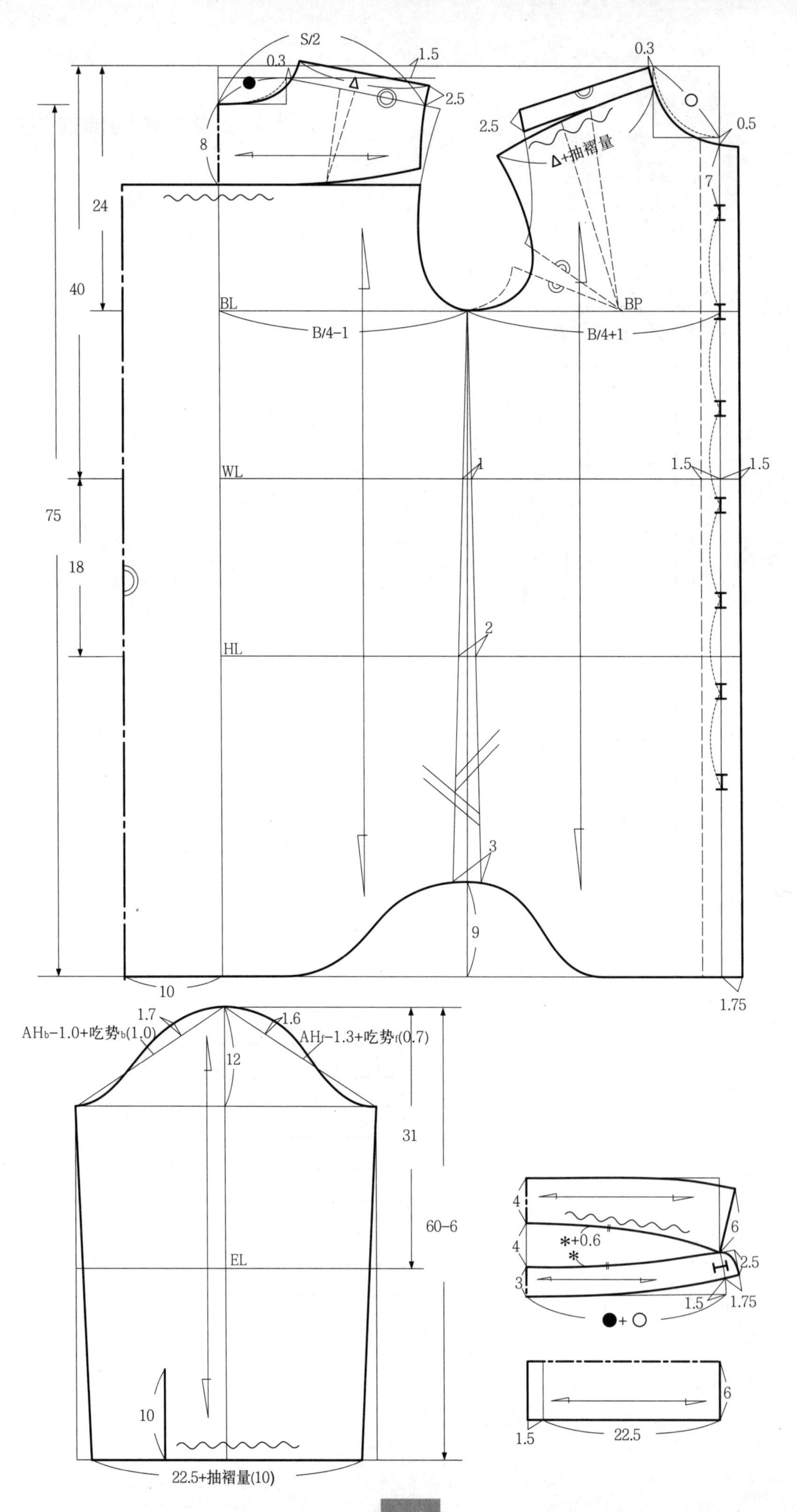
S/2
0.3
1.5
2.5
0.3
0.5
2.5
Δ+抽褶量
8
24
40
7
BL
BP
B/4−1
B/4+1
WL
1.5
1.5
75
18
HL
2
1
3
9
10
1.75
1.7
1.6
AHb−1.0+吃势b(1.0)
AHf−1.3+吃势f(0.7)
12
31
60−6
EL
10
22.5+抽褶量(10)
4
4
3
6
*+0.6
*
2.5
1.5
1.75
●+○
6
1.5
22.5

六十七、翻立领落肩袖衬衫

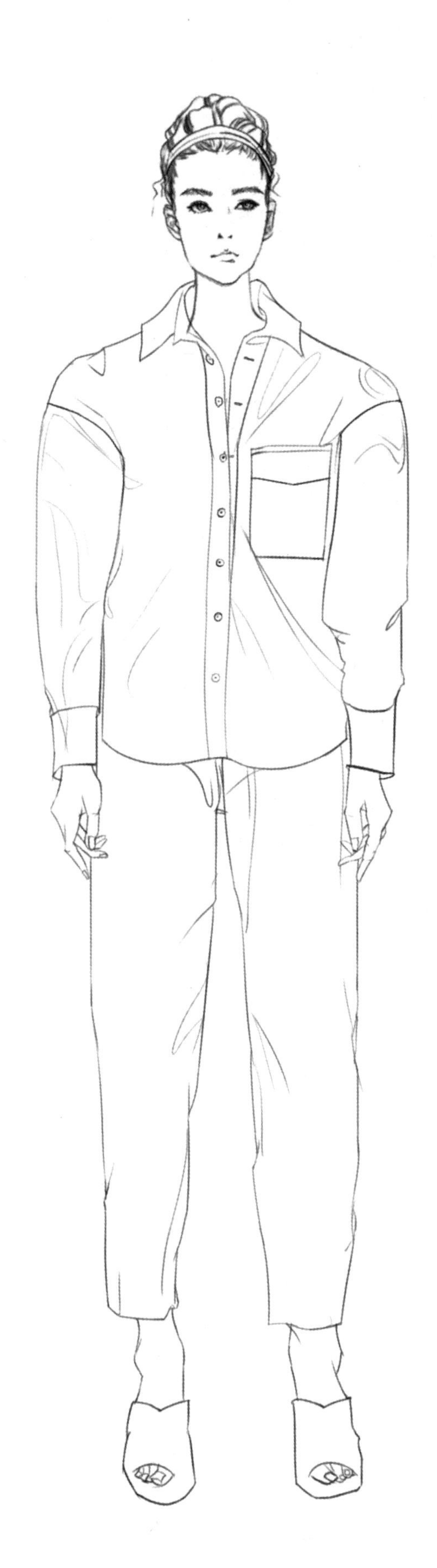

部位	规格（cm）
衣长（L）	65
胸围（B）	100
肩宽（S）	39
袖长（SL）	60
下摆	106
袖口（CW）	10.5
领围（N）	39
落肩	8

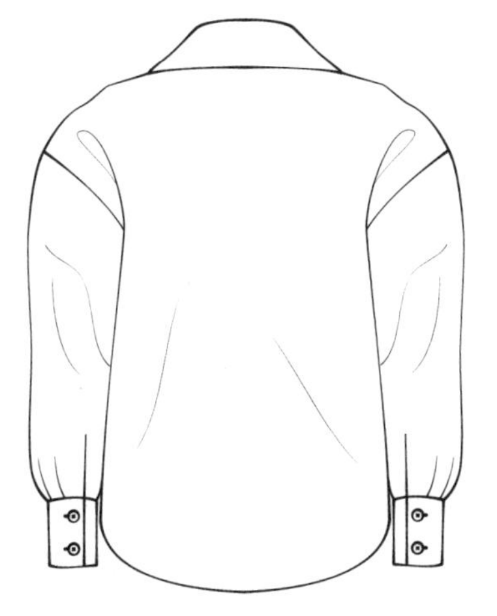

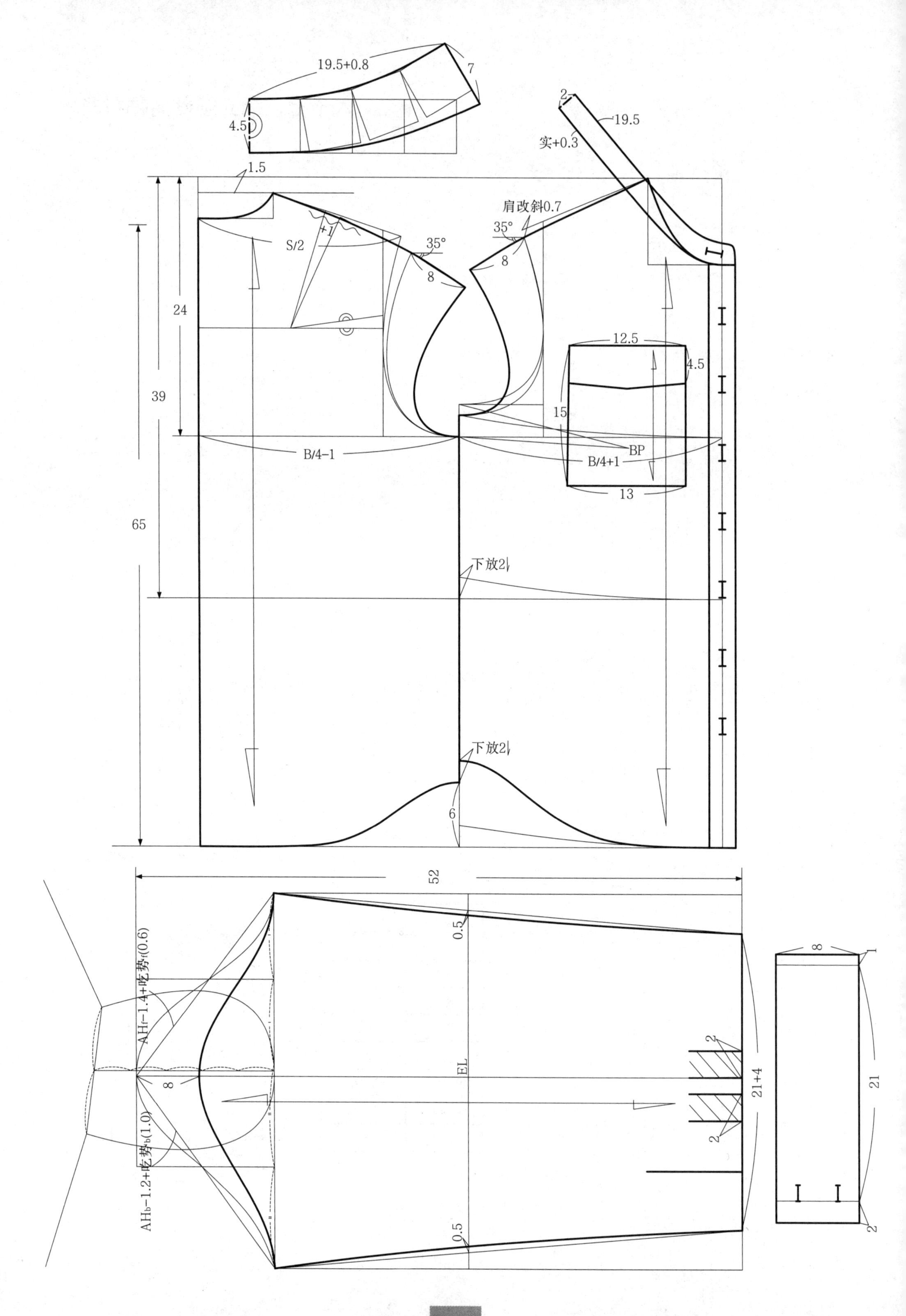

19.5+0.8
7
4.5
2
19.5
实+0.3
1.5
肩改斜0.7
35°
35°
S/2
+1
8
8
24
39
65
12.5
4.5
15
BP
B/4-1
B/4+1
13
下放2
下放2
6
52
0.5
AHf-1.4+吃势f(0.6)
EL
8
AHb-1.2+吃势b(1.0)
2
2
21+4
0.5
8
1
21
2

六十八、荷叶边领泡袖衬衫

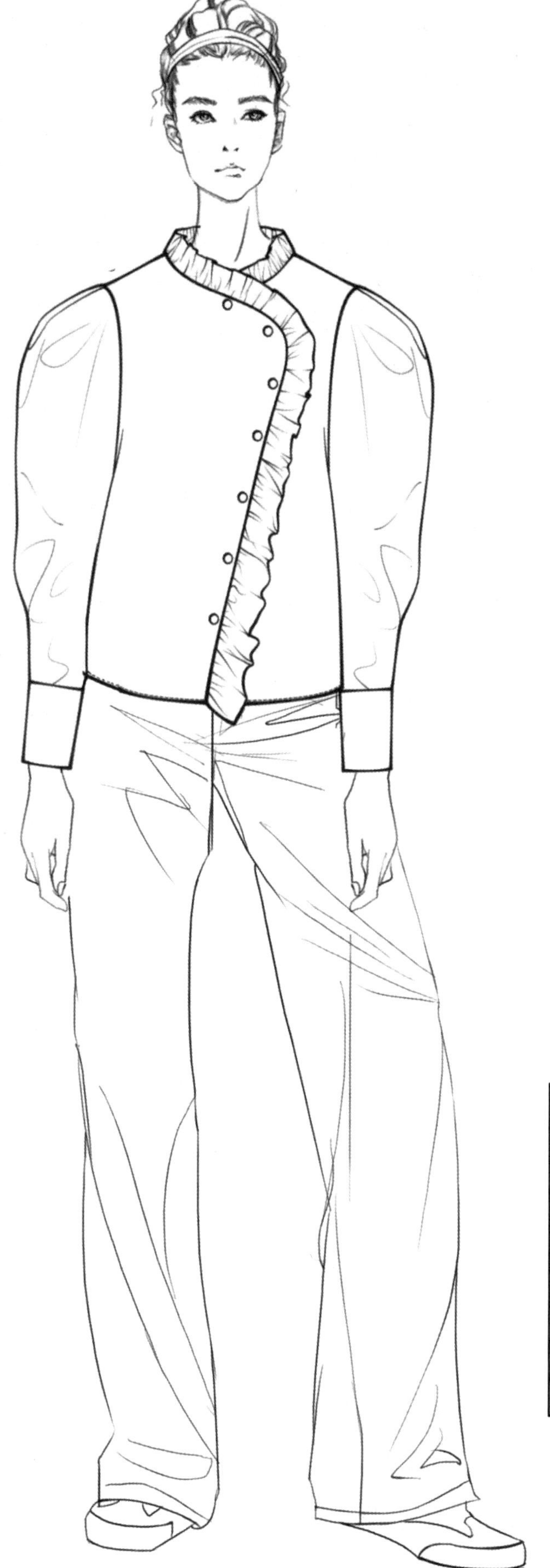

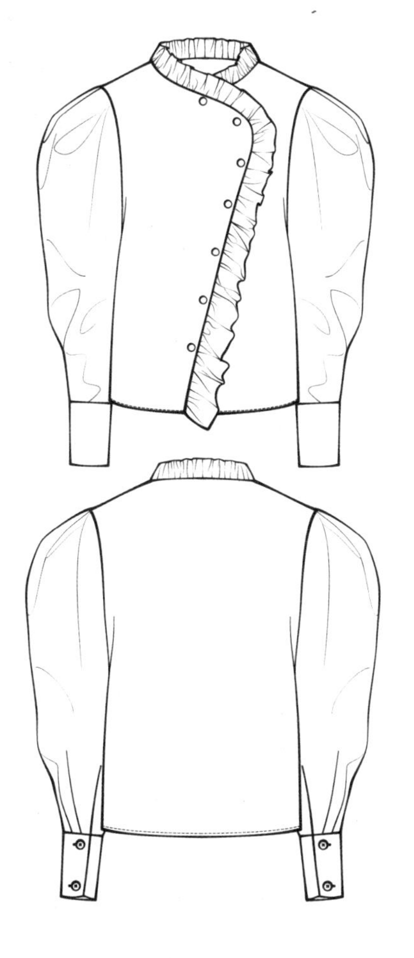

部位	规格（cm）
衣长（L）	55
胸围（B）	94
肩宽（S）	38
袖长（SL）	58
下摆	100
袖口（CW）	10
领围（N）	39
袖窿深	24

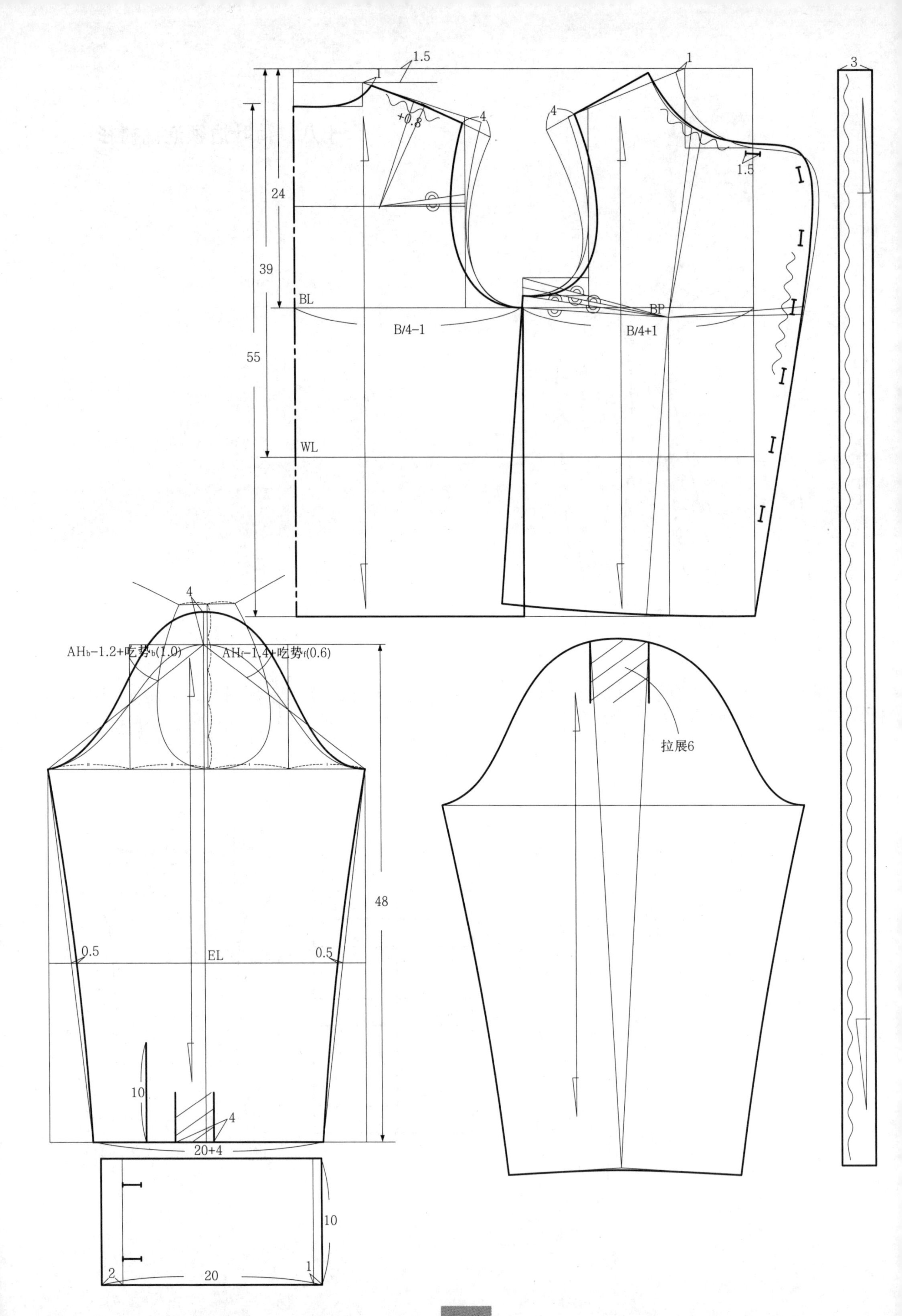
1.5
1
+0.8
4
1
4
1.5
3
24
39
55
BL
WL
B/4−1
B/4+1
BP
4
AHb−1.2+吃势b(1.0)
AHf−1.4+吃势f(0.6)
拉展6
48
0.5
EL
0.5
10
4
20+4
10
2
20
1

六十九、大坦领落肩袖衬衫

部位	规格（cm）
衣长（L）	41+49
前腰节长（FW）	40
胸围（B）	92
肩宽（S）	38
袖长（SL）	60
臀围（H）	102
袖口（CW）	10
领围（N）	39
袖窿深	24

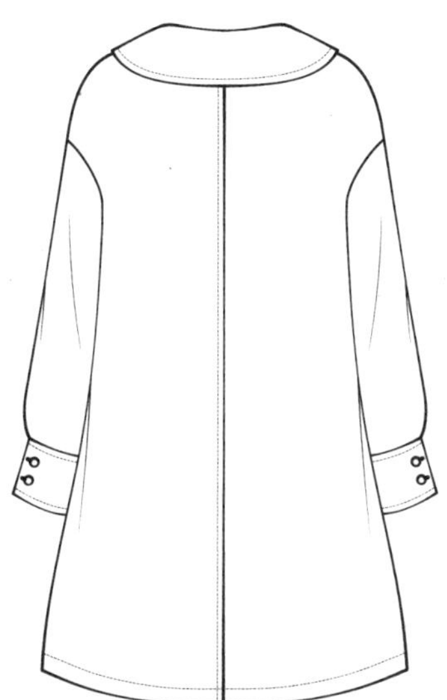

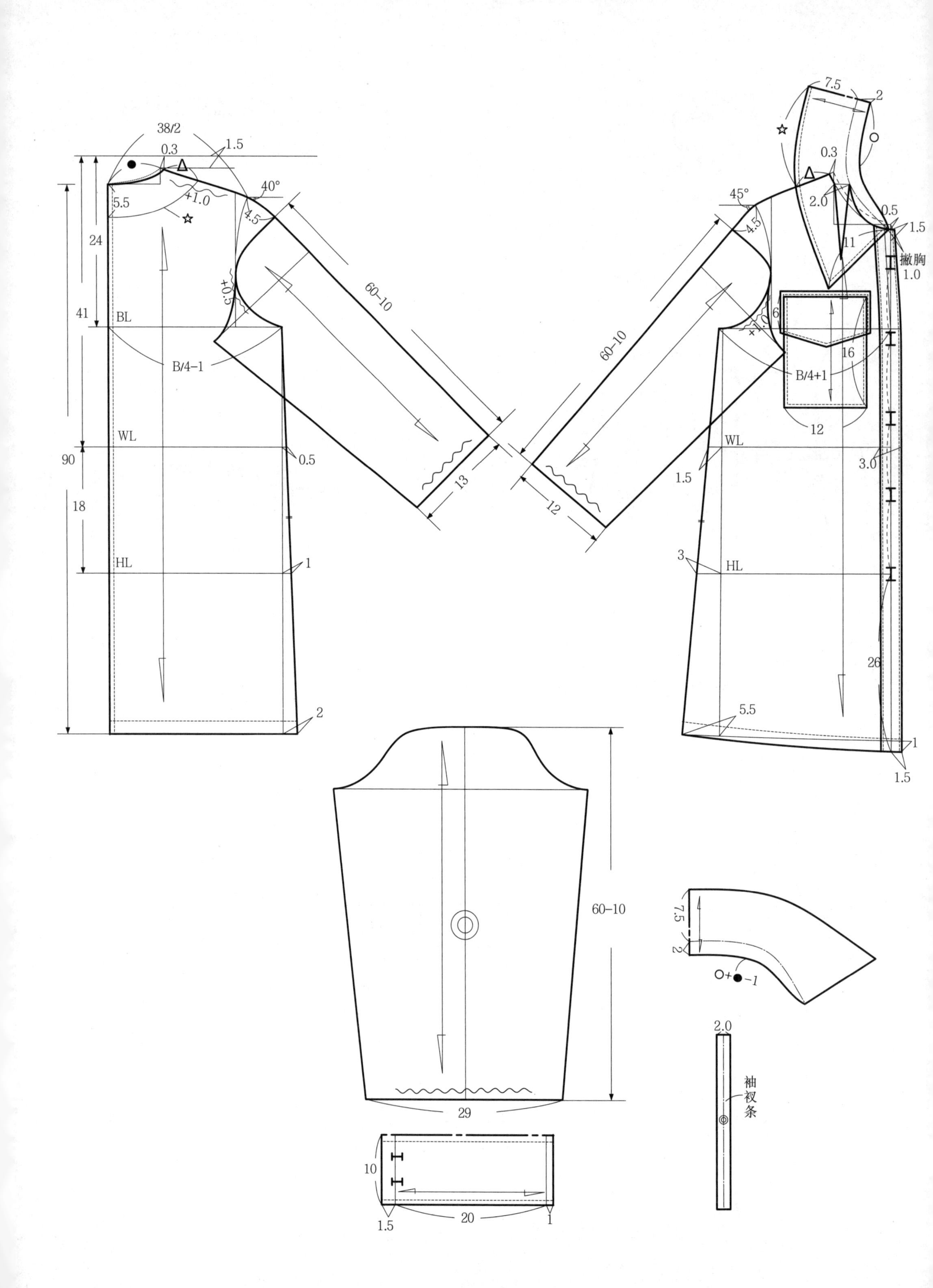

38/2
0.3
1.5
5.5
+1.0
40°
4.5
24
41
BL
B/4-1
+0.5
60-10
WL
0.5
90
18
HL
1
2
13
7.5
2
0.3
2.0
45°
4.5
0.5
1.5
11
撇胸
1.0
6
+1.0
16
B/4+1
12
60-10
12
WL
1.5
3.0
3
HL
26
5.5
1
1.5
60-10
29
7.5
2
○+●-1
2.0
袖衩条
10
20
1.5
1

七十、翻领落肩袖衬衫

部位	规格（cm）
衣长（L）	52
胸围（B）	95
肩宽（S）	38
袖长（SL）	60
下摆	86
袖口（CW）	14
领围（N）	39
袖窿深	23.5

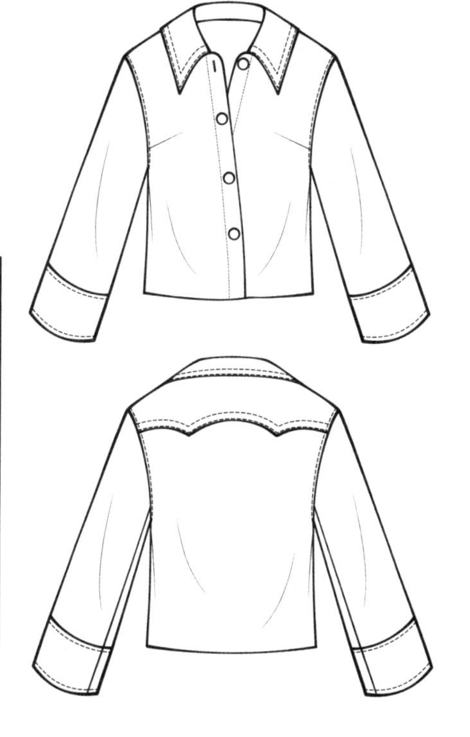

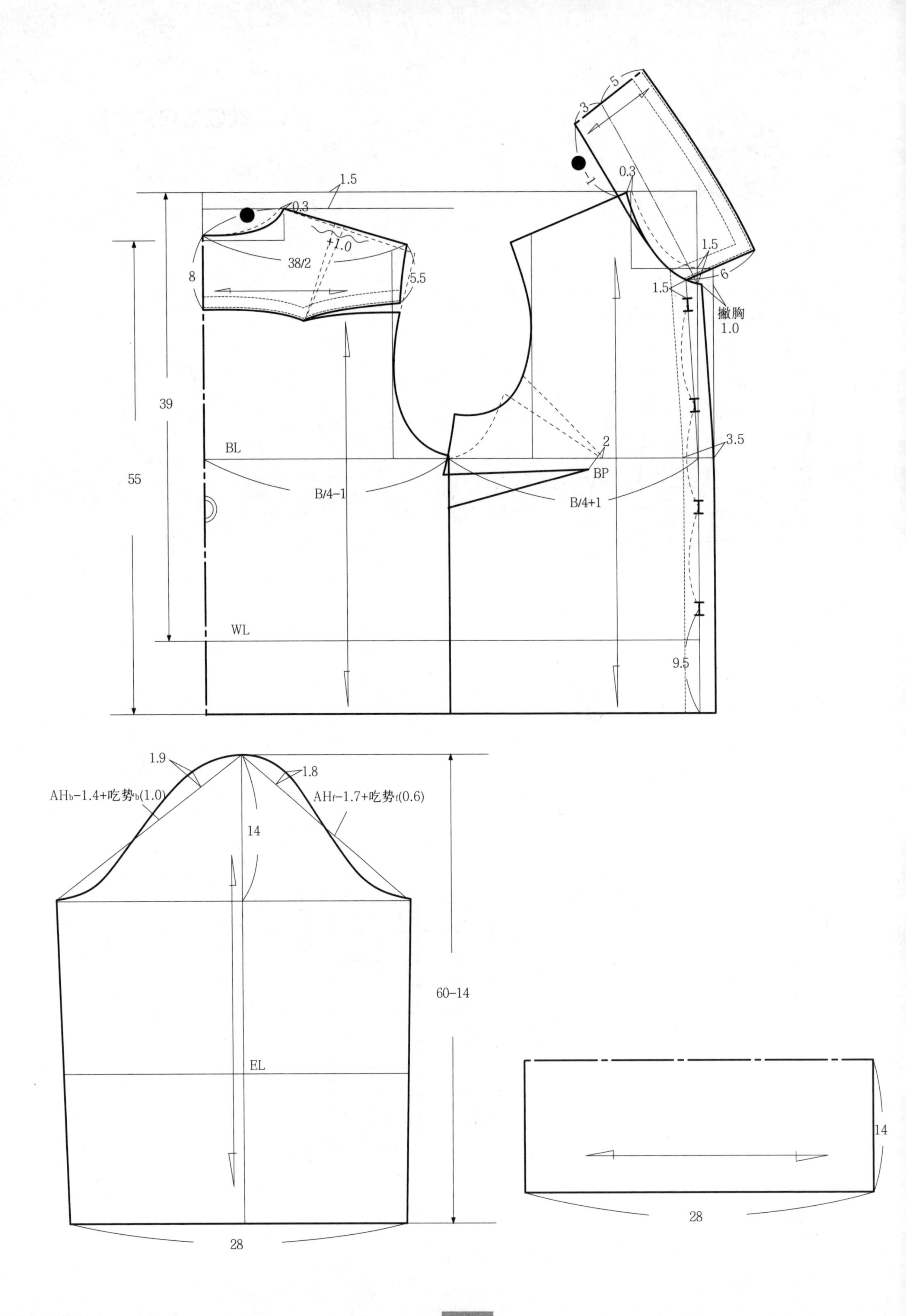

1.5
0.3
38/2
+1.0
8
5.5
39
55
BL
B/4-1
WL
5
3
1
0.3
1.5
6
1.5
撇胸
1.0
2
BP
3.5
B/4+1
9.5
1.9
1.8
AHb-1.4+吃势b(1.0)
AHf-1.7+吃势f(0.6)
14
60-14
EL
28
14
28

七十一、翻领长袖横分割衬衫

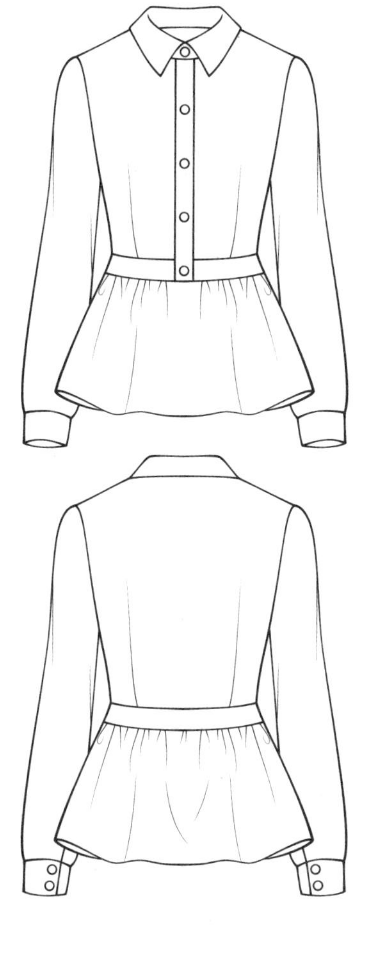

部位	规格（cm）
衣长（L）	40+25
胸围（B）	90
肩宽（S）	39
袖长（SL）	59
腰围（W）	74
袖口（CW）	10.5
领围（N）	39
袖窿深	24
下摆	108

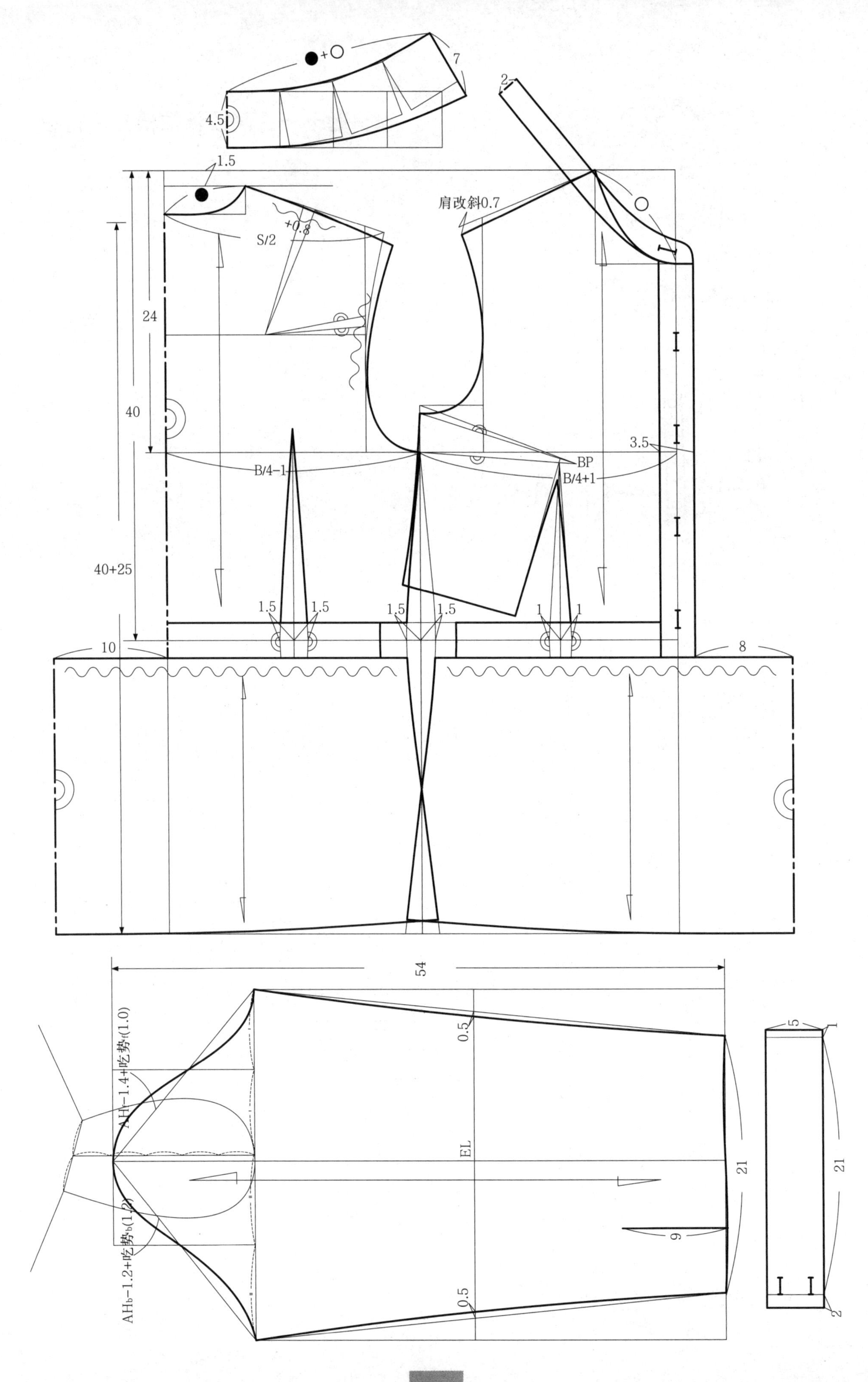

●+○
7
4.5
2
1.5
肩改斜0.7
○
+0.8
S/2
24
40
B/4-1
BP
B/4+1
3.5
40+25
1.5
1.5
1.5
1.5
1
1
10
8
54
0.5
AHf-1.4+吃势f(1.0)
EL
21
9
AHb-1.2+吃势b(1.2)
0.5
5
1
21
2

七十二、束带领抽褶袖衬衫

部位	规格（cm）
衣长（L）	60
胸围（B）	90
肩宽（S）	38
袖长（SL）	58
下摆	96
袖口（CW）	10.5
领围（N）	39
袖窿深	24

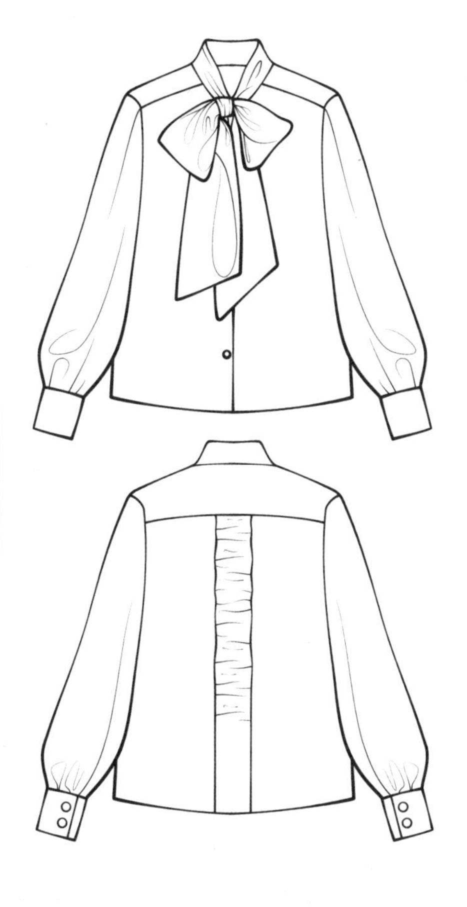

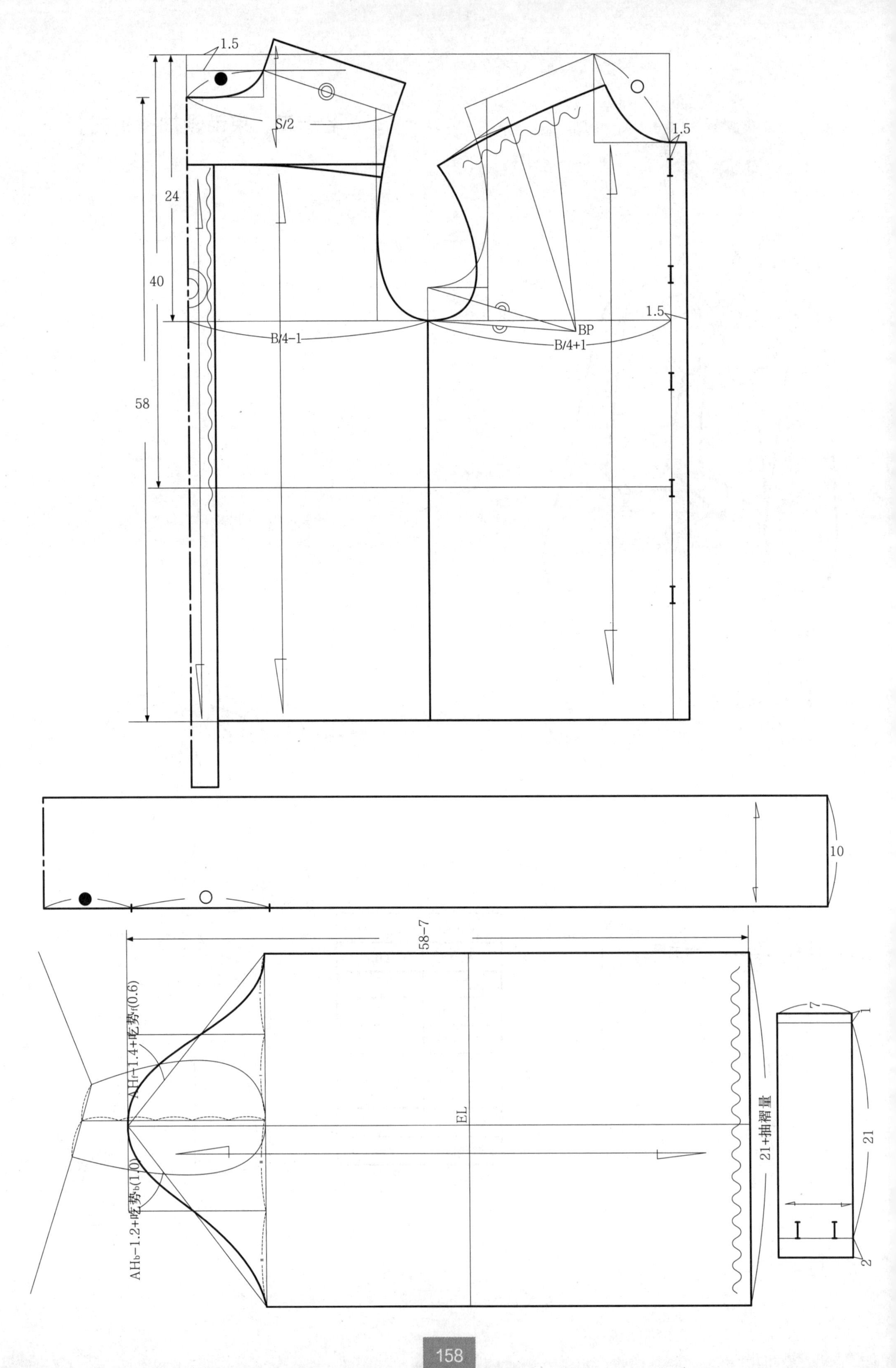
1.5
S/2
24
40
58
B/4-1
B/4+1
BP
1.5
1.5
10
58-7
EL
AHf-1.4+吃势f(0.6)
AHb-1.2+吃势b(1.0)
21+抽褶量
7
1
21
2

七十三、翻领抽褶袖抽褶衣身衬衫

部位	规格（cm）
衣长（L）	60
胸围（B）	90
肩宽（S）	38
袖长（SL）	58
袖肥（SW）	-
袖口（CW）	10.5
领围（N）	39
袖窿深	24

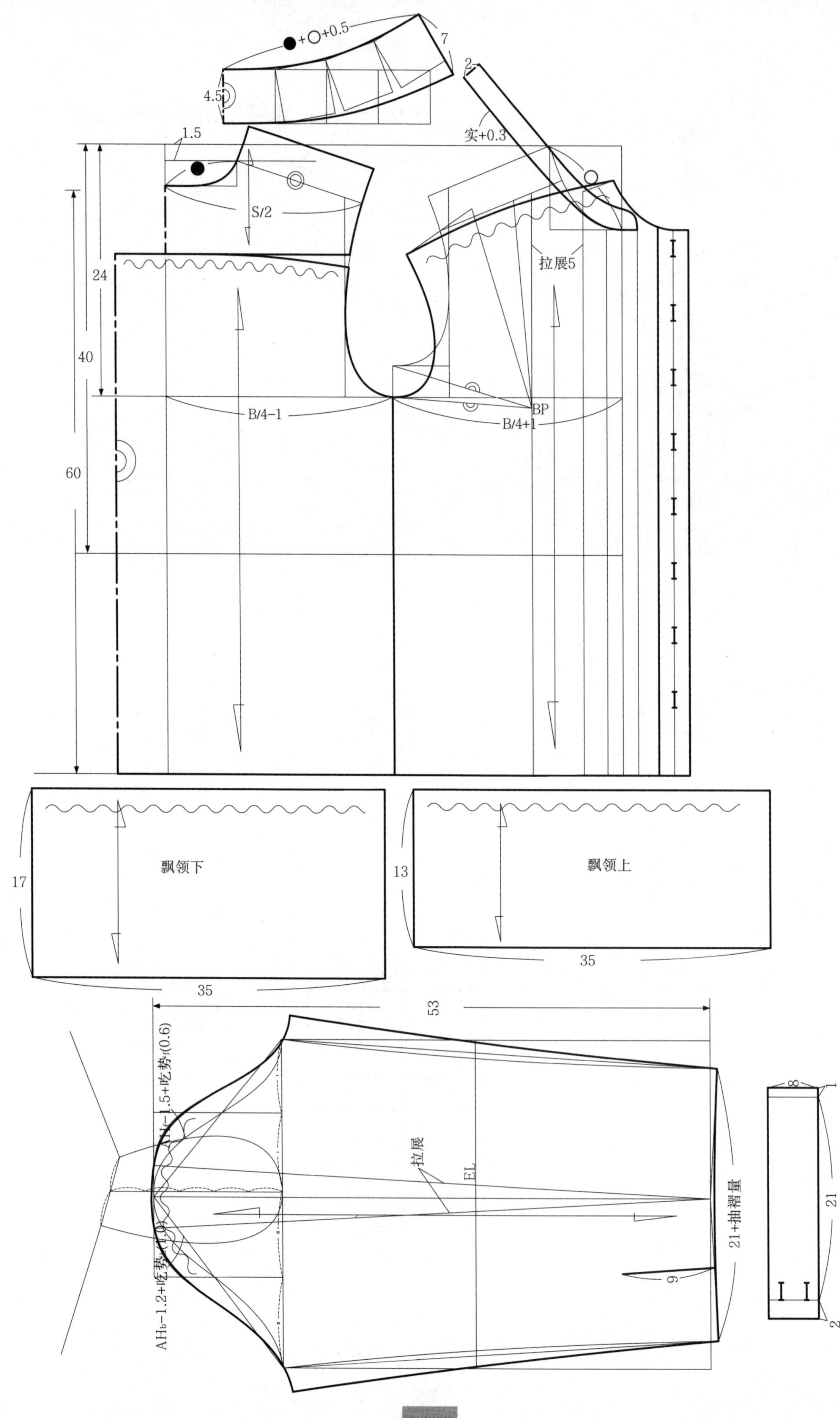

●+○+0.5
7
4.5
2
实+0.3
1.5
S/2
24
40
60
拉展5
B/4-1
B/4+1
BP
17
飘领下
13
飘领上
35
35
53
AHb-1.5+吃势f(0.6)
AHb-1.2+吃势b(1.0)
拉展
EL
21+抽褶量
9
8
1
21
2

七十四、翻立领落肩袖抽褶衬衫

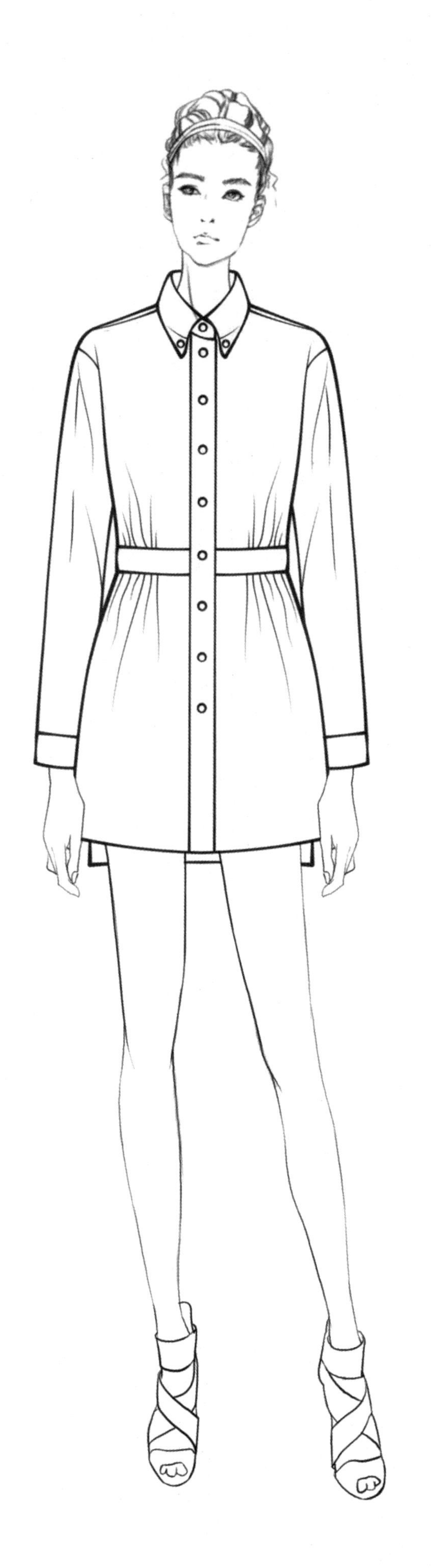

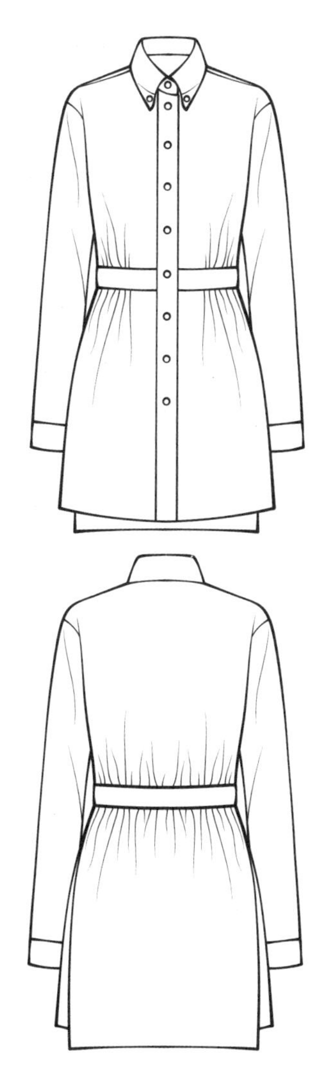

部位	规格（cm）
衣长（L）	78
胸围（B）	92
肩宽（S）	39
袖长（SL）	60
下摆	100
袖口（CW）	12
领围（N）	39
袖窿深	24

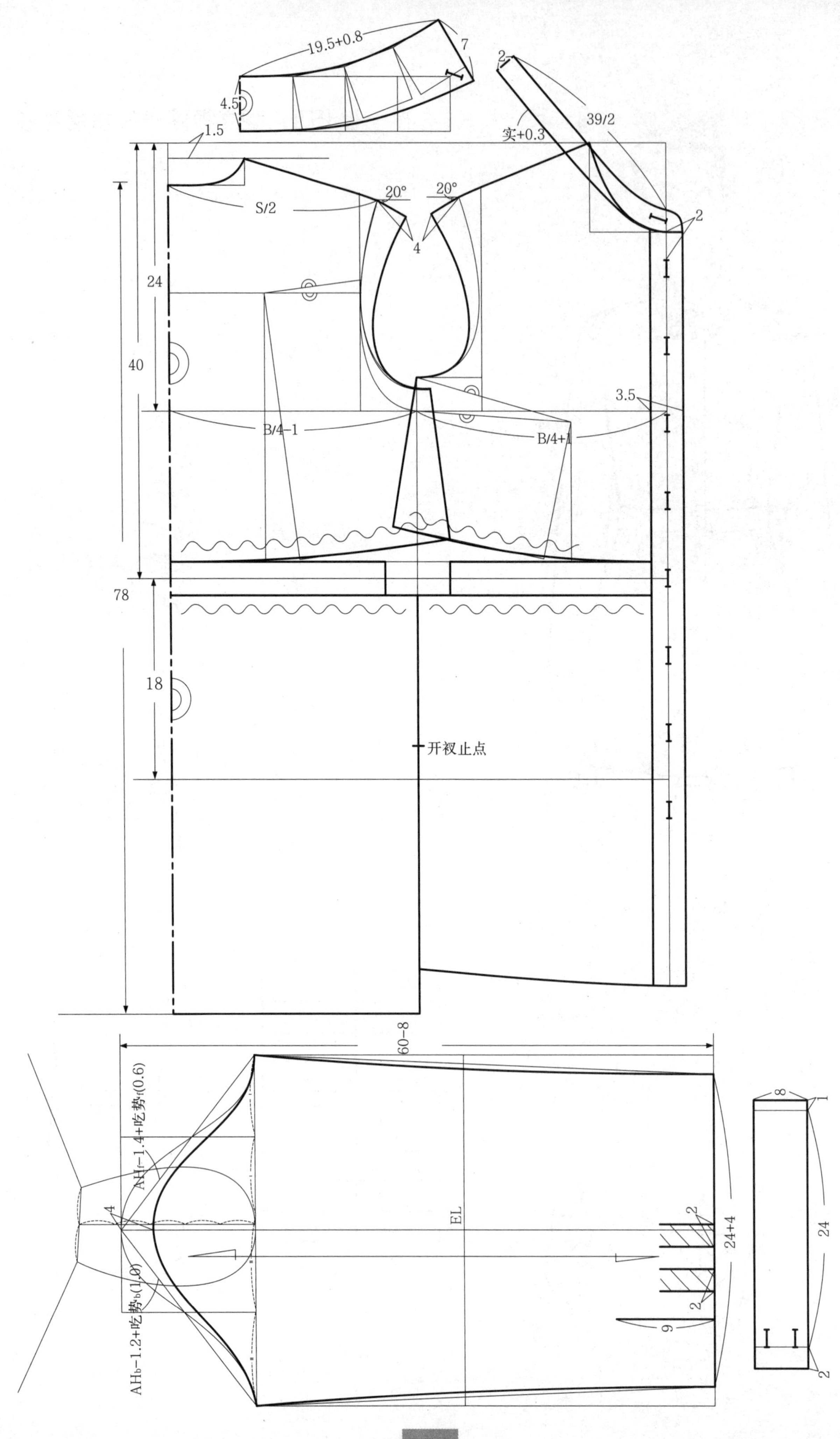

19.5+0.8
7
4.5
2
39/2
实+0.3
1.5
S/2
20°
20°
4
2
24
40
3.5
B/4-1
B/4+1
78
18
开衩止点
60-8
AHf-1.4+吃势f(0.6)
4
EL
AHb-1.2+吃势b(1.0)
2
2
24+4
9
8
1
24
2

七十五、荷叶边领插肩袖抽褶衬衫

部位	规格（cm）
衣长（L）	75
胸围（B）	92
肩宽（S）	38
袖长（SL）	62
袖肥（SW）	–
袖口（CW）	10.5
下摆	95
袖窿深	24

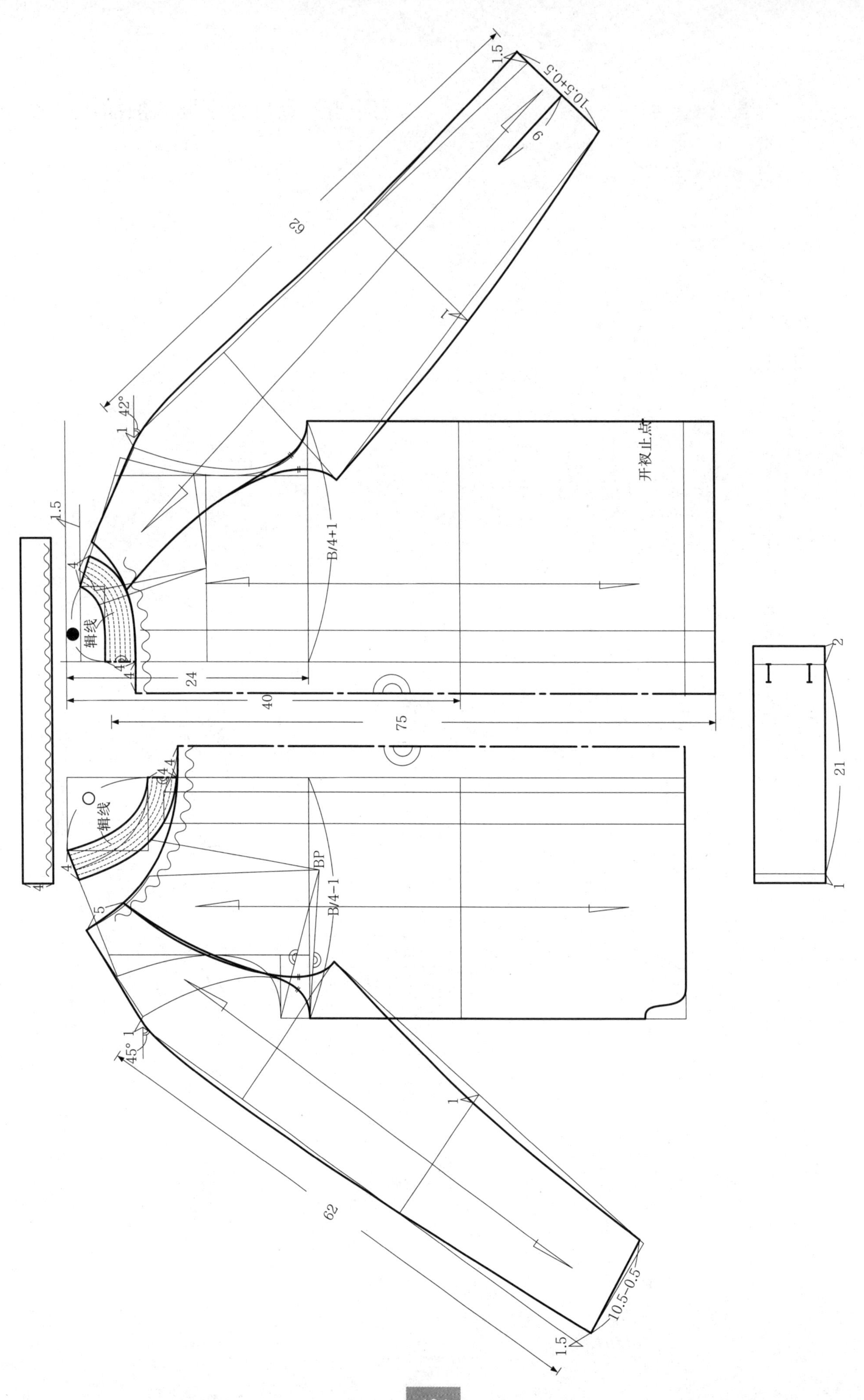
62
10.5+0.5
9
1.5
42°
1
1.5
4
辑线
B/4+1
开衩止点
24
40
75
辑线
BP
B/4−1
5
4
45°
62
10.5−0.5
1.5
21
2
1

七十六、翻领落肩袖衬衫

部位	规格（cm）
衣长（L）	75
胸围（B）	94
肩宽（S）	39
袖长（SL）	58
下摆	100
袖口（CW）	12
领围（N）	39
袖窿深	24

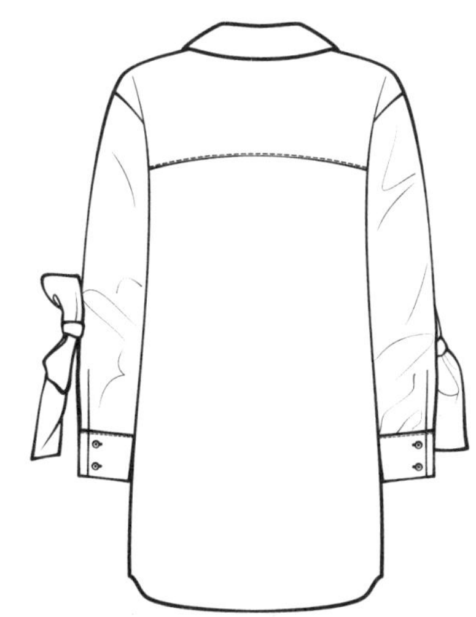

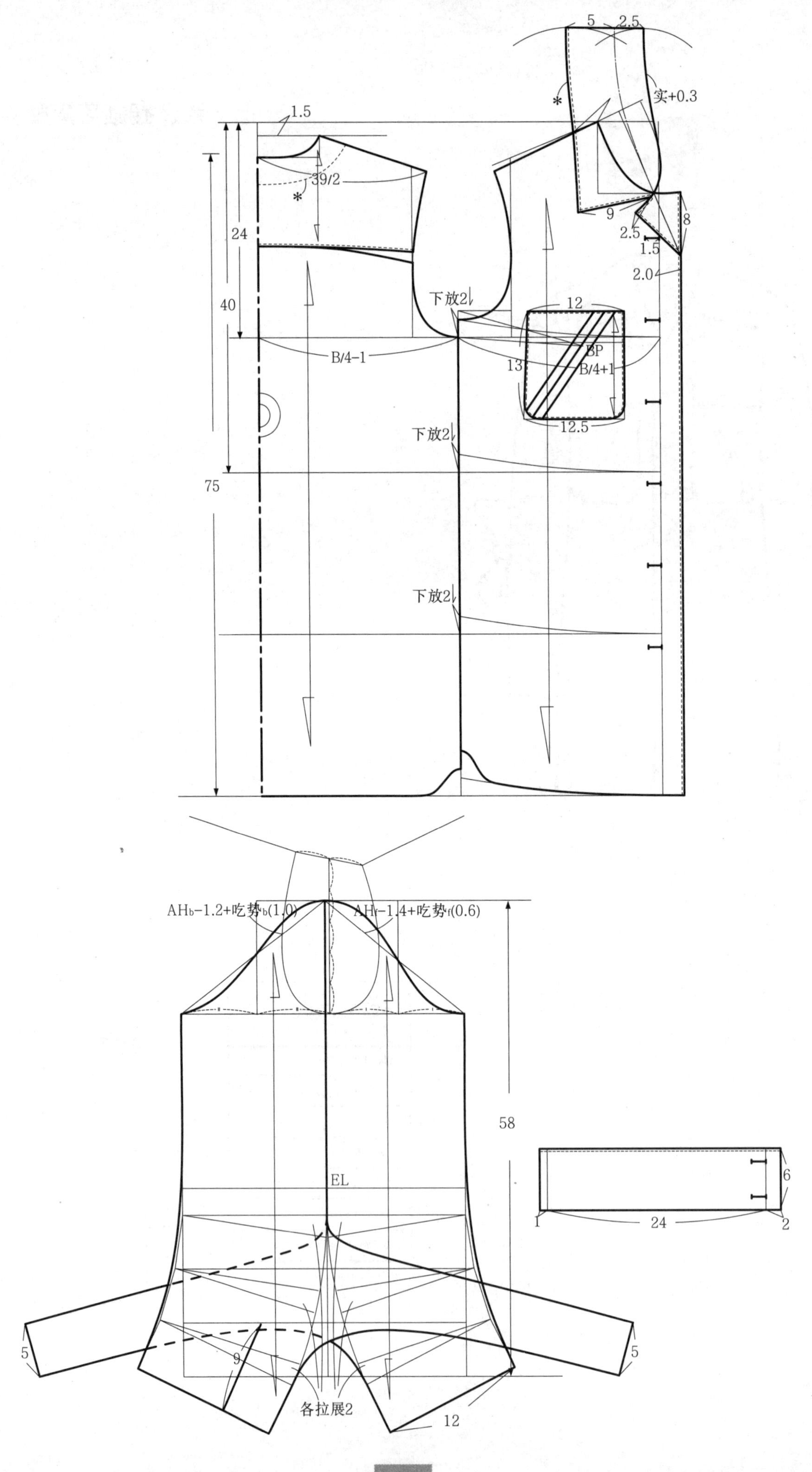

5
2.5
实+0.3
*
1.5
39/2
*
24
40
9
2.5
1.5
8
2.0
下放2
12
BP
B/4-1
13
B/4+1
12.5
75
下放2
下放2
AHb-1.2+吃势b(1.0)
AHf-1.4+吃势f(0.6)
58
EL
6
1
24
2
5
5
9
各拉展2
12

七十七、翻领抽褶袖蝴蝶结装束衬衫

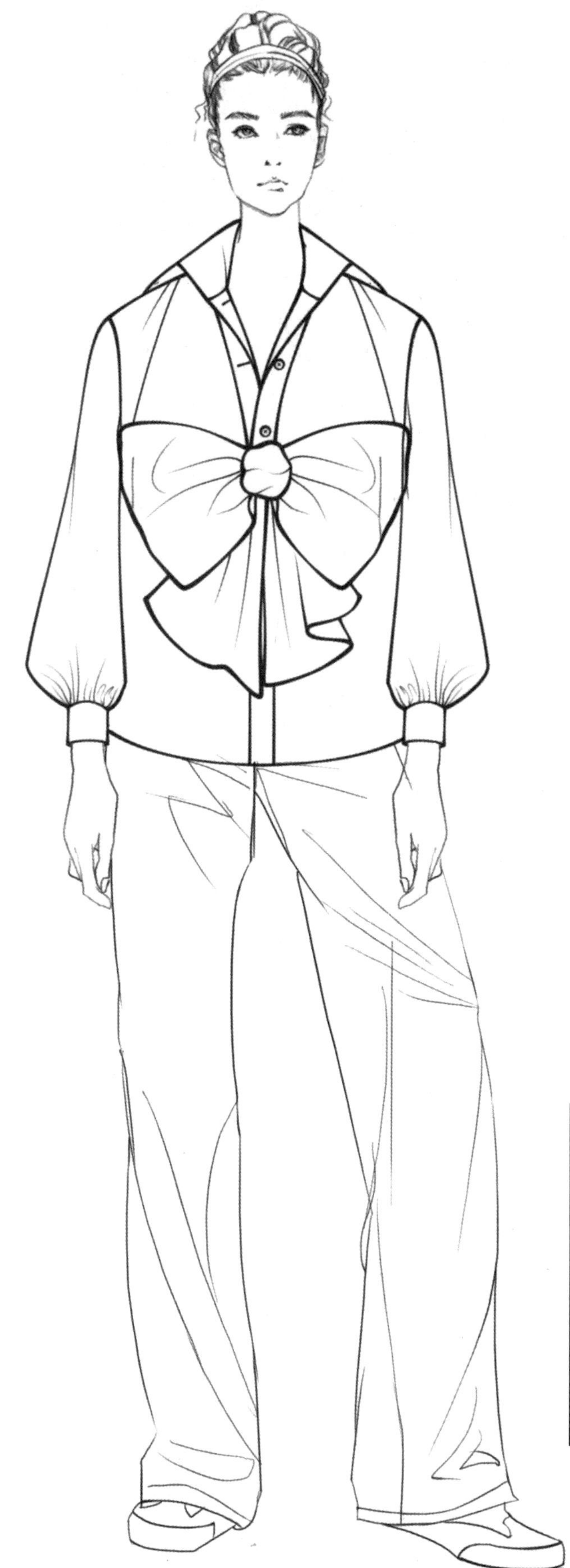

部位	规格（cm）
衣长（L）	60
胸围（B）	94
肩宽（S）	39
袖长（SL）	58
下摆	96
袖口（CW）	10
领围（N）	39
袖窿深	24

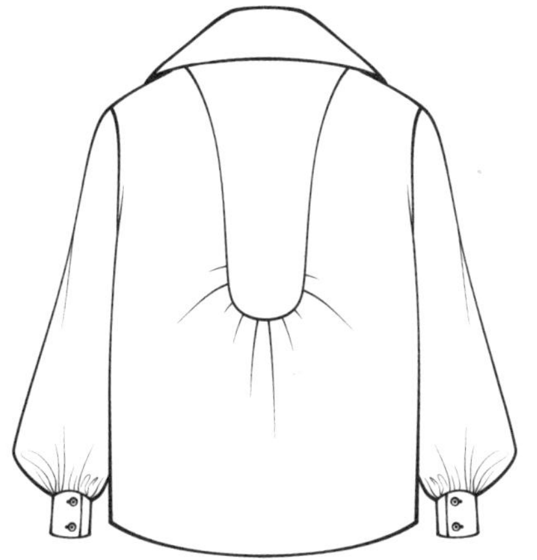

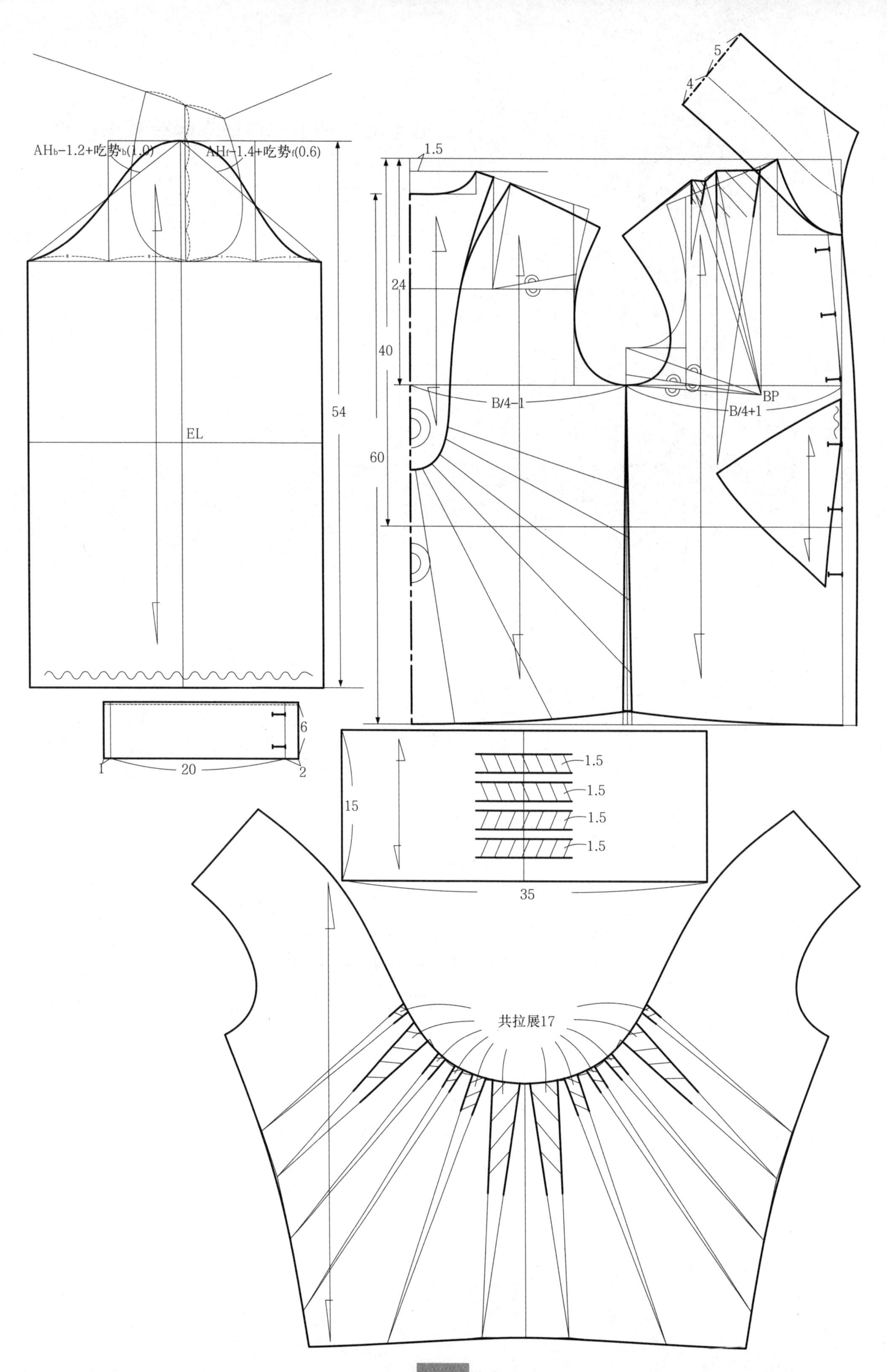
AHb-1.2+吃势b(1.0)
AHf-1.4+吃势f(0.6)
54
EL
6
1
20
2
5
4
1.5
24
40
60
B/4-1
BP
B/4+1
15
1.5
1.5
1.5
1.5
35
共拉展17

七十八、立领无袖抽褶衬衫

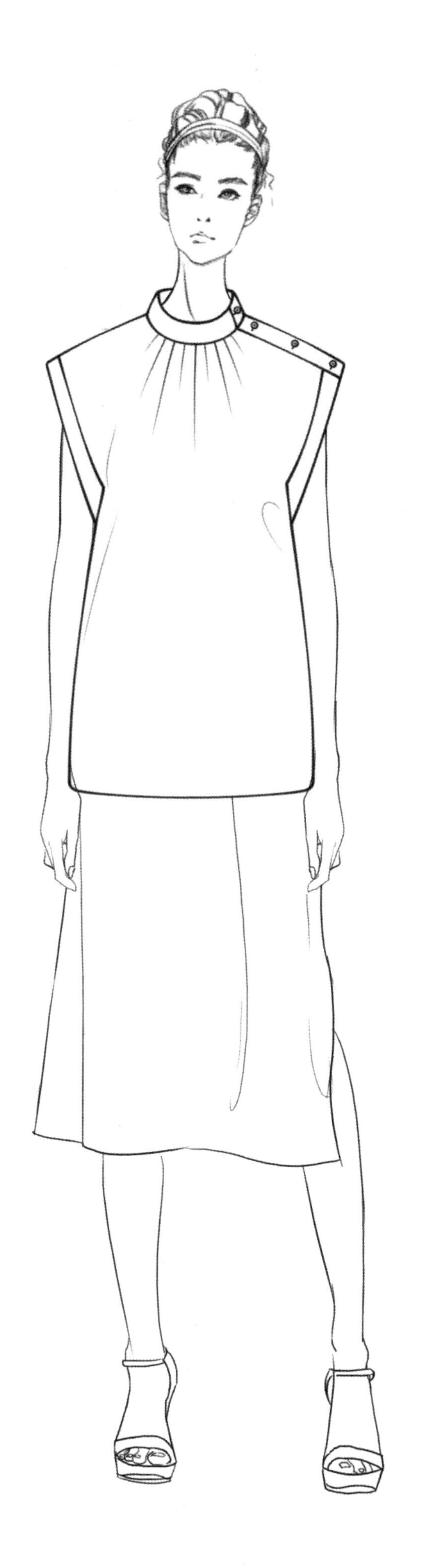

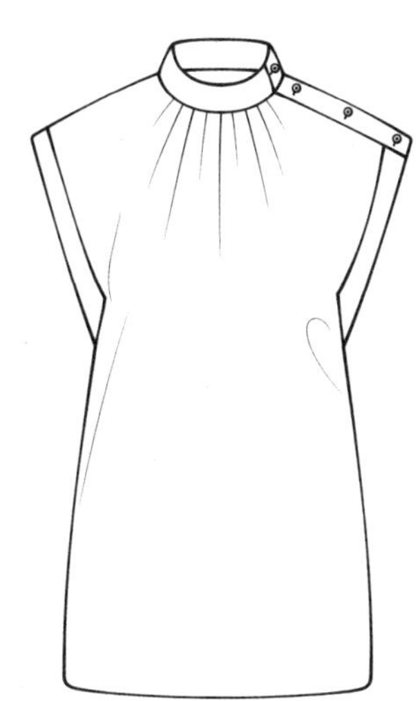

部位	规格（cm）
衣长（L）	70
胸围（B）	94
肩宽（S）	39
袖长（SL）	12
下摆	108
袖口（CW）	-
领围（N）	39
袖窿深	25

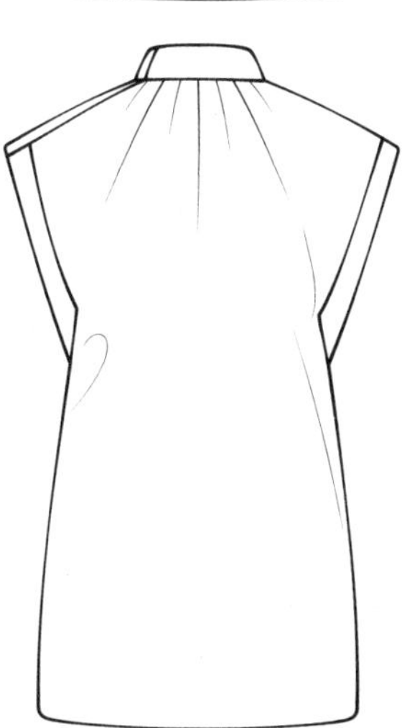

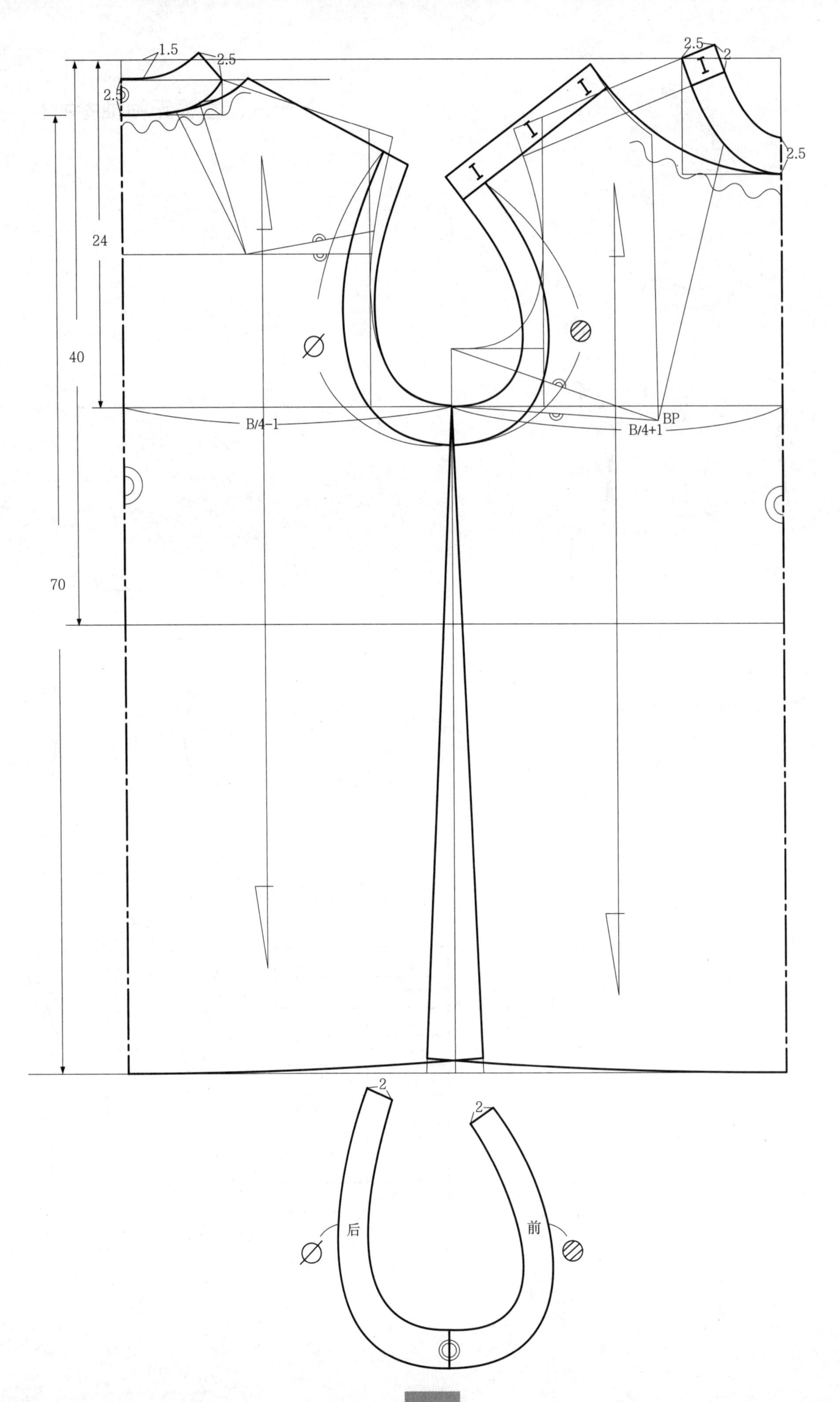

1.5
2.5
2.5
24
40
70
B/4-1
B/4+1
BP
2.5
2
2.5
2
2
后
前

七十九、立领抽褶袖套头衬衫

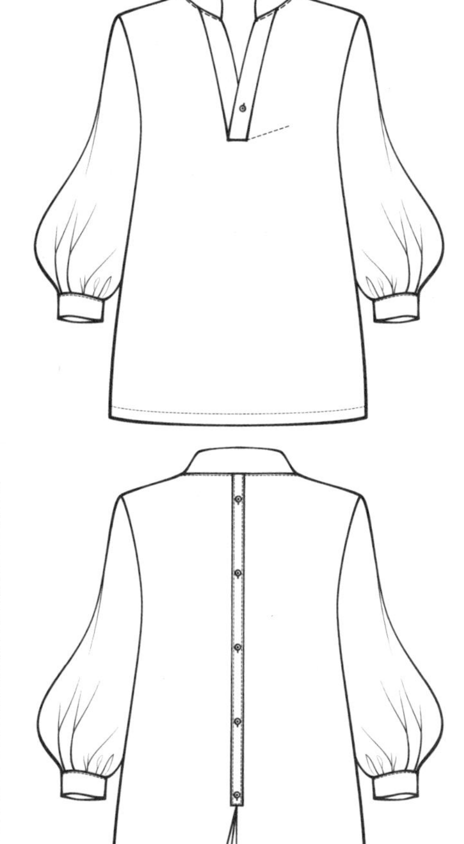

部位	规格（cm）
衣长（L）	60
胸围（B）	92
肩宽（S）	38
袖长（SL）	58
下摆	100
袖口（CW）	10.5
领围（N）	39
袖窿深	24

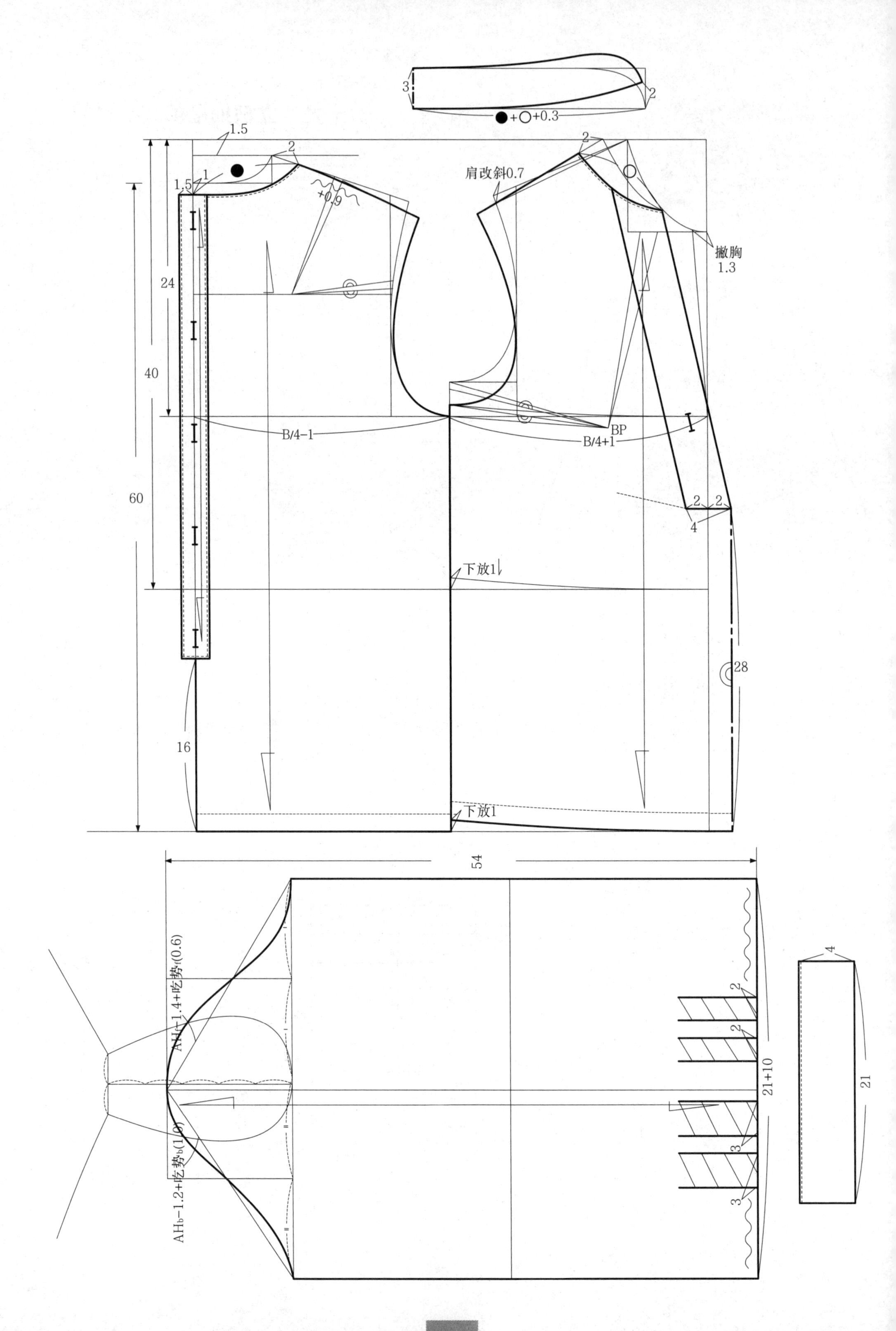

3
2
●+○+0.3
1.5
2
1.5
1
●
+0.9
2
肩改斜0.7
○
撇胸
1.3
24
40
60
B/4-1
BP
B/4+1
2
2
4
下放1
28
16
下放1
54
AH_f-1.4+吃势_f(0.6)
AH_b-1.2+吃势_b(1.0)
2
2
21+10
3
3
4
21

八十、青果形翻领长袖分割衬衫

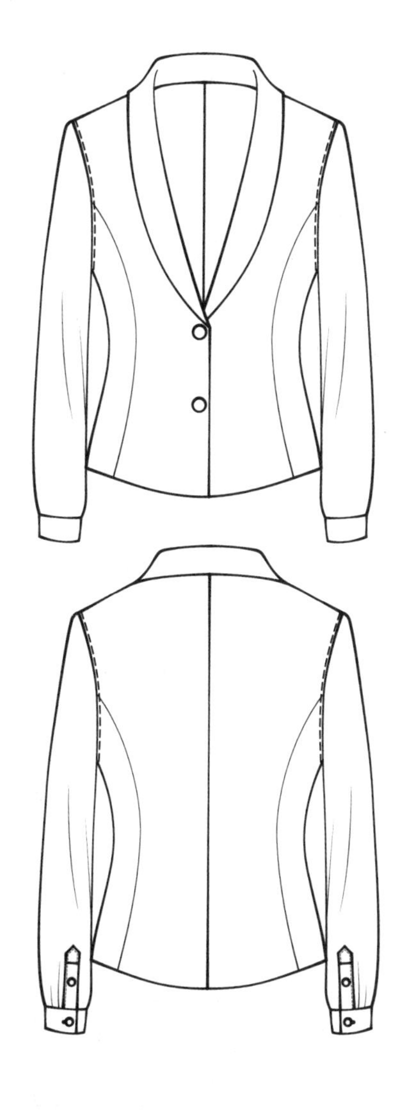

部位	规格（cm）
衣长（L）	55
胸围（B）	90
肩宽（S）	38
袖长（SL）	58
腰围（W）	73
袖口（CW）	10.5
领围（N）	39
袖窿深	24
下摆	80

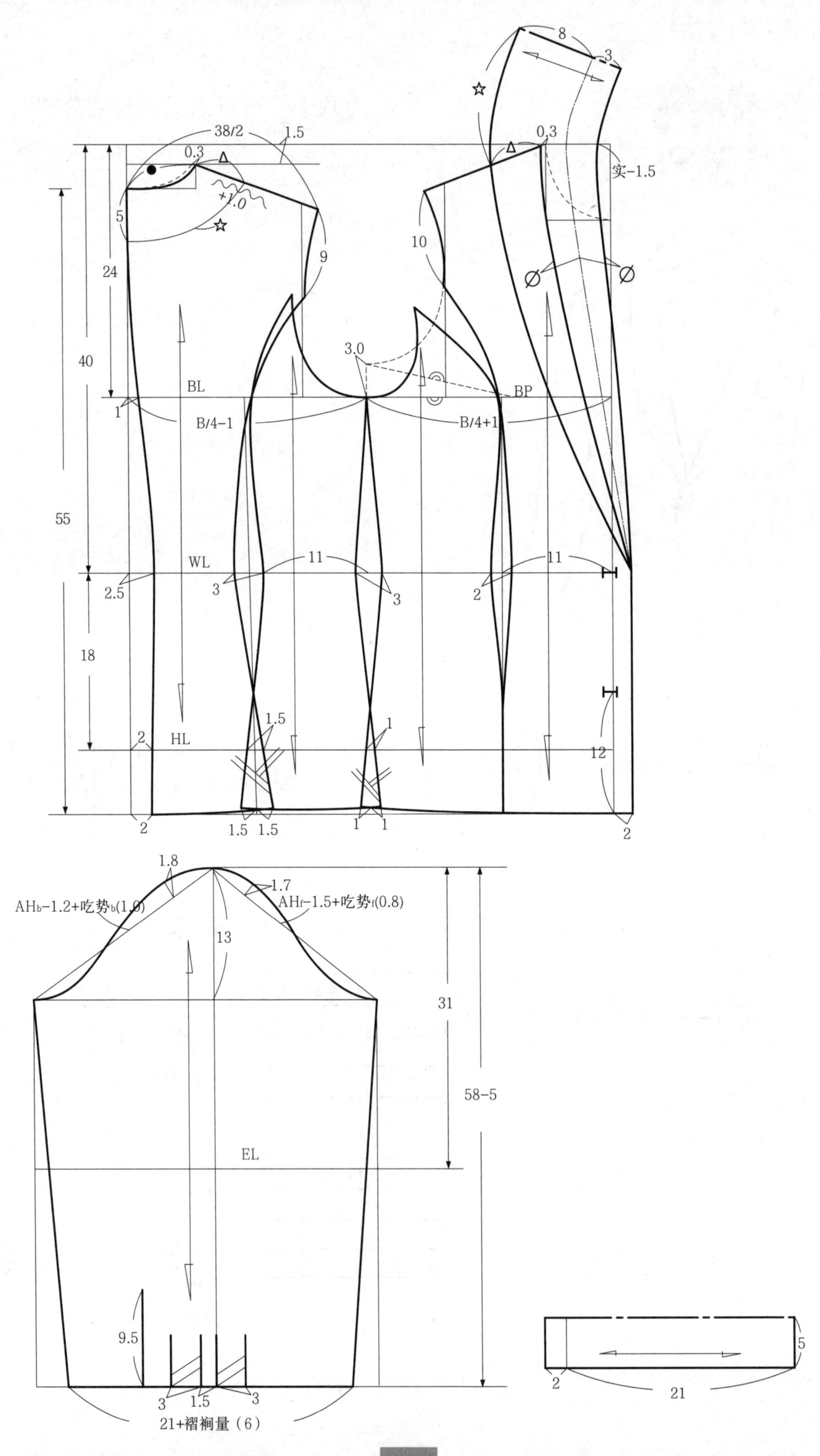

38/2
1.5
0.3
+1.0
5
24
40
55
9
10
3.0
BL
BP
B/4-1
B/4+1
WL
11
11
2.5
3
3
2
18
1.5
1
HL
2
12
1.5
1.5
1
1
2
2
8
3
0.3
实-1.5
1.8
1.7
AHb-1.2+吃势b(1.0)
AHf-1.5+吃势f(0.8)
13
31
58-5
EL
9.5
3
1.5
3
21+褶裥量（6）
5
2
21

八十一、荷叶边领抽褶袖衬衫

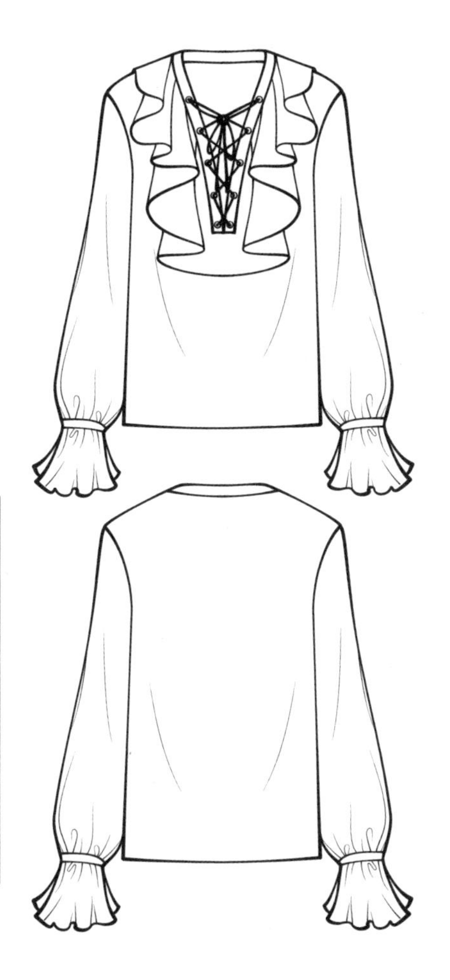

部位	规格（cm）
衣长（L）	60
胸围（B）	94
肩宽（S）	38
袖长（SL）	60
下摆	94
袖口（CW）	9
领围（N）	39
袖窿深	23.5

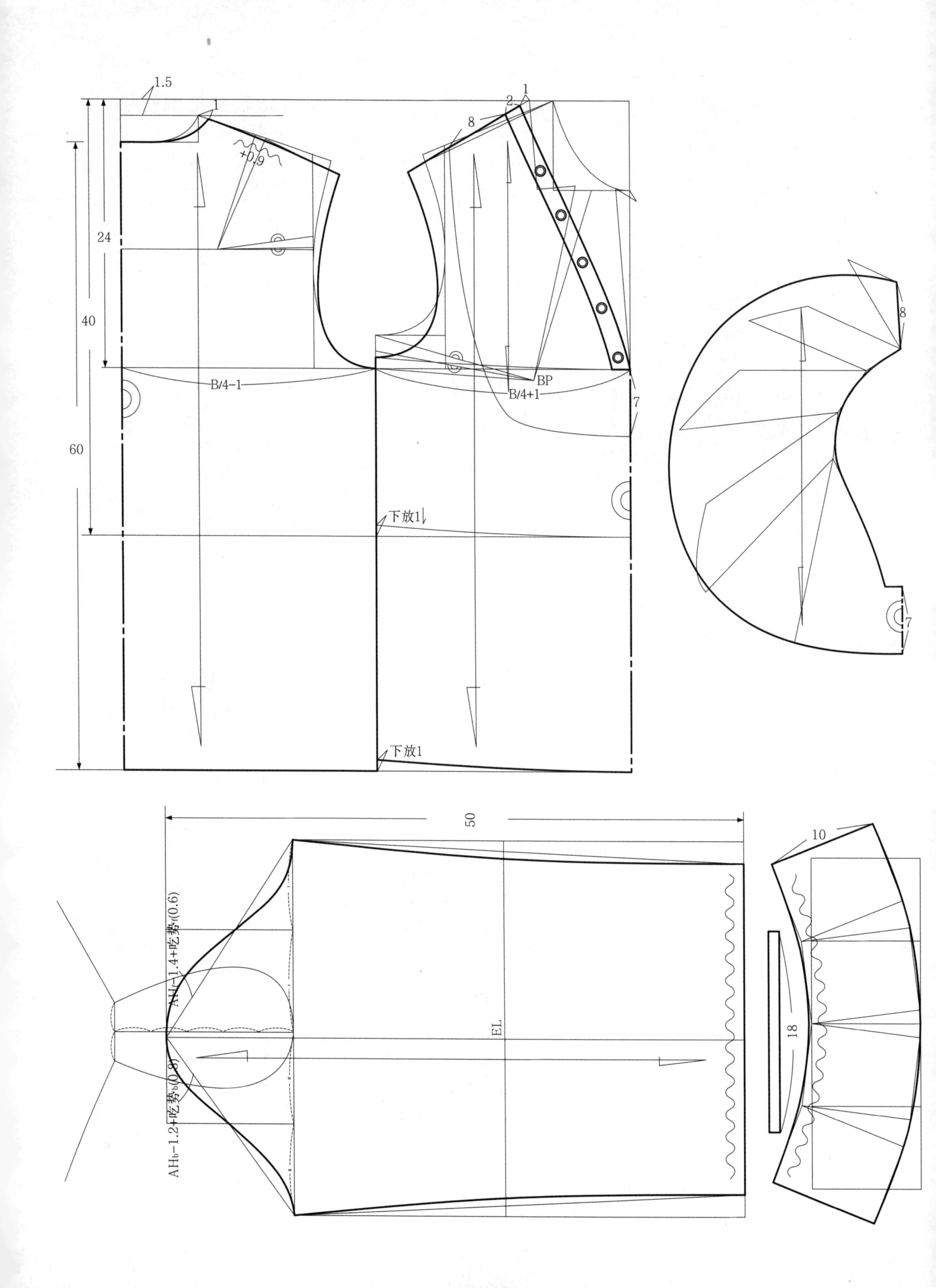

1.5
1
+0.9
24
40
60
B/4-1
2
1
8
BP
B/4+1
7
下放1
下放1
8
7
50
AHf-1.4+吃势f(0.6)
AHb-1.2+吃势b(0.8)
EL
10
18

八十二、花边领抽褶袖缉塔克衬衫

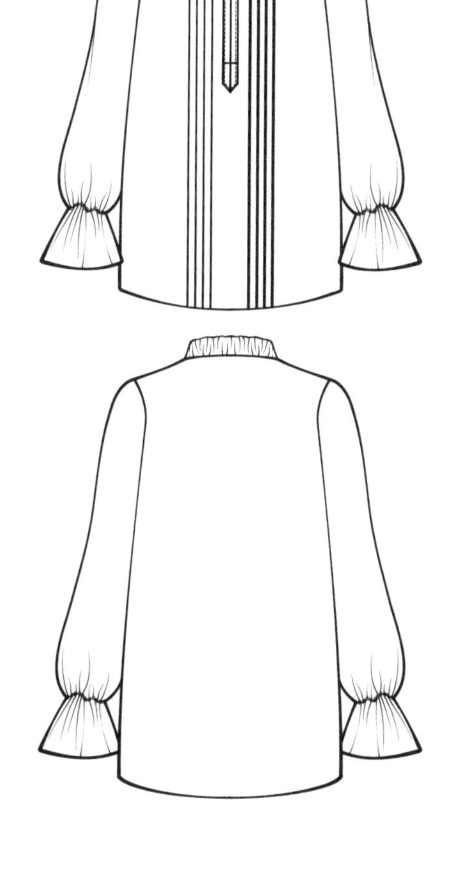

部位	规格（cm）
衣长（L）	65
胸围（B）	94
肩宽（S）	38
袖长（SL）	58
下摆	100
袖口（CW）	9
领围（N）	39
袖窿深	23.5

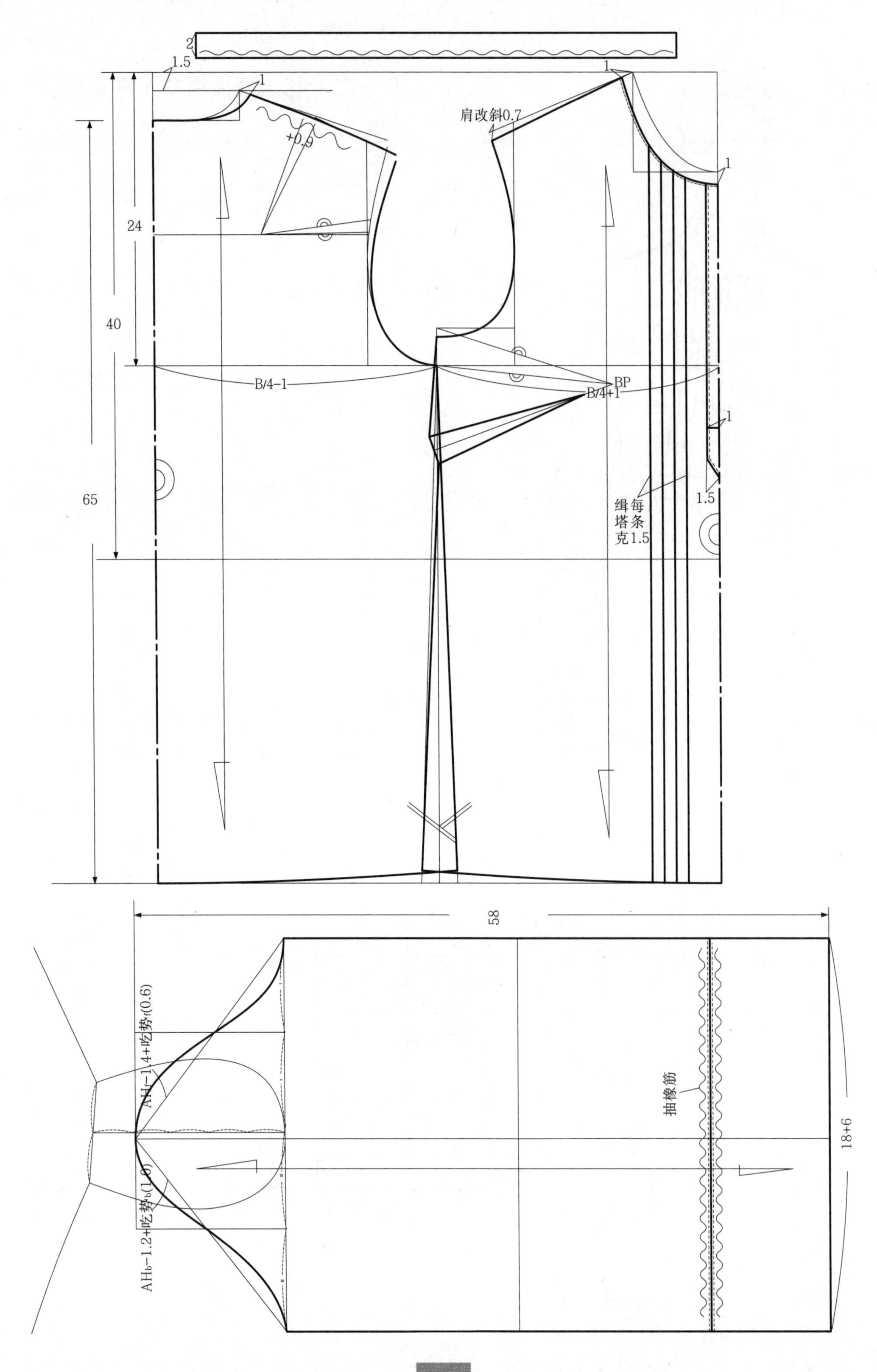

2
1.5
1
1
肩改斜0.7
+0.9
1
24
40
65
B/4-1
BP
B/4+1
1
缉塔克
每条1.5
1.5
58
AHf-1.4+吃势f(0.6)
AHb-1.2+吃势b(1.0)
抽橡筋
18+6

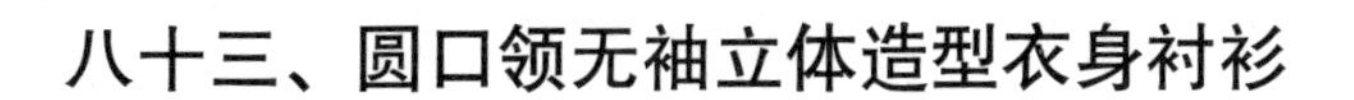

八十三、圆口领无袖立体造型衣身衬衫

部位	规格（cm）
衣长（L）	55
胸围（B）	88
肩宽（S）	36
袖长（SL）	-
腰围（W）	72
下摆	94
领围（N）	39
袖窿深	22

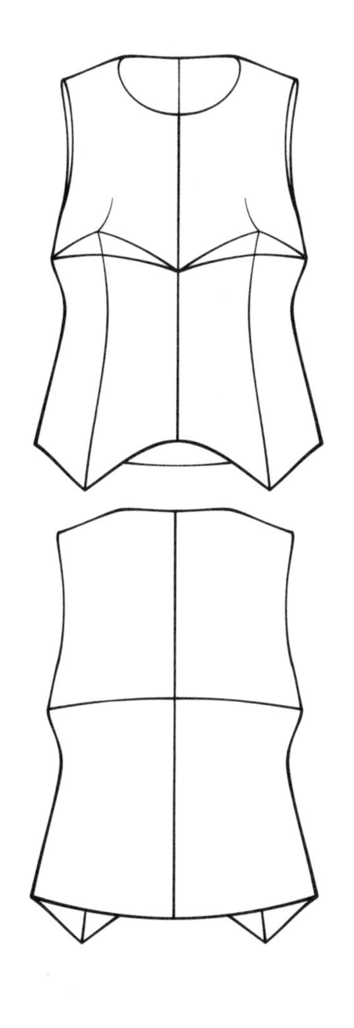

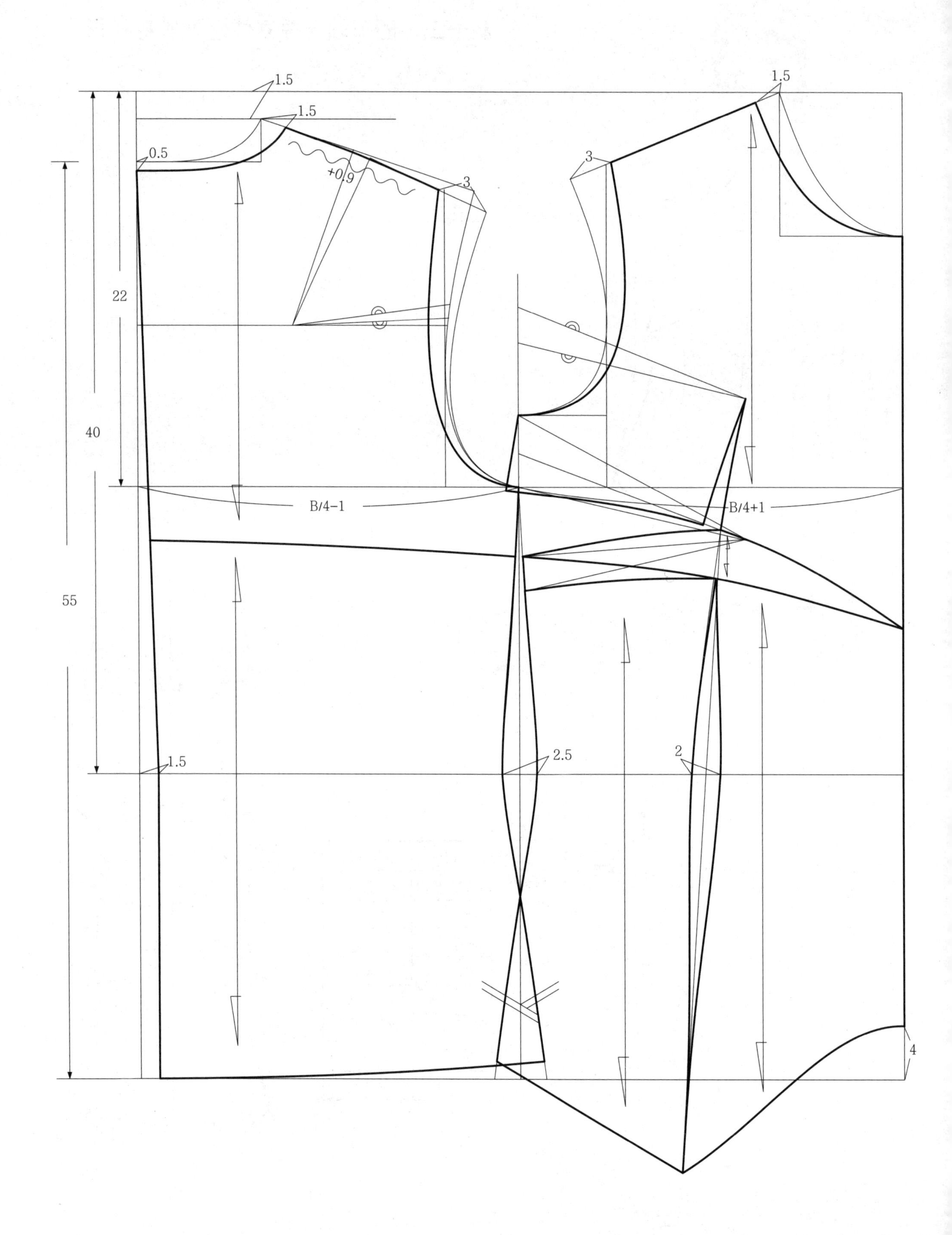

1.5
1.5
0.5
+0.9
3
3
1.5
22
40
55
B/4-1
B/4+1
1.5
2.5
2
4

八十四、交叉折叠衬衫

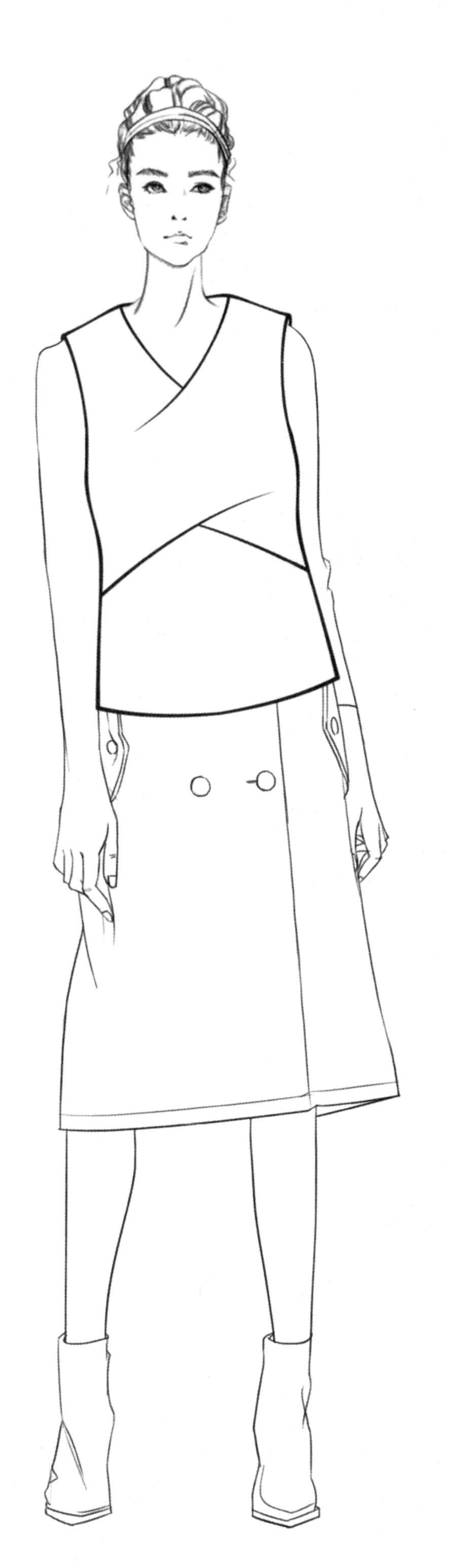

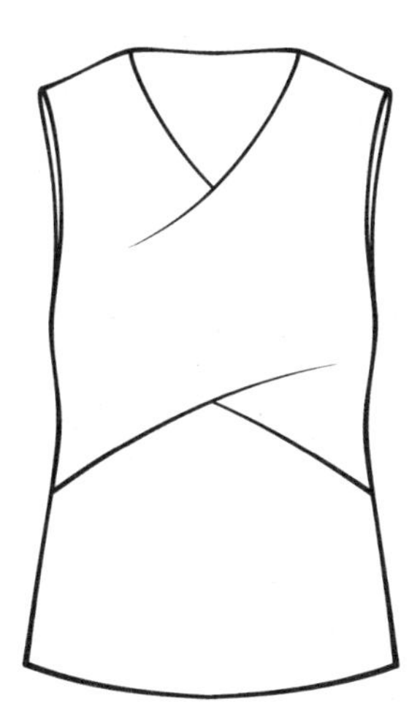

部位	规格（cm）
衣长（L）	60
胸围（B）	88
肩宽（S）	35
袖长（SL）	-
腰围（W）	72
下摆	98
领围（N）	39
袖窿深	22

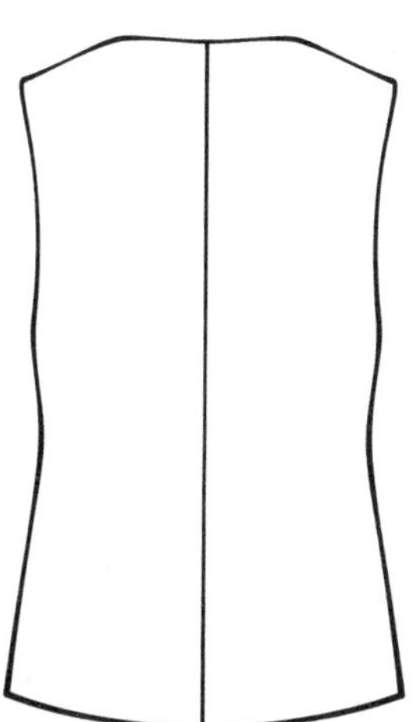

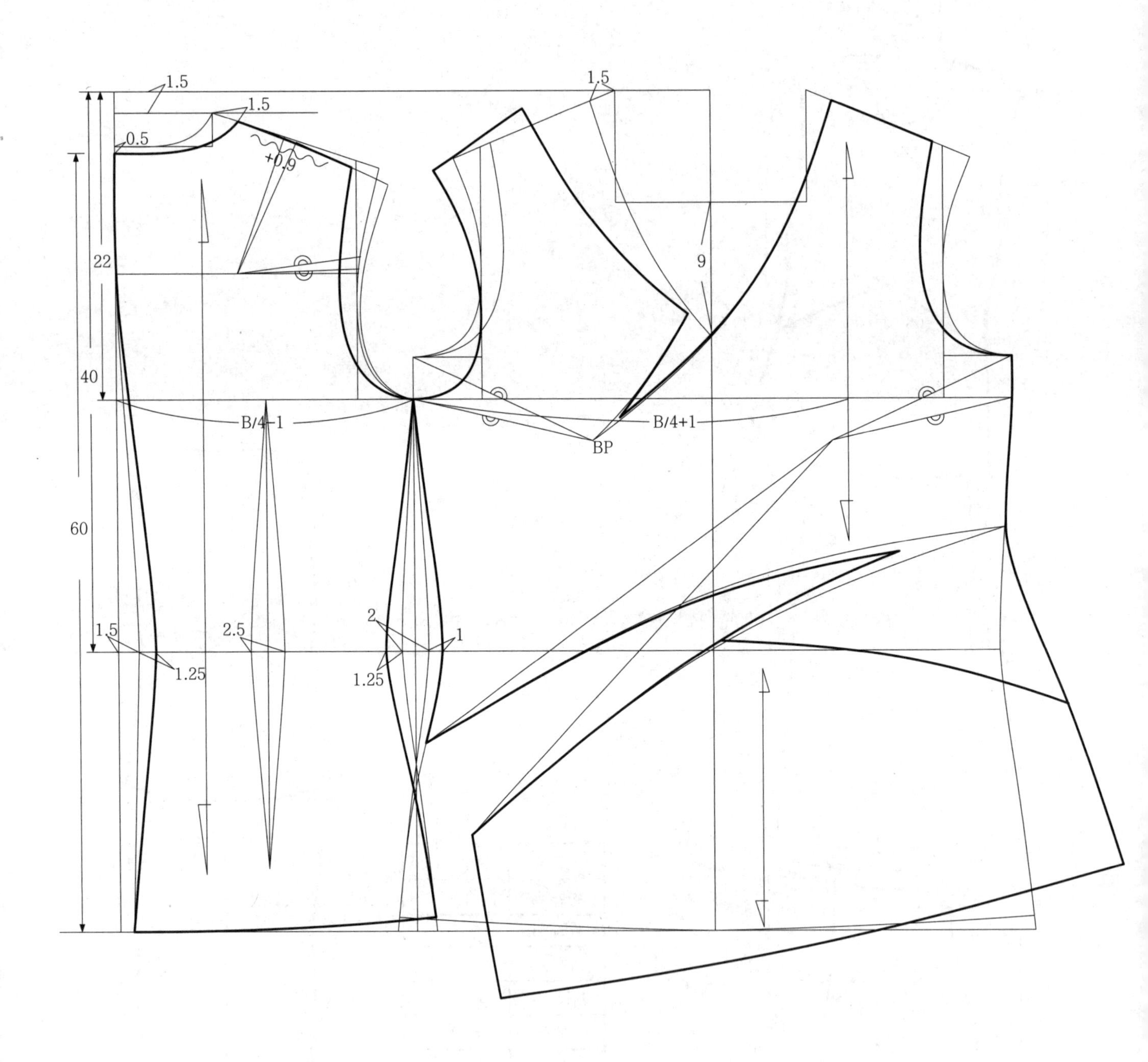
1.5
1.5
0.5
+0.9
22
40
B/4-1
60
1.5
2.5
1.25
2
1
1.25
1.5
9
BP
B/4+1

八十五、垂荡领无袖衬衫

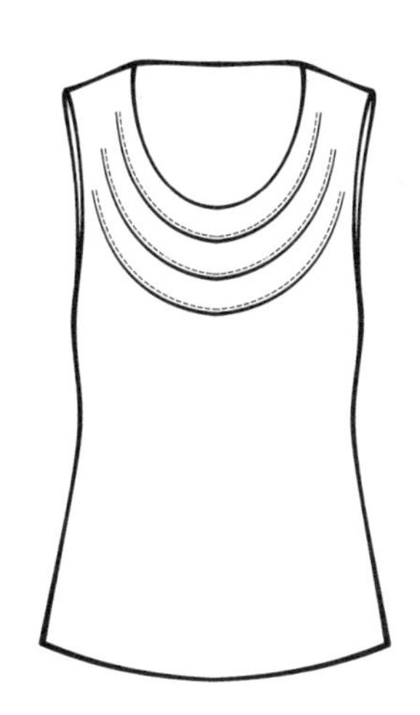

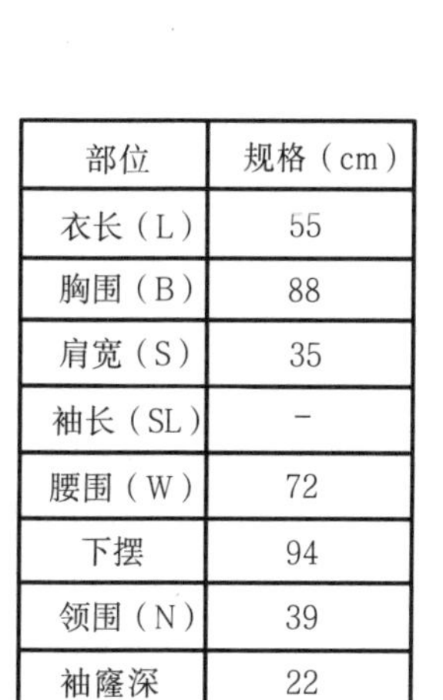

部位	规格（cm）
衣长（L）	55
胸围（B）	88
肩宽（S）	35
袖长（SL）	-
腰围（W）	72
下摆	94
领围（N）	39
袖窿深	22

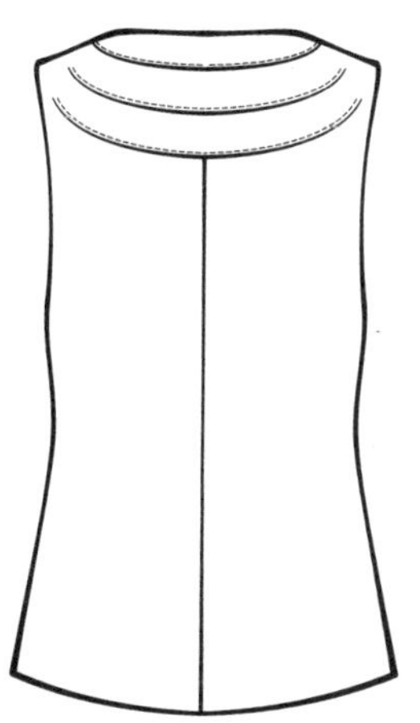

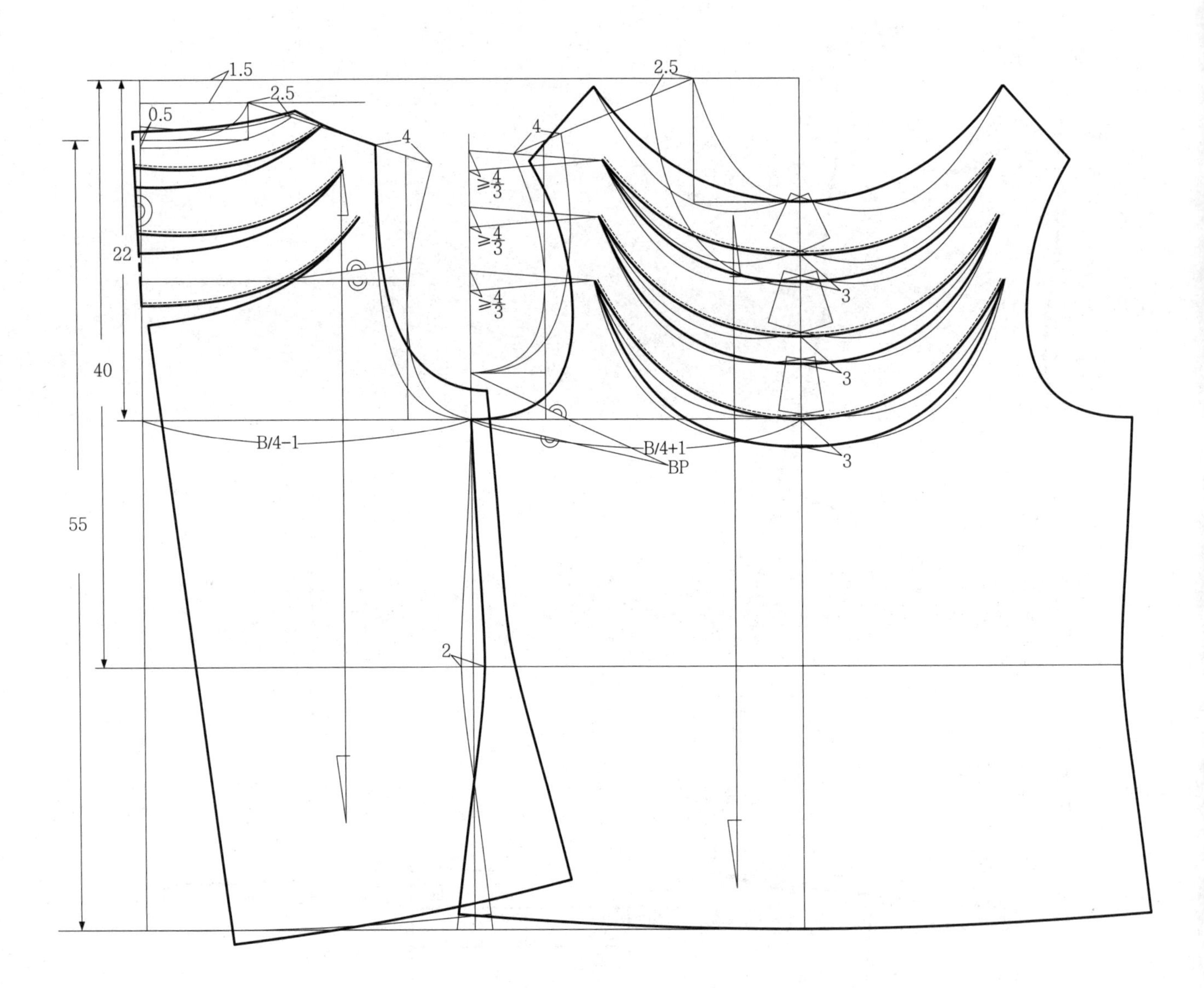
1.5
2.5
2.5
0.5
4
4
≥4/3
≥4/3
≥4/3
22
40
3
3
3
B/4-1
B/4+1
BP
55
2

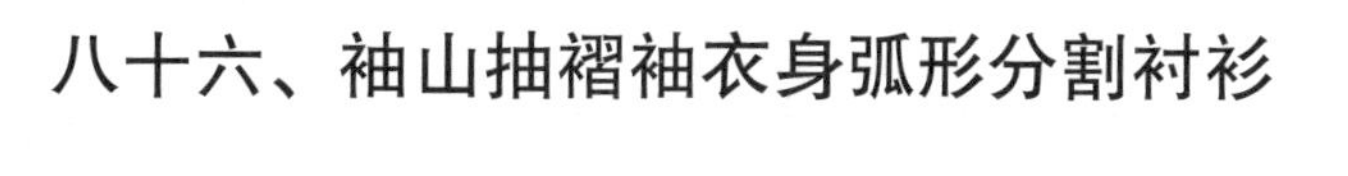

八十六、袖山抽褶袖衣身弧形分割衬衫

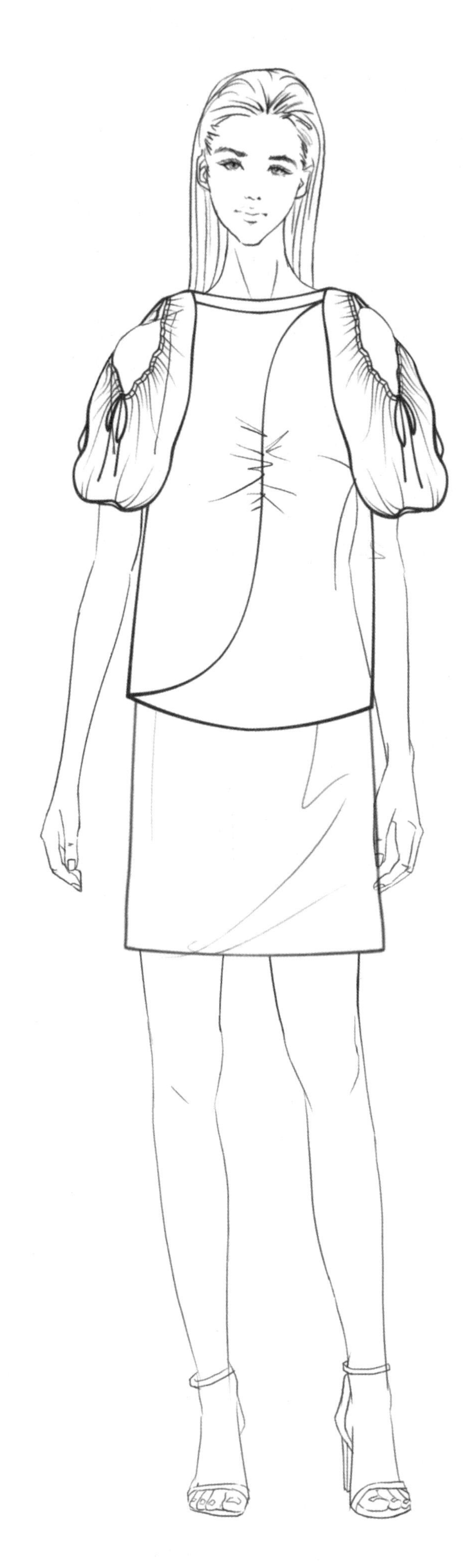

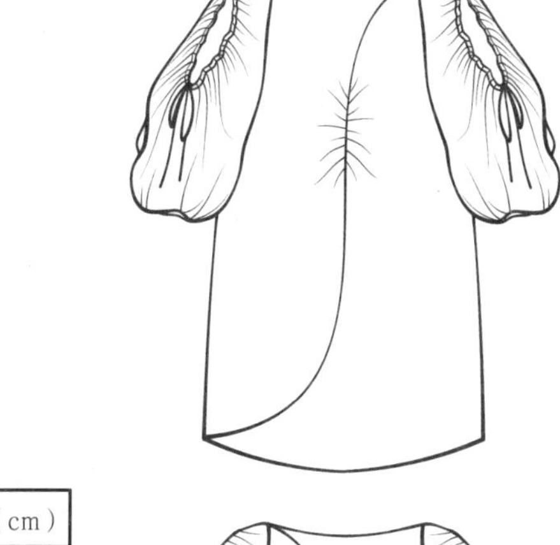

部位	规格（cm）
衣长（L）	60
胸围（B）	90
肩宽（S）	38
袖长（SL）	15
袖肥（SW）	-
袖口（CW）	14
领围（N）	39
下摆	100

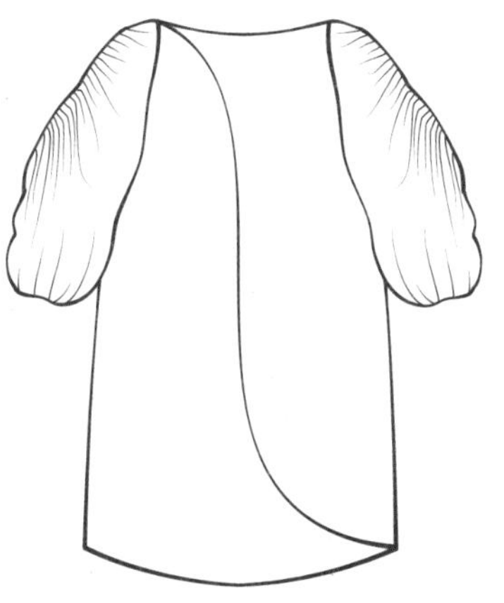

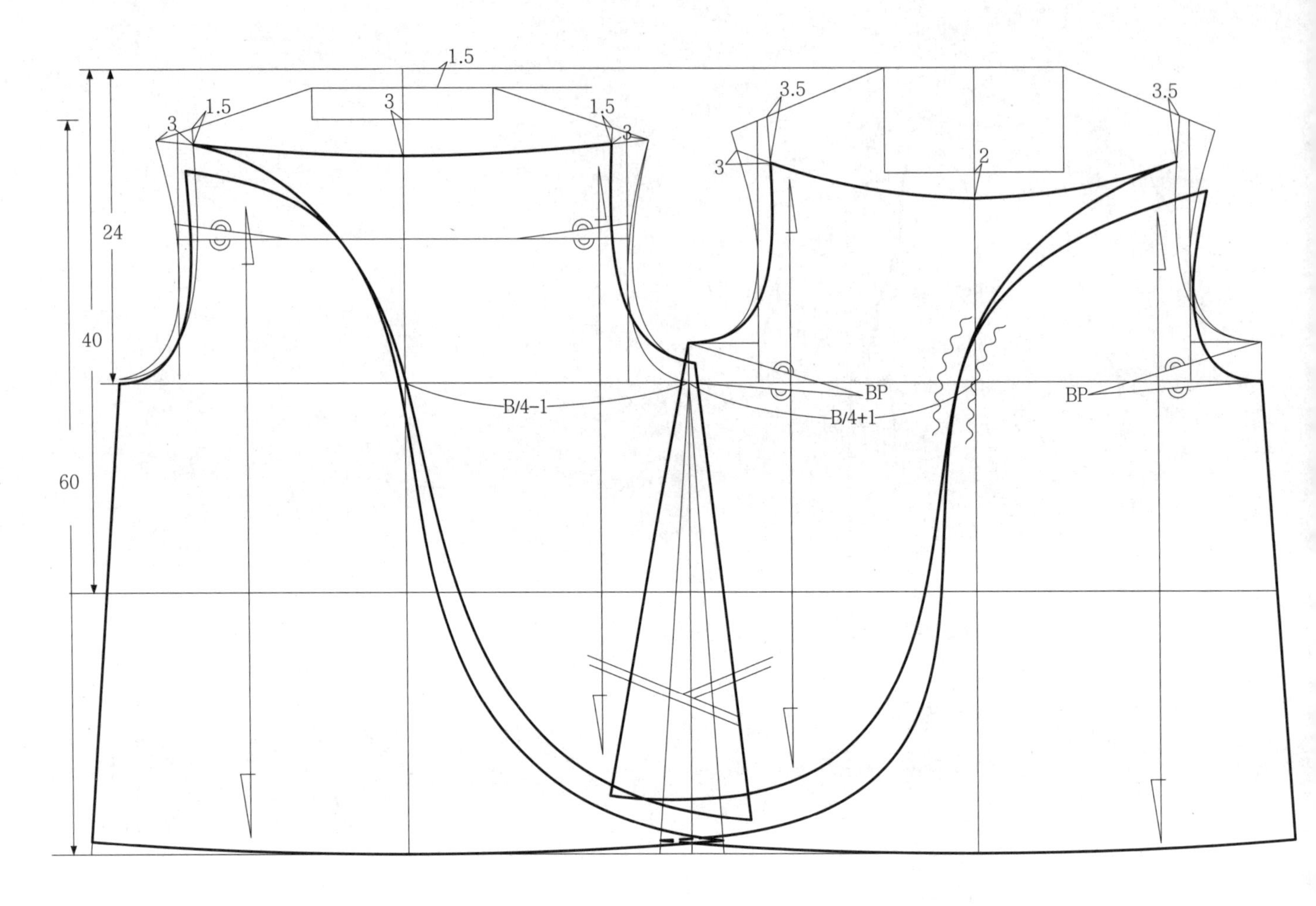

1.5
3
1.5
3
1.5
3
3.5
3.5
3
2
24
40
60
B/4-1
B/4+1
BP
BP

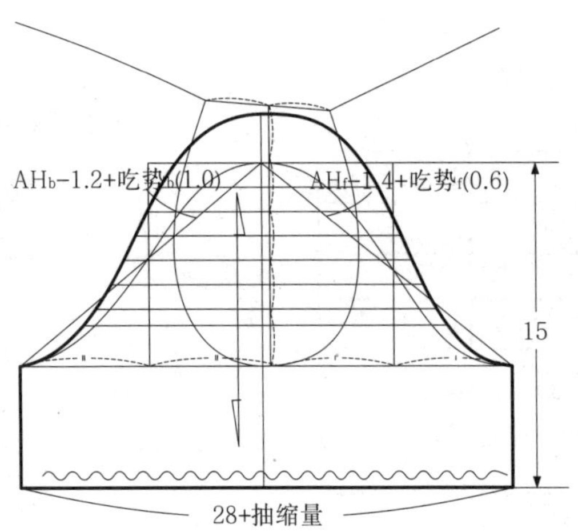

AHb-1.2+吃势b(1.0)
AHf-1.4+吃势f(0.6)
15
28+抽缩量

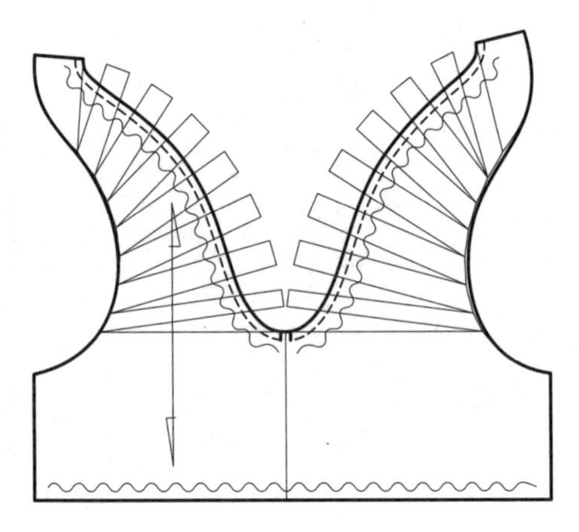

八十七、交叠领抽褶衣身衬衫

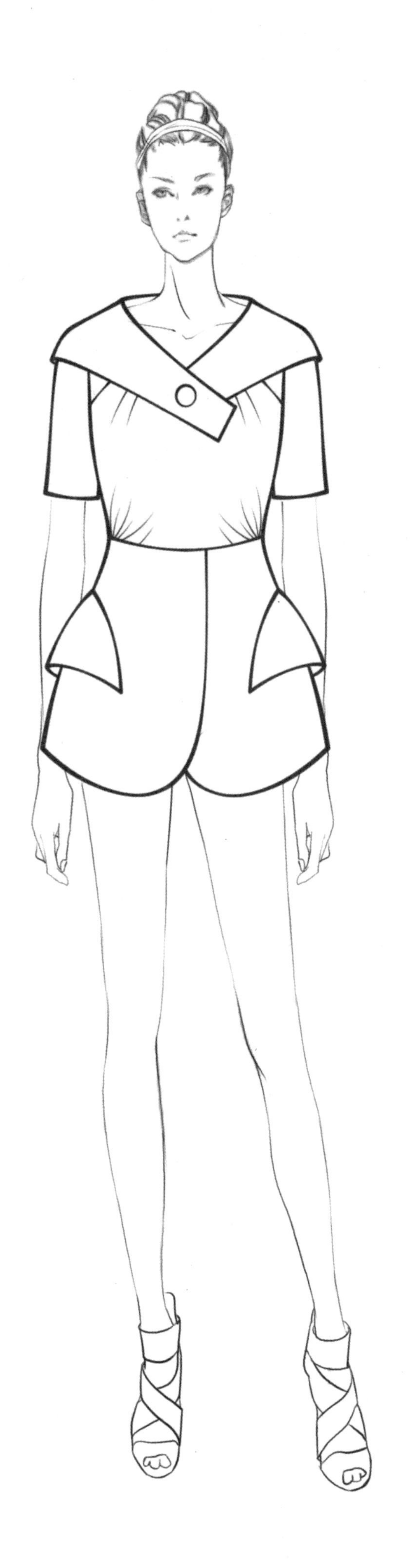

部位	规格（cm）
衣长（L）	40+25
胸围（B）	88
肩宽（S）	38
袖长（SL）	25
腰围（W）	72
袖口（CW）	13
领围（N）	39
袖窿深	24
下摆	100

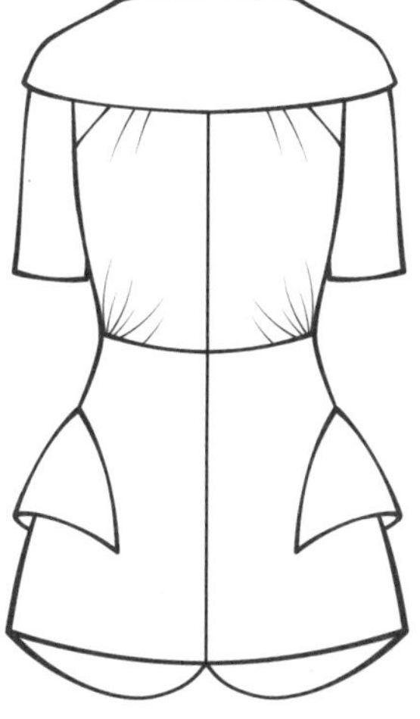

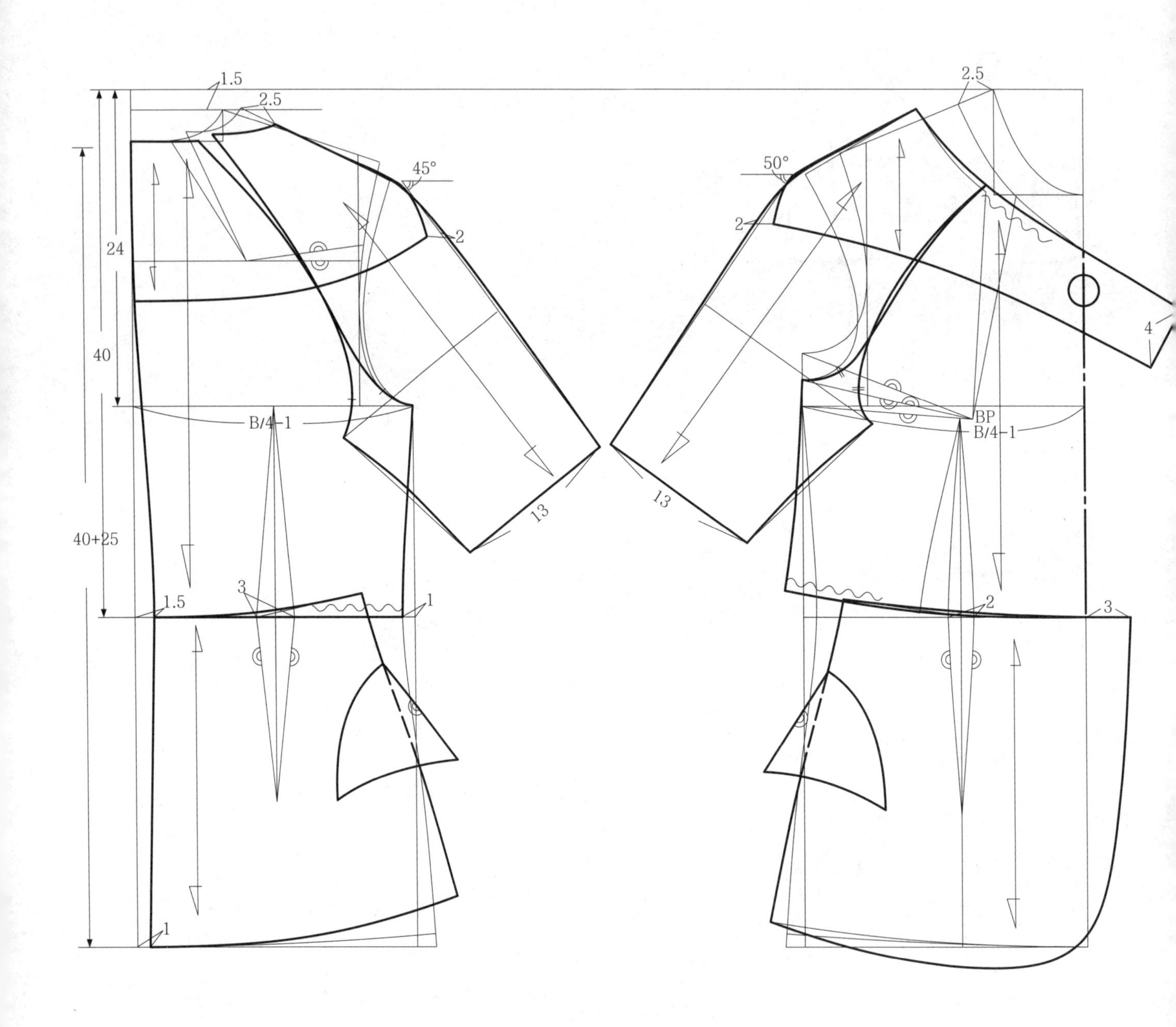

1.5
2.5
45°
2
24
40
B/4-1
40+25
13
1.5
3
1
1
2.5
50°
2
4
BP
B/4-1
13
2
3

八十八、抽褶袖 T 字形分割衬衫

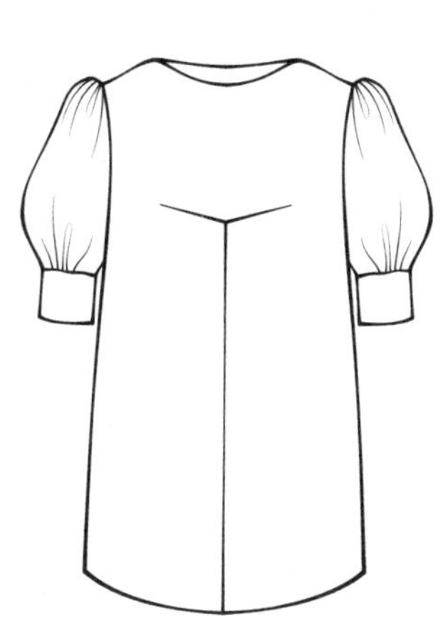

部位	规格（cm）
衣长（L）	65
胸围（B）	90
肩宽（S）	35
袖长（SL）	25
下摆	100
袖口（CW）	12.5
领围（N）	39
袖窿深	23

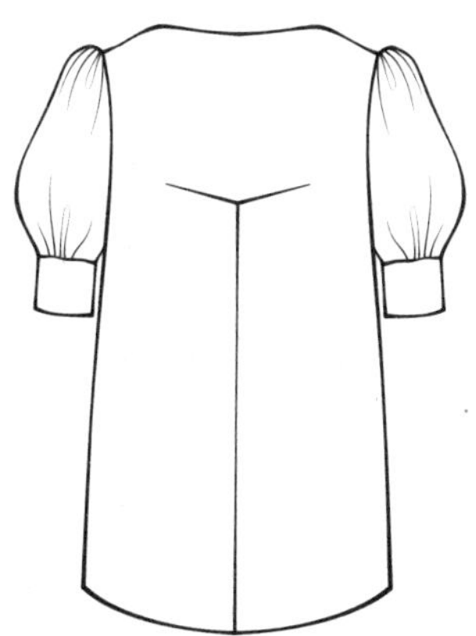

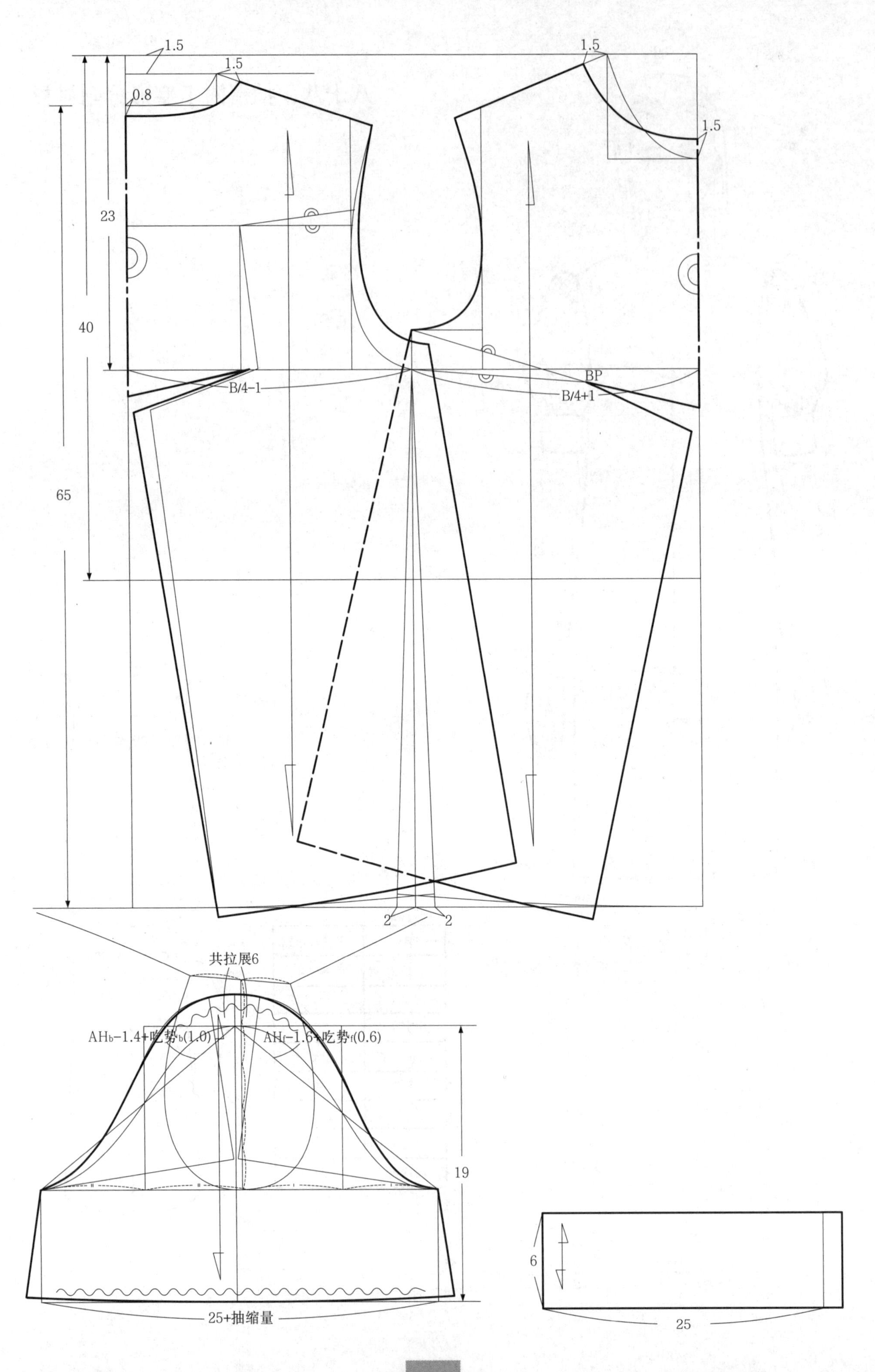

1.5
1.5
0.8
1.5
1.5
23
40
65
BP
B/4-1
B/4+1
2
2
共拉展6
AHb-1.4+吃势b(1.0)
AHf-1.6+吃势f(0.6)
19
6
25+抽缩量
25

八十九、交叉折叠衣身衬衫

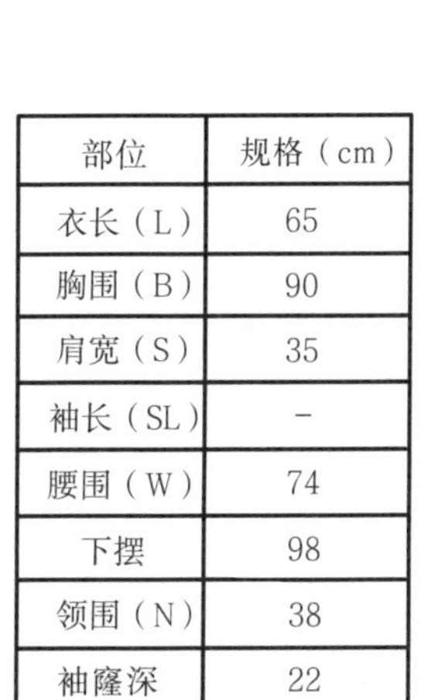

部位	规格（cm）
衣长（L）	65
胸围（B）	90
肩宽（S）	35
袖长（SL）	-
腰围（W）	74
下摆	98
领围（N）	38
袖窿深	22

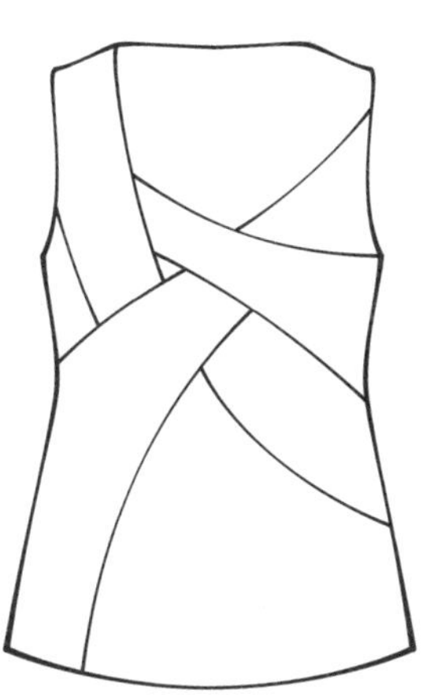

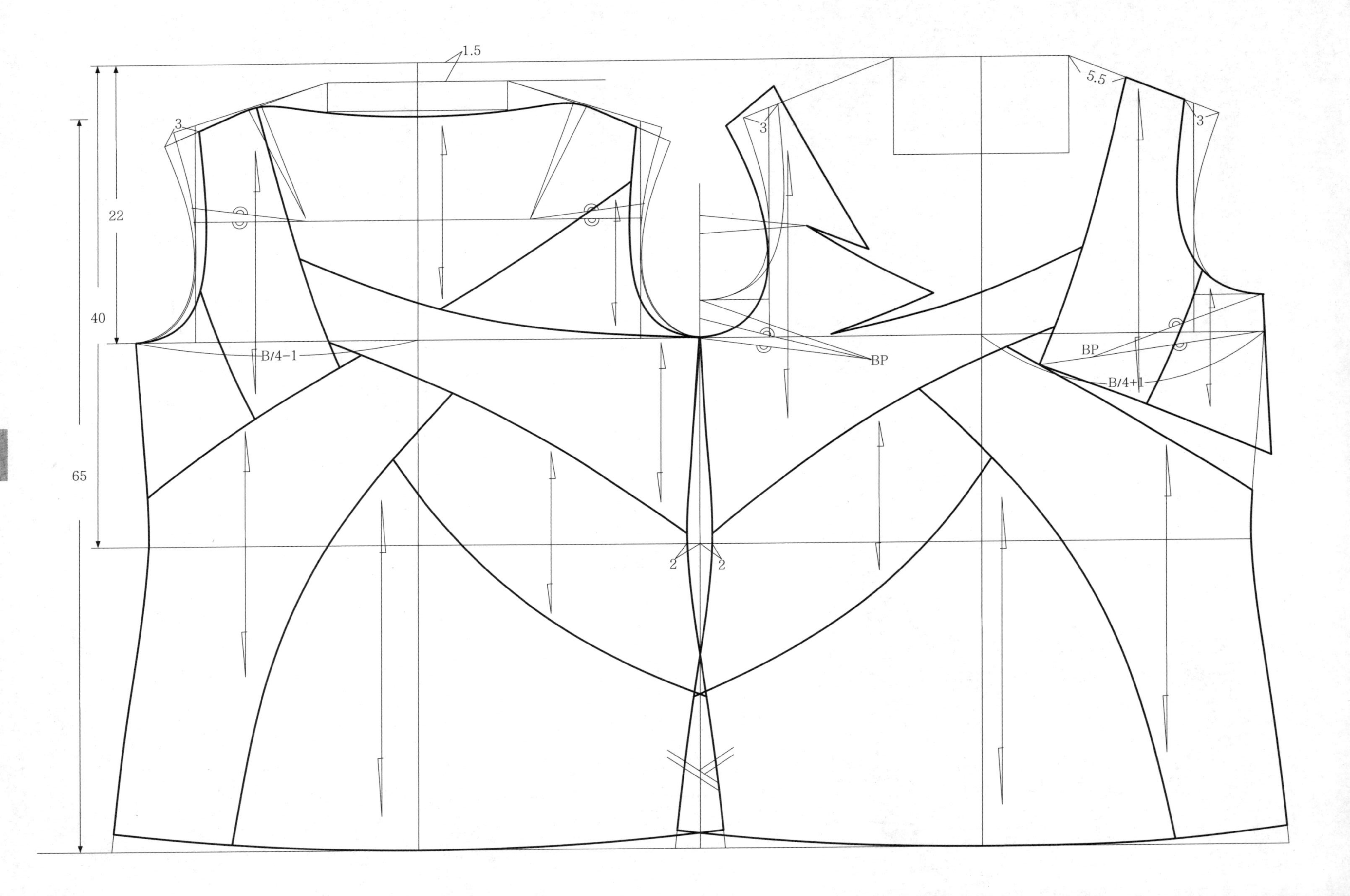
1.5
5.5
3
3
3
22
40
65
B/4−1
BP
BP
B/4+1
2
2

九十、大坦领抽褶袖衬衫

部位	规格（cm）
衣长（L）	65
胸围（B）	90
肩宽（S）	35
袖长（SL）	60
下摆	100
袖口（CW）	10
领围（N）	39
袖窿深	24

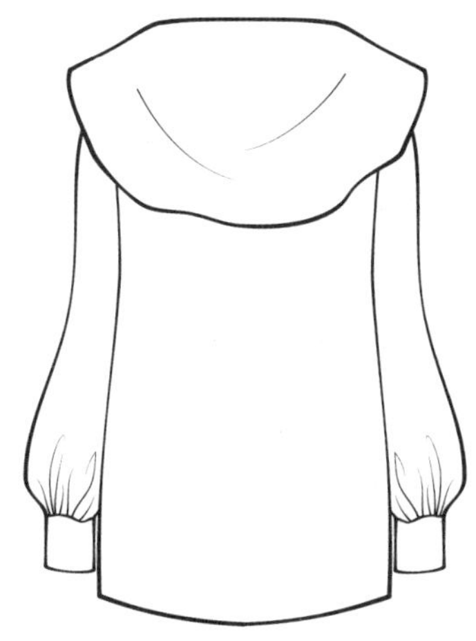

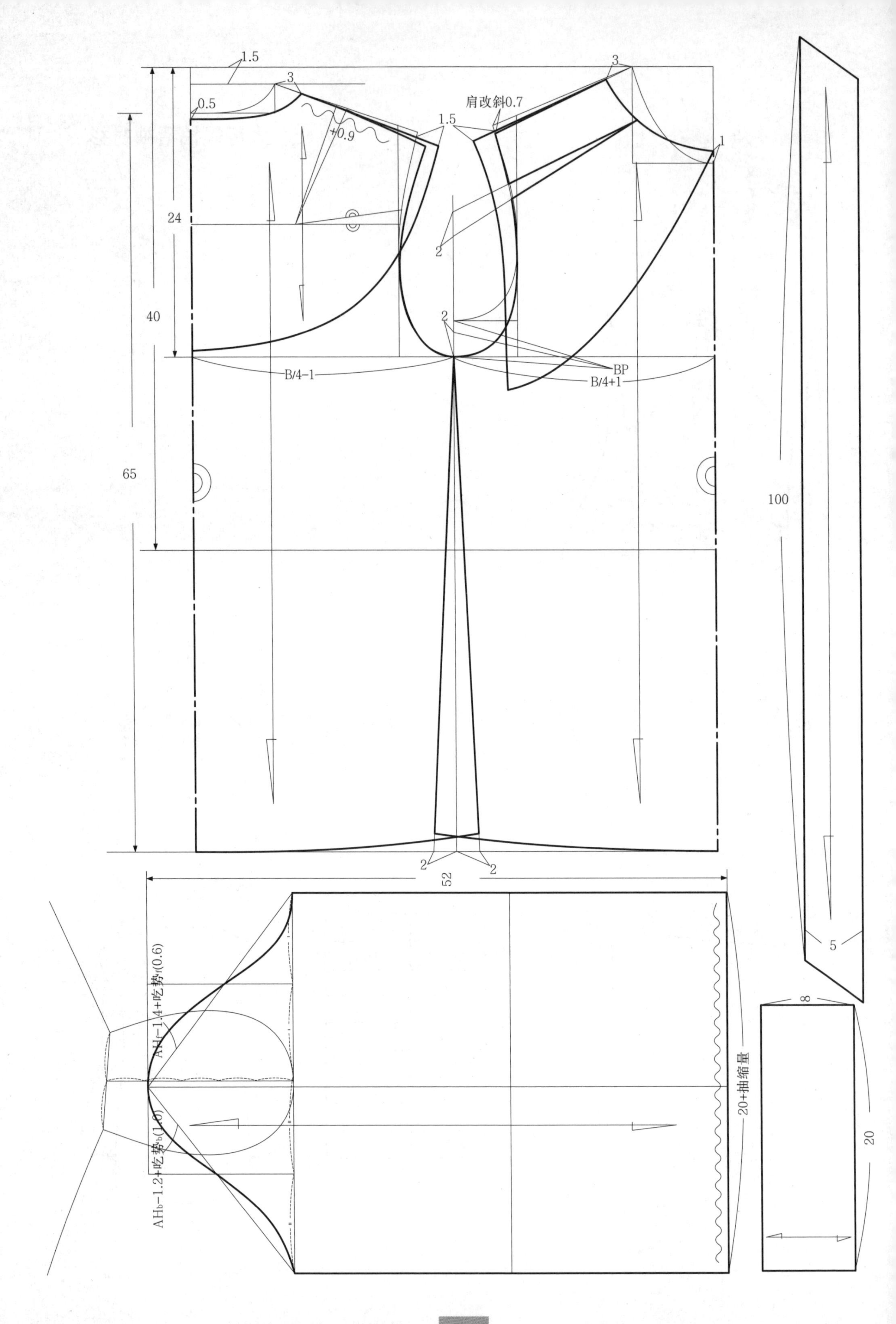

1.5
3
0.5
+0.9
1.5
肩改斜0.7
3
1
24
2
40
2
BP
B/4-1
B/4+1
65
100
2
2
52
5
8
AHf-1.4+吃势f(0.6)
AHb-1.2+吃势b(1.0)
20+抽缩量
20

九十一、圆口领插肩短袖抽褶衬衫

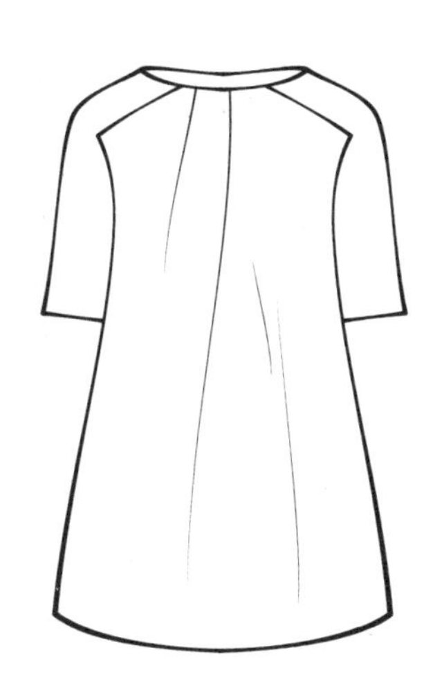

部位	规格（cm）
衣长（L）	70
胸围（B）	90
肩宽（S）	38
袖长（SL）	28
臀围（H）	105
袖口（CW）	13
领围（N）	39
袖窿深	24

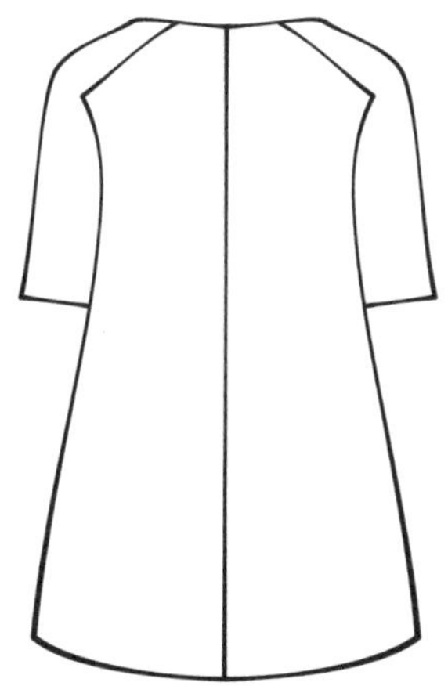

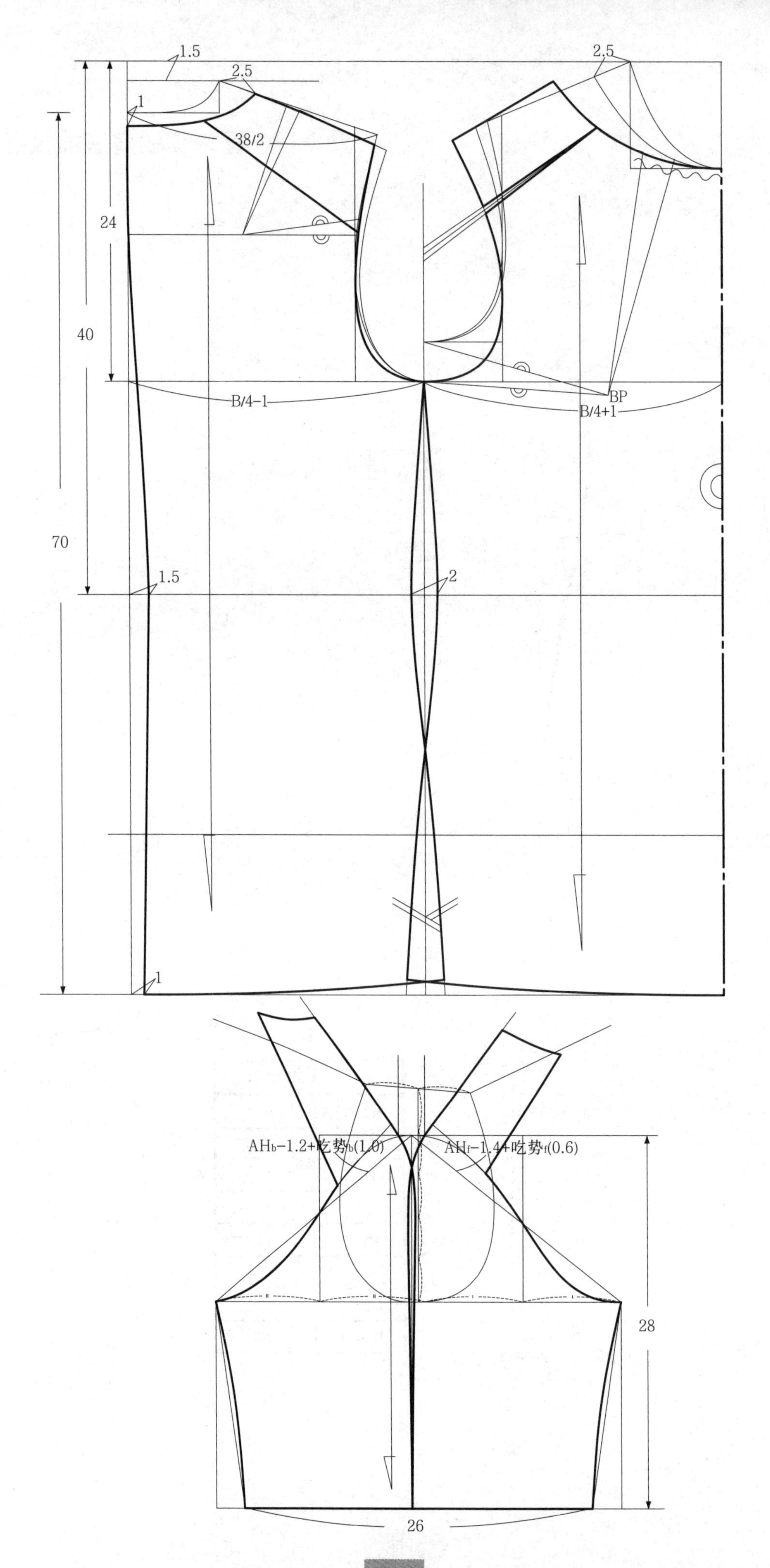
1.5
2.5
2.5
1
38/2
24
40
70
B/4-1
BP
B/4+1
1.5
2
1
AHb-1.2+吃势b(1.0)
AHf-1.4+吃势f(0.6)
28
26

九十二、无领无袖包边套衫

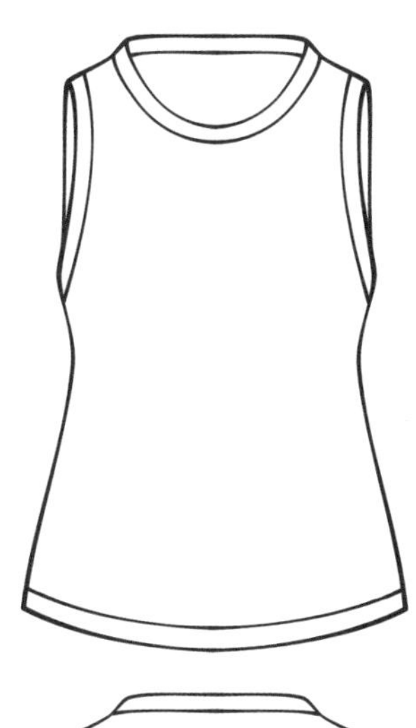

部位	规格（cm）
衣长（L）	65
胸围（B）	88
肩宽（S）	32
袖长（SL）	-
腰围（W）	72
下摆	94
领围（N）	39
袖窿深	23

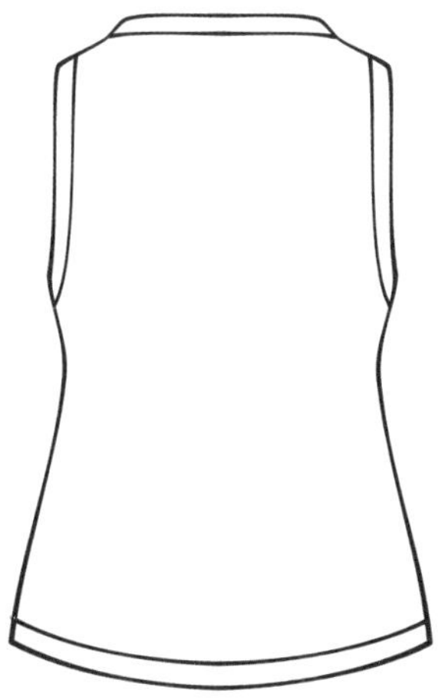

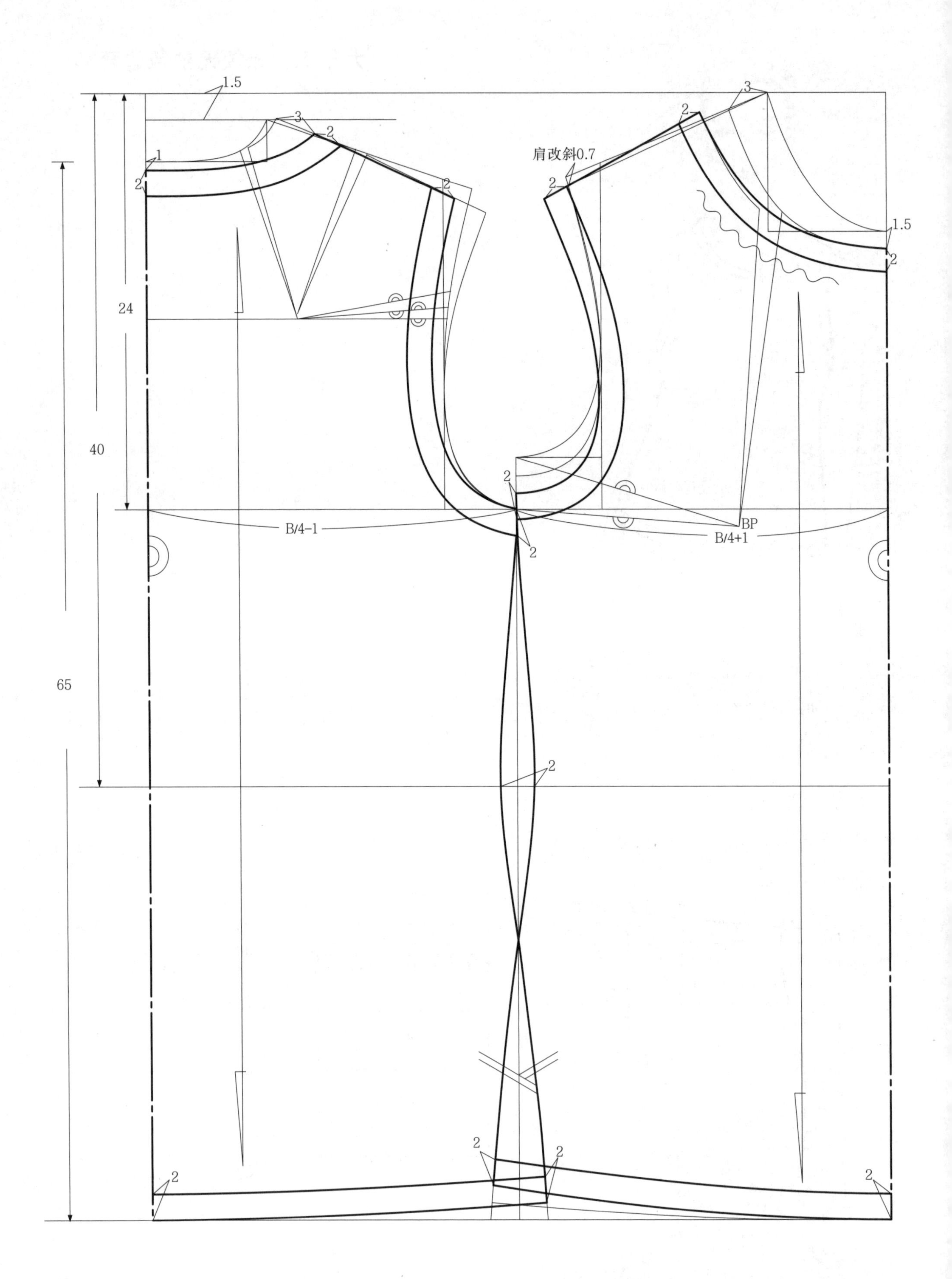

1.5
3
2
1
2
2
肩改斜0.7
2
2
3
1.5
2
24
40
65
2
B/4−1
BP
B/4+1
2
2
2
2
2
2

九十三、大翻领短袖套衫

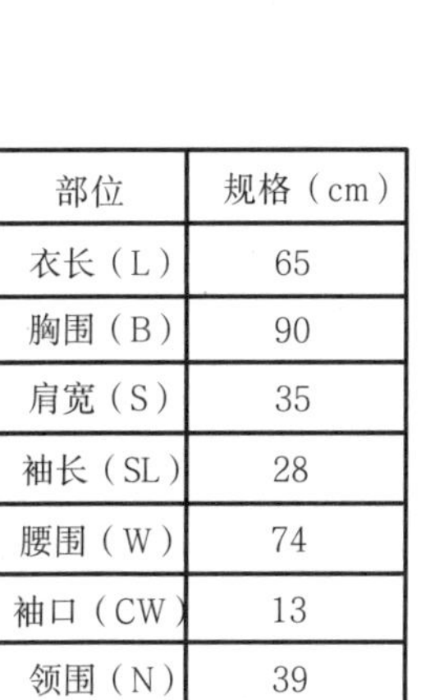

部位	规格（cm）
衣长（L）	65
胸围（B）	90
肩宽（S）	35
袖长（SL）	28
腰围（W）	74
袖口（CW）	13
领围（N）	39
臀围（H）	98

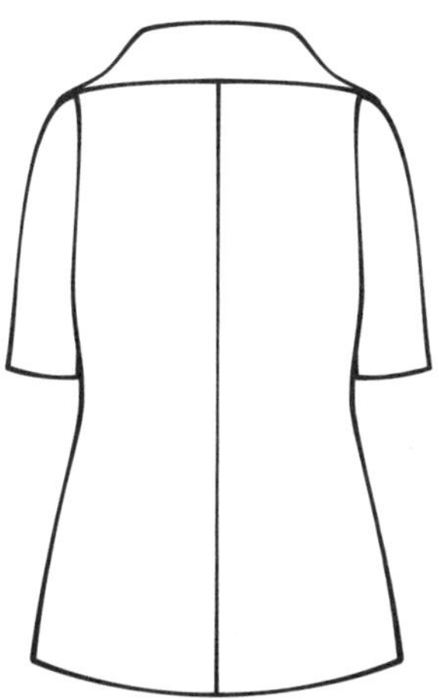

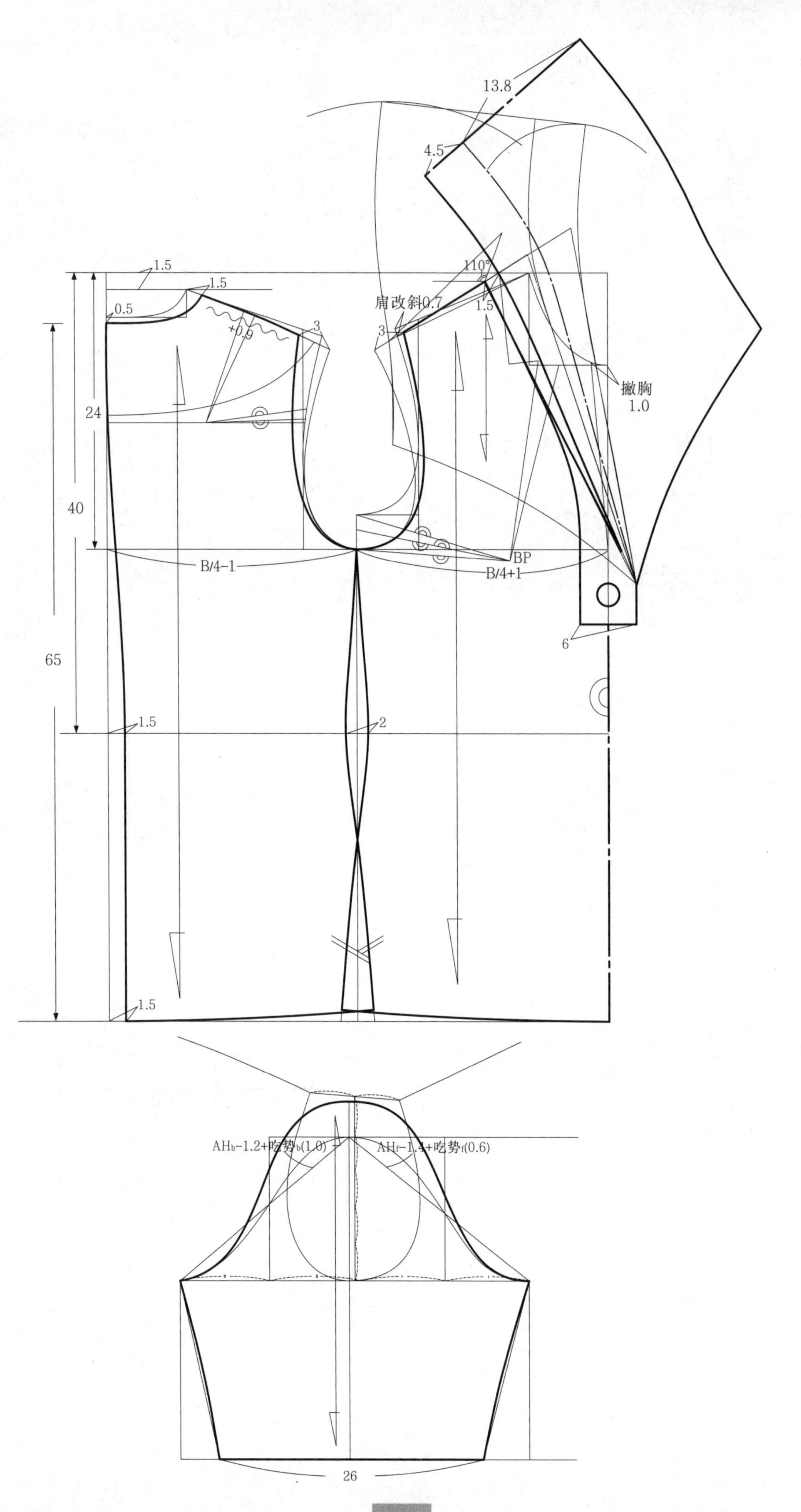
13.8
4.5
1.5
1.5
0.5
+0.9
3
3
肩改斜0.7
110°
1.5
撇胸
1.0
24
40
65
B/4−1
BP
B/4+1
6
1.5
2
1.5
AHb−1.2+吃势b(1.0)
AHf−1.4+吃势f(0.6)
26

九十四、飘带领长袖衬衫

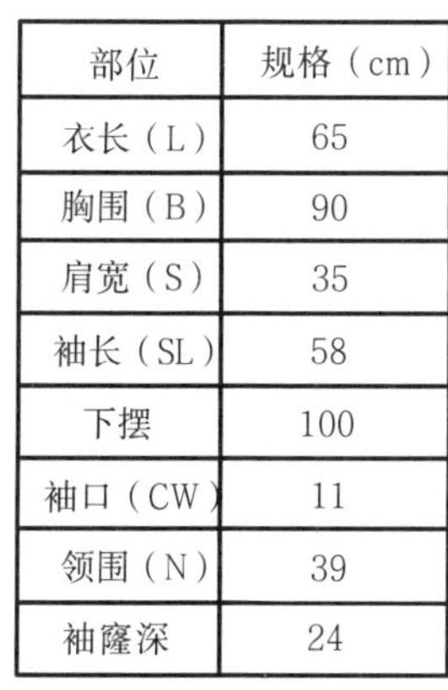

部位	规格（cm）
衣长（L）	65
胸围（B）	90
肩宽（S）	35
袖长（SL）	58
下摆	100
袖口（CW）	11
领围（N）	39
袖窿深	24

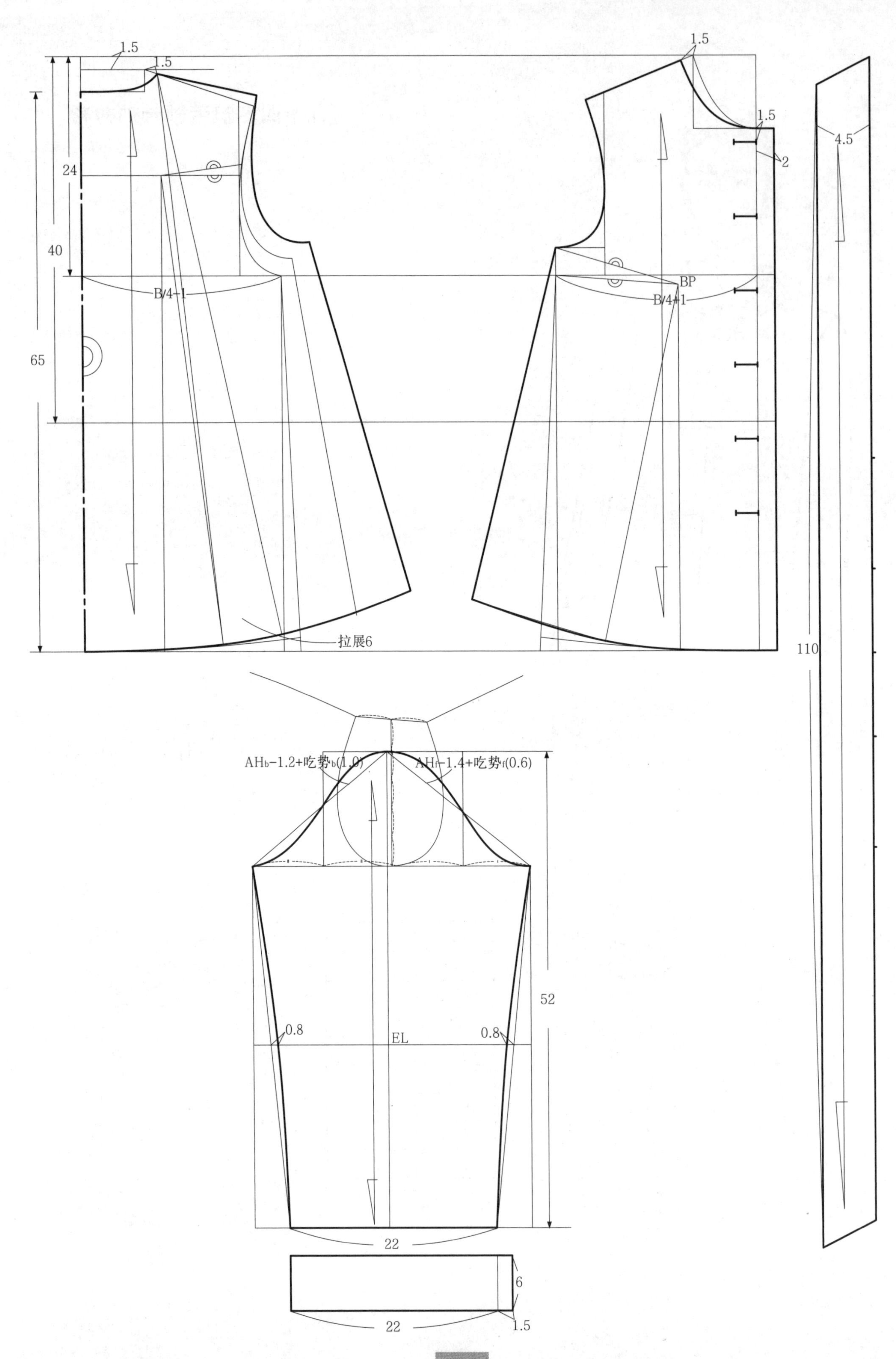
1.5
1.5
24
40
65
B/4-1
拉展6
1.5
1.5
2
BP
B/4+1
4.5
110
AHb-1.2+吃势b(1.0)
AHf-1.4+吃势f(0.6)
52
0.8
EL
0.8
22
6
22
1.5

九十五、立领翘肩短袖束腰衬衫

部位	规格（cm）
衣长（L）	40+30
胸围（B）	90
肩宽（S）	37
袖长（SL）	28
腰围（W）	72
袖口（CW）	13
领围（N）	39
下摆	105

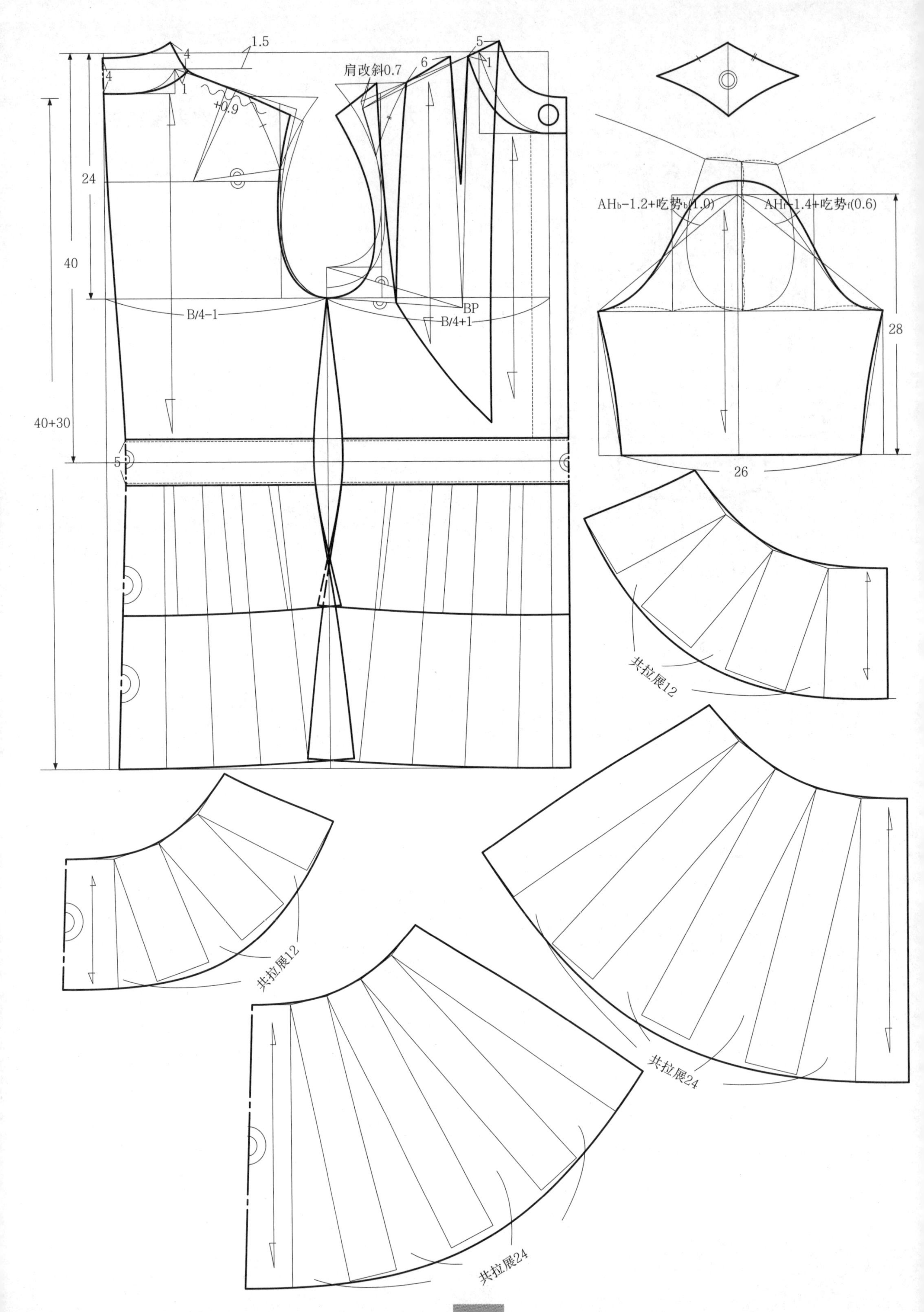
1.5
4
4
1
+0.9
肩改斜0.7
6
5
1
24
40
40+30
B/4-1
BP
B/4+1
5
AHb-1.2+吃势b(1.0)
AHf-1.4+吃势f(0.6)
28
26
共拉展12
共拉展12
共拉展24
共拉展24